国家出版基金项目
NATIONAL PUBLICATION FOUNDATION

"十三五"国家重点图书出版规划项目

中国土地与住房研究丛书·村镇区域规划与土地利用

丛书主编　冯长春

U0156743

Research on the Theory and Method
of Regional Spatial Planning of
VILLAGES AND TOWNS

村镇区域空间规划理论与方法研究

李贵才　梁进社　/著

北京大学出版社
PEKING UNIVERSITY PRESS

图书在版编目(CIP)数据

村镇区域空间规划理论与方法研究/李贵才,梁进社著. —北京:北京大学出版社,
2021.12

(中国土地与住房研究丛书)

ISBN 978-7-301-32716-6

Ⅰ. ①村… Ⅱ. ①李… ②梁… Ⅲ. ①乡村规划—空间规划—研究—中国
Ⅳ. ①TU982.29

中国版本图书馆 CIP 数据核字(2021)第 232903 号

书　　　名	村镇区域空间规划理论与方法研究	
	CUNZHEN QUYU KONGJIAN GUIHUA LILUN YU FANGFA YANJIU	
著作责任者	李贵才　梁进社　著	
责 任 编 辑	王　华	
标 准 书 号	ISBN 978-7-301-32716-6	
出 版 发 行	北京大学出版社	
地　　　址	北京市海淀区成府路 205 号　100871	
网　　　址	http://www.pup.cn　新浪微博:@北京大学出版社	
电 子 信 箱	zpup@pup.cn	
电　　　话	邮购部 010-62752015　发行部 010-62750672　编辑部 010-62765014	
印 刷 者	天津中印联印务有限公司	
经 销 者	新华书店	
	730 毫米×1020 毫米　16 开本　21.75 印张　398 千字	
	2021 年 12 月第 1 版　2021 年 12 月第 1 次印刷	
定　　　价	72.00 元	

本书编写组

主编 李贵才

编委 （按姓氏笔画排序）

仝 德　叶 磊　刘 青

杨家文　吴健生　张文新

张 华　林姚宇　赵嘉新

晁 恒　顾正江　龚 华

梁进社　曾宪川　戴特奇

丛 书 总 序

　　本丛书的主要研究内容是探讨我国新型城镇化之路、城镇化与土地利用的关系、城乡一体化发展及村镇区域规划等。

　　在当今经济全球化的时代，中国的城镇化发展正在对我国和世界产生深远的影响。诺贝尔奖获得者，美国经济学家斯蒂格里茨(J. Stiglitse)认为中国的城镇化和美国的高科技是影响 21 世纪人类发展进程的两大驱动因素。他提出"中国的城镇化将是区域经济增长的火车头，并产生最重要的经济利益"。

　　2012 年 11 月，党的十八大报告指出："坚持走中国特色新型工业化、信息化、城镇化、农业现代化道路，推动信息化和工业化深度融合、工业化和城镇化良性互动、城镇化和农业现代化相互协调，促进工业化、信息化、城镇化、农业现代化同步发展。"

　　2012 年的中央经济工作会议指出："积极稳妥推进城镇化，着力提高城镇化质量。城镇化是我国现代化建设的历史任务，也是扩大内需的最大潜力所在，要围绕提高城镇化质量，因势利导、趋利避害，积极引导城镇化健康发展。要构建科学合理的城市格局，大中小城市和小城镇、城市群要科学布局，与区域经济发展和产业布局紧密衔接，与资源环境承载能力相适应。要把有序推进农业转移人口市民化作为重要任务抓实抓好。要把生态文明理念和原则全面融入城镇化全过程，走集约、智能、绿色、低碳的新型城镇化道路。"

　　2014 年 3 月，我国发布《国家新型城镇化规划(2014—2020 年)》。根据党的十八大报告、《中共中央关于全面深化改革若干重大问题的决定》、中央城镇化工作会议精神、《中华人民共和国国民经济和社会发展第十二个五年规划纲要》和《全国主体功能区规划》编制，按照走中国特色新型城镇化道路、全面提高城镇化质量的新要求，明确未来城镇化的发展路径、主要目标和战略任务，统筹相关领域制度和政策创新，是指导全国城镇化健康发展的宏观性、战略性、基础性规划。

　　从世界各国来看，城市化(我国称之为城镇化)具有阶段性特征。当城市人口超过 10% 以后，进入城市化的初期阶段，城市人口增长缓慢；当城市人口超过 30% 以后，进入城市化加速阶段，城市人口迅猛增长；当城市人口超过 70% 以后，进入城市化后期阶段，城市人口增长放缓。中国的城镇化也符合世界城镇化的一般规律。总结自 1949 年以来我国城镇化发展的历程,经历了起步(1949—1957 年)、曲折发展(1958—1965 年)、停滞发展(1966—1977 年)、恢复发展(1978—1996 年)、快速发展(1996 年以来)等不同阶段。建国伊始,国民经济逐步恢复,尤其是"一五"期间众多建设项目投产,工业化水平提高,城市人口增加,拉开新中国城镇化进程的序幕。城市数量从 1949 年的 136 个增加到 1957 年的 176 个,城市人口从 1949 年的 5 765 万人增加到 1957 年 9 949 万人,城镇化水平从 1949 年的 10.6% 增长到 15.39%。1958—1965 年这一时期,由于大跃进和自然灾害的影响,城镇化水平起伏较大,前期盲目扩大生产,全民大办工业,导致城镇人口激增 2 000 多万,后期由于自然灾害等影响,国民经济萎缩,通过动员城镇工人返乡和调整市镇设置标准,使得城镇化水平回缩。1958 年城镇化水平为 15.39%,1959 年上升到 19.75%,1965 年城镇化水平又降低到 1958 年水平。1966—1977 年,"文化大革命"期间,国家经济发展停滞不前,同时大批知识青年上山下乡,城镇人口增长缓慢,城镇化进程出现反常性倒退,1966 年城镇化水平为 13.4%,1976 年降为 12.2%。1978—1996 年,十一届三中全会确定的农村体制改革推动了农村经济的发展,释放大量农村剩余劳动力,改革开放政策促进城市经济不断壮大,国民经济稳健发展,城镇化水平稳步提升,从 1979 年的 17.9% 增加到 1996 年的 29.4%,城市数量从 1978 年的 193 个增加到 1996 年的 668 个。1996 年以来,城镇化率年均增长率在 1% 以上。2011 年城镇人口达到 6.91 亿,城镇化水平达到 51.27%,城市化水平首次突破 50%;2012 年城镇化率比上年提高了 1.3 个百分点,城镇化水平达到 52.57%;2013 年,中国大陆总人口为 136 072 万人,城镇常住人口 73 111 万人,乡村常住人口 62 961 万人,城镇化水平达到了 53.7%,比上年提高了 1.1 个百分点。2014 年城镇化水平达到 54.77%,比上年提高了 1.04 个百分点;2015 年城镇化水平达到 56.10%,比上年提高 1.33 个百分点。表明中国社会结构发生了历史性的转变,开始进入城市型社会为主体的城镇化快速发展阶段。与全球主要国家相比,中国目前的城镇化水平已超过发展中国家平均水平,但与发达国家平均 77.5% 的水平还有较大差距。

探讨我国新型城镇化之路,首先要对其内涵有一个新的认识。过去一种最为普遍的认识是:城镇化是"一个农村人口向城镇人口转变的过程"。在这种认识的指导下,城镇人口占国家或地区总人口的比重成为了衡量城市化发育的关键,多数情况下甚至是唯一指标。我们认为:城镇化除了是"一个农村人口向城市人口转变的过程",还包括人类社会活动及生产要素从农村地区向城镇地区转移的过程。新型城市化的内涵应该由 4 个基本部分组成:人口;资源要素投入;产出;社会服务。换言之,新型城镇化的内涵应该由人口城市化、经济城市化、社会城镇化和资源城镇化所组成。

人口城镇化就是以人为核心的城镇化。过去的城镇化,多数是土地的城镇化,而不是人的城镇化。多数城镇化发展的路径是城镇规模扩张了,人却没有在城镇定居下来。所谓"没有定居",是指没有户籍、不能与城镇人口一样享受同样的医保、福利等"半城镇化"的人口。2013 年中国"人户分离人口"达到了 2.89 亿人,其中流动人口为 2.45 亿人,"户籍城镇化率"仅为 35.7% 左右。人口城镇化就是要使半城镇化人变成真正的城镇人,在提高城镇化数量的同时,提高城镇化的质量。

城镇化水平与经济发展水平存在明显的正相关性。国际经验表明,经济发达的地区和城市有着较高的收入水平和更好的生活水平,吸引劳动力进入,促进城市化发展,而城市人口的增长、城市空间的扩大和资源利用率的提升,又为经济的进一步发展提供必要条件。发达国家城市第三产业达到 70% 左右,而我国城市产业结构以第二产业为主。经济城镇化应该是城市产业结构向产出效益更高的产业转型,通过发展集群产业,带来更多的就业和效益,以承接城镇人口的增长和城市规模的扩大,这就需要进行产业结构调整和经济结构转型与优化。

社会城镇化体现在人们的生活方式、行为素质和精神价值观及物质基础等方面。具体而言,是指农村人口转为城镇人口,其生活方式、行为、精神价值观等发生大的变化,通过提高基础设施以及公共服务配套,使得进城农民在物质、精神各方面融入城市,实现基本公共服务均等化。

资源城镇化是指对土地、水资源、能源等自然资源的高效集约利用。土地、水和能源资源是约束我国城镇化的瓶颈。我国有 500 多个城市缺水,占城市总量三分之二;我国土地资源"一多三少":总量多,人均耕地面积少、后备资源少、优质土地比较少,所以三分之二以上的土地利用条件恶劣;城镇能耗与排放也成为突出之挑战。因此,资源城镇化就是要节能减排、低碳发展、高效集约利用各类资源。

从新型城镇化的内涵理解入手,本丛书的作者就如何高效集约的利用土地资源,既保证社会经济和城镇发展的用地需求,又保障粮食安全所需的十八亿亩耕地不减少;同时,以人为核心的城镇化,能使得进城农民市民化,让城镇居民安居乐业,研究了我国新型城镇化进程中的"人—业—地—钱"相挂钩的政策,探讨了我国粮食主产区农民城镇化的意愿及城镇化的实现路径。

在坚持以创新、协调、绿色、开放、共享的发展理念为引领,深入推进新型城镇化建设的同时,加快推进城乡发展一体化,也是党的十八大提出的战略任务。习近平总书记在 2015 年 4 月 30 日中央政治局集体学习时指出:"要把工业和农业、城市和乡村作为一个整体统筹谋划,促进城乡在规划布局、要素配置、产业发展、公共服务、生态保护等方面相互融合和共同发展。"他强调:"我们一定要抓紧工作、加大投入，努力在统筹城乡关系上取得重大突破，特别是要在破解城乡二元结构、推进城乡要素平等交换和公共资源均衡配置上取得重大突破，给农村发展注入新的动力，让广大农民平等参与改革发展进程、共同享受改革发展成果。"因此，根据党的十八大提出的战略任务和习近平同志指示精神，国家科学技术部联合教育部、国土资源部、中科院等部门组织北京大学、中国科学院地理科学与资源研究所、同济大学、武汉大学、东南大学等单位开展了新农村建设和城乡一体化发展的相关研究。本丛书展示的一些成果就是关于新农村规划建设和城乡一体化发展的研究成果，这些研究成果力求为国家的需求，即新型城镇化和城乡一体化发展提供决策支持和技术支撑。北京大学为主持单位，同济大学、武汉大学、东南大学、中国科学院地理科学与资源研究所、北京师范大学、重庆市土地勘测规划院、华南师范大学、江苏和广东省规划院等单位参加的研究团队，在"十一五"国家科技支撑计划重大项目"村镇空间规划与土地利用关键技术研究"的基础上，开展了"十二五"国家科技支撑计划重点项目"村镇区域空间规划与集约发展关键技术研究"。紧密围绕"土地资源保障、村镇建设能力、城乡统筹发展"的原则，按照"节约集约用地、切实保护耕地、提高空间效率、推进空间公平、转变发展方式、提高村镇生活质量"的思路，从设备装备、关键技术、技术标准、技术集成和应用示范五个层面，深入开展了村镇空间规划地理信息卫星快速测高与精确定位技术研究、村镇区域发展综合评价技术研究、村镇区域集约发展决策支持系统开发、村镇区域土地利用规划智能化系统开发、村镇区域空间规划技术研究和村镇区域空间规划与土地利用优化技术集成示范等课题的研究。研制出 2 套专用设备，获得 13 项国家专利和 23 项软件著作权，编制 22 项技术标准和导则，开发出 23 套信息化系统，在全国东、中、西地区 27 个典型村镇区域开展了技术集成与应用示范，为各级国土和建设管理部门提供重要的技术支撑，为我国一些地方推进城乡一体化发展提供了决策支持。

新型城镇化和城乡一体化发展涉及政策、体制、机制、资源要素、资金等方方面面，受自然、经济、社会和生态环境等各种因素的影响。需要从多学科、多视角进行系统深入的研究。这套丛书的推出，旨在抛砖引玉，引起"学、研、政、产"同仁的讨论和进一步研究，以期能有更多更好的研究成果展现出来，为我国新型城镇化和城乡一体化发展提供决策支持和技术支撑。

中国土地与住房研究丛书·村镇区域规划与土地利用

编辑委员会

2016 年 10 月

序

　　村镇规划作为国家科研的重点领域从"十五"计划起步。《国家中长期科学和技术发展规划纲要（2006—2020年）》中设立了"城镇化与城市发展"重点领域，那时候还只支持小城镇发展和规划。"十一五"期间，为了进一步聚焦于我国的村镇建设和发展，促进城乡统筹，国家又专门确立了"城镇化与村镇建设"领域，并分批启动实施了13个重大项目与重点项目，研究开发了一批村镇建设和城镇化发展的关键技术与共性技术，建设了一批村镇示范基地，初步构建了我国城镇化发展和村镇建设的技术创新体系。但是，由于在以统筹解决村镇空间发展，尤其是在以土地资源为核心的村镇资源综合开发和环境保护方面，还缺乏村镇区域层面的规划技术开发，更未进行国家科技支撑计划的系统研究。因此，"十二五"期间，北京大学牵头开展了"村镇区域空间规划与集约发展关键技术研究"项目。这本书的核心内容即来自该项目的课题5"村镇区域空间规划技术研究"，课题由北京大学深圳研究生院李贵才教授牵头，北京师范大学、广东省城乡规划设计研究院参与完成。

　　课题系统地研究了村镇区域这一重要国土管理单元的空间规划理论、方法和技术，在我国首次从村镇区域的角度为村镇土地利用、乡村建设、综合发展及宜居规划奠定了良好的方法和技术支撑。"村镇区域"是指我国由村镇居民点及其所辖地理空间构成的具有空间功能联系的国土资源综合管理区域。提出"村镇区域"的概念是为了从区域的角度考察具有空间异质性的单个村镇社会经济空间。"村镇区域空间规划"相当于县域尺度的国土空间规划，是从村镇—区域角度而开展的统筹城乡发展、保障空间公平、提高空间效率的综合性空间规划。课题从居民点体系、产业布局以及基础设施配置三个角度研究基于城乡统筹的村镇区域空间布局规划技术。主要内容包括了村镇区域居民点体系规划技术标准与空间布局优化技术研究、村镇区域产业结构优化与空间布局技术研究、村镇区域基础设施配置技术研究，并在此基础上开发村镇三维空间规划系统与村镇区域宜居基准测试系统。课题形成了一系列关键技术的突破和创新，包括：创新地提出了村镇区域居民点规模和功能耦合的分析技术，系统地提出居民点"等级—规模—功能"的评价方法和软件系统；研发了"技术方法"与"规划管理"一致的边界划定技术,开发了针对多种政策导向的公共服务设施优化布局技术,为效率导向和公平导向的设施布局可提供决策支持;突破了村镇区域产业结构优化和空间布局技术难题,构建了基于多个目标的主导产业和关联产业选择模型、构建了基于层次化产业空间布局和产业合作的村镇区域产业中心性多层次模型,实现了产业发展和区域建设的统一性;建立村镇区域规划基础设施人均配置标准、建立基于空间公平的村镇区域基础设施均等化配置模拟技术、基础设施分布式空间配置技术;开发了三维村镇区域空间规划辅助决策系统,填补了三维视角下村镇区域空间规划研究缺失;开发了村镇区域宜居基准测试的模型以及软件系统,提升村镇宜居决策水平。课题获得了一项国家新型实用专利,申请了一项国家发明专利,取得了7项软件著作权,完成了居民点等级"规模—功能"耦合模型与信息系统、土地利用—交通选择—资源环境质量耦合模拟信息系统、村镇区域产业中心性多层次空间配置信息系统、村镇区域规划三维技术机助系统、村镇区域宜居基准测试软件系统等5套信息系统,形成了《村镇区域居民点体系规划与迁村并点技术规范》《村镇区域产业结构优化与空间布局技术导则》《村镇区域基础设施分布式技术导则》3项技术规范与导则的草案成果,并在珠海斗门区、湖南浏阳市和重庆潼南区进行了示范,取得了良好的应用示范效果。

当前,我国自然资源部成立后需要构建新的国土空间规划体系,中央也进一步明确要加强村庄规划、促进乡村振兴。同时,"十三五"开始,国家重点研发计划设立了"绿色宜居村镇技术创新"专项,更加突出以科技创新引领和支撑乡村振兴战略。本书对村镇区域空间规划理论与技术方法的研究开了一个好头,希望能够引发更多有益的探讨和启发。

冯长春

2016 年 4 月

前　言

本书为"十二五"国家科技支撑计划重点项目"村镇区域空间规划与集约发展关键技术研究"之课题5"村镇区域空间规划技术研究"资助的研究成果。"村镇区域空间规划"是从村镇区域角度而开展的统筹城乡发展、保障空间公平、提高空间效率的综合性空间规划,是县域尺度的国土利用规划。"村镇区域空间规划技术"是实现村镇区域空间规划科学化、标准化、实用化的基本前提。课题针对村镇区域空间布局以及土地利用规划空间区划理论滞后、技术缺失、机制不健全、城乡不协调的现象以及村镇区域空间规划中对各类用地合理规划布局的研究方法和技术不足等问题,开展村镇区域空间规划关键技术研究。重点开展了以下6个子课题研究:① 村镇区域居民点体系规划技术标准研究;② 村镇区域居民点空间体系优化布局技术研究;③ 村镇区域产业结构优化与空间布局技术研究;④ 村镇区域基础设施配置技术研究;⑤ 村镇区域空间规划三维技术计算机辅助系统开发;⑥ 村镇区域宜居基准测试系统开发研究。为加强研究的实践性,在东、中、西部各选取了一个示范区进行村镇区域空间规划即时的应用示范。所选的示范区包括珠海市斗门区、长沙市浏阳市、重庆市潼南区。本书的"上篇·综合研究",对村镇区域的产业发展与规划、基础设施配置规划、宜居村镇规划的相关理论与现实问题进行了综合分析与梳理。本书"下篇·专题研究"是6个子课题核心研究成果的展示。受限于篇幅,每个专题只保留了1个典型村镇的应用示范成果。并选择3个典型村镇进行村镇区域空间规划技术的应用示范。

该课题研究由北京大学李贵才教授牵头,北京大学作为课题承担单位,北京师范大学和广东省城乡规划设计研究院作为主要课题参加单位完成。其中:

北京师范大学承担子课题1,负责人为梁进社教授,骨干成员包括戴特奇讲师、张华讲师、杨大兵博士后,其他参与的北京师范大学学生包括:王炜、廖聪、孙方、庄立、蔡安宁等博士生,杨金竹、闫雅梅、陶卓霖、杨晓梦、罗慧敏、刘振、曾洪勇、张宇超、朱丹彤等硕士生,李蕴雄、李菁、苏子龙、练云龙、刘晓凤、谭雪贝、梅杰、詹智成、郭佳妮等本科生,以及北京大学杨俭、栾晓帆、晁恒、朱惠斌等博士生和聂家荣硕士生。

北京师范大学承担子课题2,负责人为梁进社教授,骨干成员包括张文新讲师、戴特奇讲师、张华讲师,其他参与的北京师范大学学生包括:廖聪、李雪、刘雷、喻忠磊、张伟等博士生,蔡宏钰、陈红艳、廖家仪、李雪丽、李帅、刘梦圆、陶卓霖、王梁、姚馨、张玉韩、张宇超、郑清菁等硕士生,陈星、龚丹、吕潇然、覃昕、雷菁、吴坤政、许晋文、杨丰华、张宁旭、张浩、张媛媛等本科生,以及北京大学郭源园、吴庭禄、陈珍启、张勇等硕士生。

北京大学承担子课题 3,负责人为李贵才教授、全德副教授,骨干成员包括刘青助理研究员、李莉讲师,其他参与的北京大学博士生、硕士生包括:刘婧、李文钢、王艳梅、李勃、刘涛、戴筱頔、赵楠琦、邓鑫豪、郝文璇、韩晴、伍灵晶、康艺馨、莫筱筱、林雄斌、陈曦、徐丽、赵研然、马亚利、蔡莉丽、王玉国、叶姮、田宗星、张践祚、王砾、陶卓霖、茹伊莉、王超、张惠璇、段非、冯惠姣、林俊强、孔祥夫、鞠炜奇、万海荣、周华庆、董昕颐。

广东省城乡规划设计研究院和北京大学承担子课题 4,负责人为曾宪川高级规划师,项目骨干包括赵嘉新高级规划师、北京大学杨家文教授,其他参与人员包括王浩教授级高级工程师、任庆昌、邹伟勇、马星、周祥胜、陈洋、马满林高级工程师,王磊、石莹怡、陈伟劲工程师,李禅、徐露、赖程充助理工程师。

北京大学承担子课题 5,负责人为吴健生教授,参与人员包括北京大学的博、硕士研究生:黄力、李小舟、林倩、刘浩、马琳、牛妍、秦维、钟晓红、王梅娟、曾荣俊、李嘉诚、许多、郎琨、李博、李双、李源、王彤、许娜、谢舞丹、卫晓梅、廖星、任奕蔚、曹祺文、毛家颖、张曦文、司梦林、何东冉、王茜、林欣、朱洁、张馨心、岳新欣、胡甜、黄乔、曲欢、沈楠、王陆一、王伟、姚飞、袁甜、张朴华、张茜、武文欢、杨旸、贾靖雷、田璐、谢小龙、魏学超、张文泰、李秀红,以及哈尔滨工业大学的龚咏喜副教授、曹彦琴、孙华中、郭娟娟、郑红霞等硕士研究生。

北京大学和哈尔滨工业大学承担子课题 6,负责人为深圳市北京大学规划设计研究中心顾正江高级工程师、哈尔滨工业大学林姚宇副教授,骨干成员包括:深圳市北京大学规划设计研究中心叶磊中级工程师、龚华高级工程师、哈尔滨工业大学王丹、蔡锐云科研助理,其他参与人员包括深圳市北京大学规划设计研究中心刘嘉瑶、刘颜欣、梁舒舒、崔玲、张翔、唐君规划师,北京大学杨轶、郭源园等硕士研究生,哈尔滨工业大学张雪、李颖慧、任梦瑶、刘嫱、刘璐、陈敬辉、曹彦芹、李响、周易、郭娟娟、姜晓雪、孙华中、郑红霞、柳柳、苏文航、魏子恒、张文敏、张银松、姚宇等硕士研究生。

"村镇区域空间规划技术研究"编写组
2016 年 4 月

村镇区域空间规划研究的技术路线

目　录

上篇　综合研究

下篇　专题研究

上 篇

综 合 研 究

1

我国村镇区域空间规划研究

1.1 村镇区域产业发展与规划

1.1.1 村镇区域产业研究背景

经济发展依托于产业的发展。作为一个农业大国,农村经济在我国国民经济发展中具有举足轻重的地位。农村产业结构是农村经济中重要的组成部分,积极发展农村产业、提高农民收入已经成为"新农村建设""城乡统筹""新型城镇化"等战略规划的重点内容,研究村镇区域产业发展是时代发展的要求。

1. 快速城镇化背景下,我国农村地区产业结构发生重大分化和演进

全球经济一体化,社会分工逐步趋向精细化以及快速城镇化对农村地区带来巨大冲击,农村经济不再只是单一农业的传统产业格局,而是多层次的产业结构。一方面,在农村农业领域,随着农业产业化的发展和企业投资农业的增多,资本、科技等现代生产要素加快流入农业领域,现代生产方式加快改造传统农业,推动了传统农业向现代农业的转变,由此形成了农业领域中传统农业与现代农业并存的农业产业结构;另一方面,在农村非农产业领域,农村工业化和城镇化进程的加速推进,农村工业、商服业和仓储业等非农产业发展迅速,经济重心由第一产业逐步向第二、三产业转移。我国原有的粗放式的农村产业结构已不适应社会、经济发展的要求,农村产业发展面临新的问题,村镇产业研究需要从新的视角出发。但目前产业空间研究主要着眼于城镇,对农村关注不够。为准确把握快速城镇化地区农村产业结构分化和演进趋势,亟须对快速城镇化地区

的农村产业进行系统的深入研究和分析。

2. 国家政策逐步关注农村社会经济发展

相对城市经济而言,我国农村经济的发展处于滞后状态。城市地区在诸多方面都处于优势地位,农村地区占有众多的土地资源,而土地资源价值及其产出效益远低于城市地区,农民收入低,城乡差距大。村镇产业的发展是提高农民收入、缩小城乡差距、减少城乡人口流动的重要手段。中国特色的城镇化就是要坚持以人为本,解决农村工作问题,缓和城乡矛盾,统筹城乡发展。研究村镇产业对建设中国特色城镇化具有重要意义。制定长期有效可行的农村产业结构和空间优化布局,可以吸收农村剩余劳动力,减少城市中的流动人口,避免"空心村"现象,推动农村经济快速发展。

1.1.2 村镇区域产业发展特点

农村产业是指在以集体土地所有制为背景的农村地区,个人、集体经济组织或各类企事业单位等经济主体从事的各类生产性、经营性和服务性活动的集合,依据三次产业分类法,将农村产业划分为农村第一产业、农村第二产业和农村第三产业三大类。自改革开放以来,我国农村产业结构发生了深刻的变化,农村产业加速发展。从农村产业结构角度来看待农村产业发展,主要关注两点:① 量的变化,指在农村产业发展过程中,三产比例发生变化但并未改变三产的次序。据统计数据显示,农村非农产业在农村三产结构中所占比重由 1978 年的 31.4% 上升到 2005 年的 70.9%,非农产业比重大幅提升。② 质的变化,指在量的变化的基础上,三产次序发生变化或者技术装备水平有所提高。产业结构的层次是经济活动由简单到复杂,由低级到高级的进化过程中自然形成的,低层次结构是高层次结构发展的基础,而高层次结构又反过来带动低层次结构的发展。随着社会生产力的发展,产业结构逐步演变,我国传统农村产业已经开始逐步转向新型现代农业、非农产业等领域。由于受交通、经济、社会和区位等不同因素的影响,农村产业结构的分化和演进程度也不尽相同,有的是仍以传统农业为主的农村,有的是逐渐过渡到现代农业的农村,有的则是非农产业日趋集聚、亦工亦农向城镇过渡的农村,有的甚至已经融入城市。不言而喻,我国传统农村产业已经大大突破原有领域,转向新型现代农业、非农产业(工业、商服业和仓储业等)等领域。

1.1.3 村镇区域产业结构与空间布局关系的特殊性

产业结构这一术语产生于 20 世纪 50 年代中期,一般认为产业结构是指各产业在经济活动过程中形成的技术经济联系(即以中间产品为纽带的产业间的联系)以及由此表现出来的产业间的比例关系(即产业间的产出比例)。产业空间布局是指产业各部门、各要素、各环节在地域上的组合与分布,通俗地说就是在一定地域范围内各产业部门的空间投影。产业活动发生于一定空间,在一定地域范围内,空间主体对有限的空间资源的竞争,使得产业结构在空间上呈现出不同的布局形式。优化的产业结构和合理的空间布局是促进村镇产业发展的充分条件,产业结构与空间布局之间有着相辅相成、相互影响的关系。

1.1.4 村镇区域产业发展研究的理论与实践意义

1. 完善和发展我国农村产业空间的相关研究

快速城镇化背景下,我国农村地区产业结构发生重大分化和演进,但目前产业空间研究主要集中在城市化地区或者以城市为主的地区,对农村关注度不够,缺乏村镇产业系统的研究。城市化地区的产业结构以及空间布局影响因素与村镇不同,城市地区的研究成果难以应用到村镇区域,亟须对村镇产业进行深入系统的研究。如何根据村镇区域现有的发展条件、发展优势和限制性因素优化产业结构和空间布局,使之更好地融入我国快速城镇化的进程中,实现缩小城乡差距,统筹城乡发展的最终目标等都将是村镇研究需要回答的问题。

2. 构建以产业属性作为划分标准的农村土地利用分类体系

我国现行产业分类与用地分类标准不统一,主要有以下几点不足和问题:① 从国家土地利用分类标准体系整体来看,分类层次仅两级,较为粗略;② 从国家土地利用分类标准体系内部结构来看,强调第一产业用地的详细分类,而第二、三产业用地分类粗略,农村土地利用现状分类尤为粗略;③ 产业分类标准详细,而用地分类标准粗略,空间匹配难度极大,难以统计农村各产(行)业用地的详细面积,从而给实际应用和政府相关决策带来一系列困难。这些不足和问题的客观存在,强烈要求构建以产业属性作为划分标准的农村土地利用分类体系。以产业属性作为划分标准的农村土地利用分类体系是一个用地与产业紧密联系的土地利用分类体系,有利于解决我国现行农村土地利用分类体系中存在的标准不统一、空间匹配难度大问题,并且能有效地满足国民经济各部门对农村各类用地规范管理的需求,有助于准确把握农村各类产业用地的详细数据。

3. 指导村镇产业发展,为村镇产业规划提供理论参考

本书以村镇产业发展综合评价、产业结构优化、产业空间布局三个方面为主要内容,对于指导村镇产业健康持续发展具有积极作用,为村镇产业规划者提供理论参考。一个地区的发展离不开其资源禀赋优势,但也会受到区位等限制性因素的影响。如何将资源优势转为产业优势和经济优势,有效避开发展劣势,建立合理的产业结构体系是地区发展,提高居民生活水平必须回答的问题。

1.2　村镇区域基础设施配置现状与问题

当前,我国大部分村镇区域普遍存在基础设施建设资金投入不足、数量短缺、设备老化、综合服务水平低下等问题,加之由于我国在村镇区域尚未形成完整系统的村镇规划理论和技术标准、规范,难以应对村镇区域的地域差异性和经济发展水平的差异性,村镇区域的基础设施建设,往往缺乏有效的规划指导,严重制约了全国各地推行的美丽乡村建设和广大村镇区域的建设发展。针对目前村镇基础设施普遍配置不足、相关规划编制标准与技术规范缺失、基础设施在村镇区域范围内重复建设等问题,参考现行的基础设施规划标准与相关技术,从村镇区域范围内的生产生活需求出发,基于高效、均等的原则,提出村镇区域基础设施的配置标准、模式、布局和投融资等关键技术,为村镇区域规划提供技术支撑,促进村镇区域的发展和农民生活环境的改善。

1.2.1　发展阶段上,建设力度明显加大

当前,中国的村镇基础设施和公共产品的投资方式是以政府为主导,依照固定的"自上而下"的规划和投资方式进行管理。相对于早期完全依托于农民自己的力量"自下而上"建设方式,这种方式虽然有利于对各个村镇的发展计划进行统一的统筹安排,但是也容易造成村镇基础设施供给难以反映村民的真实需求,无法实现供给结构与需求结构的匹配协同,导致村镇地区基础设施供给的结构失衡。

1. 工业化起步期:村民自负担的低水平建设时期

1950—1980 年代是我国工业化起步和奠基的时期,国家对城市的基础设施大力支持,对其投资了大量的人力物力,但是对农村的同类基础设施却只提供微薄补助,基本建设主要靠农民自己负担。基于这种公共产品供给政策,农村的基础设施与城市的差距越来越大,相当一部分村镇几乎没有现代文明意义上的基础设施,农村经济的发展和农村居民生产生活水平的提高受到了严重阻碍。

2. 工业化快速发展:政府引导、企业参与的快速建设时期

自 20 世纪 80 年代以来,我国在基础设施投融资体制改革、融资模式创新方面做了大量有意义的探索。这段时期伴随着工业化和城镇化的快速发展,村镇地区对基础设施的需求也与日俱增。尤其在东部沿海地区,企业为了应对发展的需要,逐渐参与到基础设施建设的队伍中来。企业参与农村基础设施的供给,通过发挥市场机制作用可以弥补部分农村基础设施供给中的政府失灵。民营企业对其所属地区农民的需求比较了解,因而会提供给农民急迫需要的农村基础

设施。村镇基础设施建设进入政府引导、企业参与的快速建设时期。

3. 快速城镇化:政府追求城镇化发展的盲目突进

自 1998 年开始,我国政府开始大范围关注农村问题。1998 年 10 月,党的十五届三中全会通过了《中共中央关于农业和农村工作若干重大问题的决定》。同年,全国开展了规模宏大的农村电网改造工程。以此为契机,村村通公路、村村通电话、村村通宽带、村村通有线电视等系列"村村通"工程也开始全面展开。农民的生活因为农村基础设施的提供而发生了巨大变化。

但由于片面追求城镇化发展的盲目突进,再加上我国农村公共物品的决策程序是"自上而下"的上级政府主导型,这段时期村镇的基础设施建设忽略了农民对基础设施需求的意愿表达,加之农户分散经营利益的多元化趋向和对政府官员考核升迁的利益驱动,导致基层政府在基础设施建设上出现了重短期轻长期、重新建轻维护、重"硬"公共物品轻"软"公共物品、重表面轻实效的"四重四轻"现象。农民急需的基础设施建设项目往往不能及时优先安排,不切实际的"花园村镇""样板农村"却各处冒头。

1.2.2 配置类型上,"生活质量提升型"设施亟待完善

经过半个世纪的大规模建设,我国初步建成了覆盖主要农业生产区域的村镇基础设施网络,极大地改善了这些地区的生产生活条件。但从整体上看,村镇地区的基础设施仍偏向于道路、电力等"基本生存需求型"设施,对于垃圾、污水、信息等"生活质量提升型"基础设施亟待完善。

1. 乡村道路:通达性差,路面质量低

道路是联系城乡以及城乡商品流动的桥梁和纽带,也是我国城市化进程中必不可少的重要基础设施。在广大农村地区,由于人口居住分散,就耕结舍,未能形成一定规模,村庄道路多为自然小径。部分村镇虽然修建了村村通公路,但由于道路宽度有限,通行能力很低,会车困难,难以满足汽车交通工具发展的需求。在集镇,随着交通工具的缓慢进化,主要街道进行过局部改善,但基本骨架仍然是原有的路网,路面窄、质量差,蜂腰断头,不成系统。许多集镇道路虽然几经改造,仍没有达到要求。

2. 给排水:缺乏必要的给排水设施,饮用水质无法保证

我国村镇供水目前多数以自打井供水为主,缺乏集中供水的设施。村镇饮用水的安全性无法得到彻底保障。大部分村镇缺乏完善的排水设施,已有的排水沟管是随着村镇的发展而逐步建立的,因而缺乏整体性和系统性,排泄能力较差。一般村镇缺乏污水处理设施,雨水、污水合流就近排入附近水体,导致周围水体受到不同程度的污染。

3. 环境卫生：污水、垃圾收集、处理设施空白，卫生条件差

生活垃圾是村镇环境污染的主要来源之一。乡镇一级已经建立了垃圾收集系统，部分经济较发达地区的农村垃圾收集系统已经启动，从规划和行动上将农村垃圾收集系统纳入考虑范围。但大部分中西部地区的村庄环境脏乱差情况依然突出，大部分农村垃圾的处理处在无序状态，乱丢、乱扔、乱埋现象司空见惯，农民环保意识不强，给环境带来极大破坏。粪便处理达不到无害化要求。部分地区的农民由于追求"肥效"而不愿使用水冲式厕所，施肥用的"黄粪"无法达到无害化要求。农村卫生厕所总体上还处于相当低的水平。

4. 安全设施：缺乏必要的消防、防洪等防灾设施，应对突发事件能力差

目前广大村镇地区仍然缺乏必要的消防、防洪等防灾设施，一旦遇到火灾、洪灾、雪灾等突发事件，就会造成严重损失。随着村镇经济的发展，用气、用火、用电设备大量使用，发生火灾的可能性和危害性也随之加大。但村镇地区的道路硬化率普遍较低，房屋密集，应急疏散通道不畅，村镇的消防工作面临着严峻的考验和巨大的挑战。有的村镇由于缺乏规划和自然灾害评估，建在灾害多发区，一旦发生滑坡、泥石流、洪水等自然灾害，就会造成毁灭性影响。此外，部分村镇由于集体收入较少，用于基础设施建设和防灾减灾工程建设的投资相对较少，村内也没有专门负责公共安全管理的人员，造成突发事件管理混乱。村庄污水排放、垃圾处理还处于原始随意堆放状态，也给村民生产生活带来巨大卫生安全隐患。

1.2.3　配置标准上，欠账偏多、标准偏低、缺乏系统性

多年来，我国村镇基础设施，包括道路、供水、供电等建设还比较薄弱，农村规划建设管理服务标准更几乎处于空白。村镇发展由于起点低、资金不足、标准偏低，决策者短期行为严重，村镇基础设施满足不了日益增长的村镇居民的生产和生活需要。

1. 投入不足、欠账偏多

我国长期形成的城乡二元结构，极大地限制了农村的发展。政府财政投入比例过低，投入总量不足。我国农村基础设施投入方面的"政府缺位"和"政府失灵"与体制外供给，导致财政投入的严重不足。与城市相比较，农村人口众多，社会、经济、环境、技术发展滞后，农村地区的道路交通、给水排水、能源电力、供热燃气、环境卫生等基础设施配置水平低、资金投入欠缺、建设技术水平落后。

2. 质量不高、标准偏低

现阶段农村基础设施建设，缺乏相应的技术标准与规范。现有的规范、标准主要针对城镇地区，但很多城市工程建设标准在农村并不适用，严重制约了关键

技术在农村的应用和推广,而农村建设标准的缺失直接导致新农村建设和城镇化进程缺少了基础性的支撑和保障作用。与城市建设相比,农村建设呈现低密度化的特征,这种差异使得农村在进行基本建设过程中,不能照搬城市建设的规范和标准。因为缺乏农村建设标准的支撑,很多农村地区的基础设施存在质量不高、配置偏低的特点。

3. 随意配置、缺乏系统性

近年来,中国政府为了推动农村基础设施建设和农村经济的发展,加强了对农村地区的道路交通、给水排水、电力通信、供热燃气、环境卫生等基础设施的投入。但是由于长期以来农村规划的缺位,缺乏科学、全面的规划,基础设施建设出现了为投资而投资、盲目投资、重复建设的现象。大量农村地区的基础设施投入得不到满足,农村现代化的进程十分缓慢,影响了农村社会和谐与公平。

1.2.4 配置方式上,由政府主导到企业参与,基础设施建设的趋利性

从村镇基础设施的配置方式看,政府始终处于主导地位且发挥核心调控作用,在村镇基础设施供给过程中扮演主要的供给者和政策的引导者角色。政府在供给村镇基础设施的同时引导企业的参与,以社会公共利益为导向在多个供给主体间寻求新的平衡点,引导多元供给主体间稳健合作竞争关系的构建,实行多元供给主体间的互利双赢。企业供给农村基础设施不仅可以减轻政府负担,而且也能弥补政府失灵。

1. 道路、供水、供电、通信等经营性设施建设力度大,可以收费

政府是村镇基础设施的供给主体,它所提供的是村镇所需的最基本的基础设施,是社会协调与可持续发展得以进行的基本平台。对于道路、供水、供电、通信等经营性基础设施,政府可将以征税的方式获取的资金进行投资,以此保证筹资渠道的畅通。另外政府也可以将部分公共产品的生产权推向市场,吸引企业通过合约出租的方式供给基础设施。按照市场机制的原则,以营利为目的的企业主要负责那些外部性不强、进入成本低的经营性基础设施建设。所以相对于垃圾、污水等厌恶型设施,道路、供水、供电、通信等经营性设施建设力度比较大。

2. 垃圾、污水等厌恶型设施欠账多

目前我国绝大多数的村镇没有排水渠道和污水处理系统,造成河流、水塘污染,影响村民居住环境,严重威胁村民的身体健康。村镇地区的环境卫生条件和治理与城市相比也有相当差距。除部分经济发达地区村镇垃圾已得到较为妥善的处理,大部分村镇垃圾仍采取随意堆放的处理方式,乱倾于宅前屋后、田边、池塘边、路边等。

1.2.5　维护运营上，重建设、轻管理，后续运营维护政策机制缺失

按照世界银行 1994 年的发展报告，根据一般估算，对道路的维护所能获得的收益应当是修建一条公路本身的两倍，而部分基础设施重建投资所需的费用可能会达到维护费用的 3～4 倍。由此可见基础设施维护的重要性。但在村镇地区很多基础设施因为长时间缺乏维护，逐渐失去作用并最终成为"摆设"。具体原因如下。

1. 缺乏长效的政策措施

目前村镇基础设施建设投入由多个部门安排和管理，工程建设也由多个部门负责。由于缺乏统一规划和统筹协调，不同部门安排的项目各自为政，各有各的建设规划、实施范围和管理办法，不能实现相互配套和互补，而且由于项目较小、过于分散，工程监管难度非常大。许多基础设施产权不明，也没有长效的政策措施加以维护，导致年久失修，功能老化。以农田水利设施为例，我国现有的农田水利设施多是 20 世纪 60—70 年代修建的，在随后的农村经济体制改革中，没有明确界定农村基础设施的经营管理权和使用权，塘、库、堰、渠属于集体所有，人人都行使使用的权利，但却没有人履行维护的义务。这些基础建设年久失修，使用效率不高。近些年来，虽说修建了一些农村基础设施工程项目，但建好后也大都没有建立和完善管护机制。

2. 缺少持续的资金投入

目前城市已经建立起一个维护基础设施正常运转的筹资机制，而农村却没有这样的机制。早在 1985 年，国务院就发布了《中华人民共和国城市维护建设税暂行条例》，并于当年开始实施。在我国 1994 年进行的税制改革中，进一步规范和保持了这一税种。这一税种是专门为了加强城市的维护建设，扩大和稳定城市维护建设资金而开征的，有效地保证了城市基础设施维护的资金来源。而在农村基础设施建设中，目前仍旧没有专门的筹资或者支出模式进行农村基础设施的维护。在现有的基础设施资金安排中，农村基础设施的建设投入主要由中央和省级政府提供，并没有专门的基础设施维护资金，而县乡级财政又没有能力提供巨额的维护资金。因为面对居住分散的农村地区，对基础设施进行专人监管需要花费较大的财力，而地方政府如果有这个财力，尚不如将这些财力用于建设更多的"看得见"的农村基础设施，以突出表现其"政绩"。

3. 缺少长期的人员管理

从专人和专属部门的维护和监督来看，城乡的差距也十分巨大。在城市中，如果一个路段的公路出现了损坏，自来水断水或有线电视出现故障，则相应的基

础设施部门会在较短的时间内尽快解决。广大市民、各层政府机构和各类媒体都能起到监督的作用。但在广大的农村地区,除了电工之外,村庄内一般没有专业的人员对农村基础设施进行维护和监督,村民更没有动力去自觉维护。受教育水平和人口素质影响,农民的"搭便车"心理较重,更出现过破坏、盗取基础设施的情况。

1.3　宜居村镇的构建与规划

1.3.1　应对新型城镇化发展的宜居村镇建设要求

1. 传统城镇化模式下村镇区域发展面临困境

新中国成立后,为迅速摆脱经济落后的局面,我国采取优先发展城市的战略,建立起城乡分异的户籍管理制度,城乡二元结构日益显著。以改革开放为起点的快速城镇化进程,过于强调城市发展要素的集聚,忽视了城市对小城镇和农村的带动和反哺作用,进一步拉大了城市与乡村之间的发展差距,特别是在基础设施建设、公共服务配套、经济发展水平、生态环境保护治理等方面,这种差距表现更为明显和突出。随着工业化、城镇化进程的加快,村镇与城市之间的差距呈梯状纵深发展。

与繁荣发展的城市经济、日新月异的城市面貌、日趋完善的城市居民生活环境相比,虽然有小部分的村镇取得了不亚于城市的发展水平(如小榄镇、华西村、南街村、刘庄等),但总体来看村镇成为发展建设的"洼地",始终延续着粗放型的经济增长和土地利用方式,村镇区域成为经济欠发达、生活环境恶化、基础设施不配套、文化传统丧失等多种问题的集合体,村镇居民的生活环境并未随着社会整体发展而得到有效改善。由于城市用地紧张,城镇建设的势头很大程度上由城市转移到城郊村镇,导致村镇建设中自然、社会、经济子系统之间关系的紊乱,严重制约着村镇居民的生活和人居环境的可持续发展。同时,欠发达的村镇区域并未能够参与传统城镇化发展所带来的机遇、利益分享,反而需要承担城市发展所带来的外部负效益,在生态环境、人居安全、社会建设等方面出现恶化趋势。

2. 新型城镇化对村镇区域发展提出新要求

2012年,中央经济工作会议首次正式提出将生态文明理念和原则全面融入城镇化发展全过程,走集约、智能、绿色、低碳的新型城镇化道路;2013年,中央城镇化工作会议在北京举行,分析了我国城镇化发展形势,明确提出推进城镇化工作的六大主要任务,推进农业转移人口市民化、提高城镇建设用地利用效率、建立多元可持续的资金保障机制、优化城镇化布局和形态、提高城镇建设水平、加强对城镇化的管理。新型城镇化不再以大城市为中心,而是更加关注中小城市和农村建设;2014 年,《国家新型城镇化规划(2014—2020 年)》出台,进一步明确部署我国城镇化发展模式转型、城镇化发展任务及未来一定时期的城镇化发展路径选择,新型城镇化已经上升为国家发展的重要战略。

在新型城镇化深入推进的进程中伴随着新农村建设在全国范围内的展开。新型城镇化建设将会带来农村城镇化、农业现代化、农民市民化,必然为村镇带来翻天覆地的变化,也会对村镇发展提出更多新的要求。如何因地制宜地发展村镇,明确村镇自身的自然生态条件、社会经济基础和村镇居民的主观诉求期望,建设宜居宜业的村镇人居环境以实现村镇的可持续发展;如何切实推进我国村镇地区宜居建设水平,推进我国城镇化质量的提升,将是城乡规划建设者和管理者应当思考与践行的重要问题,如表 1-1 所示。

表 1-1　传统城镇化与新型城镇化对村镇区域影响的比较[1]

比较内容		传统城镇化	新型城镇化
关注重点		以"业"为主,偏重经济发展,重点关注城市建设	以人为本,追求城乡经济、社会、环境协调
发展侧重		城市数量增加、规模扩大、人口增加;城镇化率提升	追求城镇化的质量发展,提升城乡文化、公共服务等内涵
城乡关系		加剧城乡二元化;农村和农民被置于次要、依附、被动地位	以统筹城乡协调发展为指引,推动城市文明、资源向农村辐射
人与自然关系		人支配自然	人与自然和谐
三大子系统	自然生态系统	以消耗自然资源为代价,以资源与环境遭受过度破坏为代价	以生态环境为基础,以资源集约高效利用、开发新型资源为特色,创建经济循环、宜居宜业的人居环境
	产业经济系统	以满足传统工业化发展和需要为主,城镇化发展过分依赖工业	以适应新型工业化发展和需要为主,同时结合农业现代化、现代服务业等构成多力支撑体系
	社会文化系统	农村秩序混乱,传统文化受到冲击	提出和谐社会,关注文化建设。注重对农村传统文化的保护和更新

1.3.2　全面实现小康社会建设的必然要求

1. 全面建成小康社会的目标尚未实现

改革开放四十多年,我国已实现现代化建设"三步走"战略的第一步和第二步目标,进入了第三步走的发展阶段,进入全面建成小康社会、加快推进社会主义现代化建设的新发展阶段。中国共产党第十六次全国代表大会明确提出"全面建设小康社会"的战略任务,并提出全面建设小康社会的基本标准;中国共产党第十七次全国代表大会报告进一步提出实现全面建设小康社会奋斗目标的新的更高要求;中国共产党第十八次全国代表大会在十六大、十七大所确立的全面建设小康社会目标的基础上,提出更进一步的要求:"确保 2020 年全面建成小康社会",并提出一些更具明确政策导向、更加针对发展难题、更好顺应人民意愿的新要求:"经济持续健康发展,人民民主不断扩大,文化软实力显著增强,人民生活水平全面提高,资源节约型、环境友好型社会建设取得重大进展"。

全面建成小康社会的目标年(2020 年)马上就要到来,而目前我国的社会经济发展与建成目标尚有差距,特别是在村镇系统建设方面有着很大的空间需要继续改进。未来几年是全面建成小康社会的关键和冲刺阶段,如何抓住这一战略机遇期,推动村镇区域健康宜居发展,是应当慎重考虑的事情,也是实现全面建成小康社会目标所不可逃避的问题。

2. 村镇区域宜居是关系到小康社会建设的关键问题

虽然中国的工业化、城市化、城镇化有了快速的发展,中国的综合竞争力已取得明显提升,但我国依然是一个农民大国和农村大国的基本国情并没有改变,"三农问题"仍是影响我国全面建成小康社会和现代化建设的关键性问题,也是关系党和国家工作全局的根本性问题。没有农业的牢固基础和农业的积累与支持,就不可能有国家的自立和工业的发展;没有农村的稳定和全面进步,就不可能有整个社会的稳定和全面进步;没有农民的小康就不可能有全国人民的小康。只有近 7 亿个农民全员加入社会主义现代化进程,才能盘活国民经济全局,实现可持续发展;只有广大农村的落后面貌明显改变,才能实现更大范围、更高水平的小康。村镇区域宜居是社会主义新农村建设的切入点,也是关键点,抓住村镇居民的人居环境问题,也就抓住了全面建成小康社会的关键问题。

1.3.3　满足村镇区域居民的现实需求

美国著名社会心理学家马斯洛将人的需要由较低层次到较高层次依次分为生理需要、安全需要、归属与爱的需要、尊重需要和自我实现需要五类,其中生理需要是人最原始、最基本的需要,而自我实现是最高等级的需要。随着我国城镇化与工业化进程的推进,居民家庭收入均有了较大幅度的提升,人民生活水平也得到提高,居民需求已经从最基本的需求上升为追求社会尊重、自我实现的高级阶段。人民群众日益增长的物质和精神需求同落后的社会生产之间的基本矛盾更多地表现为人们对于美好生活的追求与日益下降的人居环境之间的现实矛盾。在现代科技高速发展的背景下,受收入水平提升、文化水平提高、信息获取渠道拓展以及对于城市生活方式的追求等多种因素的影响与冲击,村镇居民的需求已不再是仅仅满足温饱的初步阶段,而是更为追求居住环境的改善所带来的物质和精神需求,开始关注基础设施、公共服务、生态环境等建设以改善日常生活水平。部分传统的农村生活方式已经被现代化的生活方式所取代,但环境发展模式已经落后于人们的审美观念和生活需求。面对正在转变中的村镇居民需求,提升村镇区域宜居建设水平成为当务之急。

1.3.4　村镇区域宜居测度范式的缺乏

我国农村地区地域辽阔,类型众多,村镇区域宜居建设的成功案例不多。目前,我国广大的村镇建设尚未完全脱离自然演进的模式,村镇规划建设技术与理论远远落后于村镇建设速度,并未形成一套完整系统的理论与技术管理体系。在实际建设中由于缺少对乡村特性成熟的理论与方法指导,村镇建设时往往会照搬照抄城市人居环境建设的经验与做法,而忽视了农村居民长期形成的生活习惯和生活需求,缺乏对村镇居民的经济情况、意愿、需求、心理和行为的充分研究,建设成果缺乏吸引力和实用性,反而对村镇居民的生产生活带来了诸多的不便,并割裂了延续千百年的农村传统文化。因此,梳理村镇宜居建设存在的问题与建设成果,理清村镇区域宜居的影响因子,构建村镇区域宜居基准测试系统,以指导村镇区域宜居建设,是村镇宜居建设的一项艰巨任务。

1.4　村镇区域空间规划调控

1.4.1　重视宜居建设基础和诉求的主客观调查,因地制宜提升宜居水平

结合住建部部署的农村人居环境调查工作,在县域范围内开展村镇区域宜居建设基础调研,全面把握人居环境基本特征、建设基础以及存在的突出问题。调查应通过实地踏勘、访谈座谈、资料整理等方式进行,调查内容包括县域村镇地区自然环境、人口构成、经济发展、住房建设、设施配套、历史文化特色等方面的情况。具体包括:① 县域内村镇人口规模、构成、变化趋势;② 村镇近年来经济收入、产业结构、地方财政、地方投资、涉农扶持资金以及农民家庭收入、就业结构等情况;③ 县域风景名胜区、自然保护区、主要河流、湖泊、山体等生态敏感区的分布、范围及保护和利用情况。开展文化遗存调查,对乡土文化建筑、传统建筑及古树名木进行全面调查,摸清历史文化遗存的分布、现状等基本情况;④ 调查并评估农村居住形态、居住水平、住房特征、危房规模、新建住宅需求等;

⑤ 调查村镇垃圾处理、污水处理、道路、供水、排水、供电等重要基础设施的现状规模、空间布局、使用状况以及建设要求,调研县域农村地区能源利用情况;⑥ 调查教育、医疗、文体娱乐及社会福利设施等规模、分布及使用情况;⑦ 评价村庄整体风貌、建筑风格、街道立面、公共空间、绿化水平等;⑧ 调查村镇的基本农田以及地质、洪涝等灾害和生态污染情况。

在改善人居环境的主观诉求方面,主要以问卷、走访、座谈等方式,详细了解公众对住房建设、设施配套以及公共空间等方面的意愿与诉求,为编制规划和制定相关政策提供翔实可靠的民意基础,各地参照具体情况确定调查内容。重点分析村镇区域社会经济、基础设施、公共服务设施分布情况,村镇区域宜居建设的总体水平、资源特色、发展潜力,归纳需要解决的重点问题。按照不同社会经济发展水平分类提出提升村镇区域宜居水平的重点方向。

1.4.2　开拓优势资源保护与利用新路径,创新经济发展模式

1. 村镇区域分类引导

依据村镇区域资源条件、发展基础以及环境特色,结合经济与社会发展规划,划定县域乡村功能分区,因地制宜提出各片区差异化发展与建设策略,确定各片区改善农村人居环境的工作重点,引导差异化、特色化发展。引导具有类似发展条件的村庄连片发展。依托区位要素、资源禀赋等条件,将地域空间上接近,并具有共同特征、资源要素、发展要求的村庄,按照一定的规划目标,划分若干乡村连片发展地带,按照生活宜居、生产发展、环境优美、设施完善的要求进行统一规划,连片治理,提出规划建设指引,制定相应的扶持保障政策,促进村庄联动发展。

2. 转变经济发展模式

通过村镇资源的包装和形象营造,创新资源开发利用方式,转变农村地区经济发展模式,创造村镇区域就业机会,提升收入水平。充分挖掘村镇区域的特殊资源优势,并进行创造性利用,探索形成村镇区域的新的发展机会,为村民提供更多的就业发展机会,提升收入水平和生活居住条件。基于地方资源与城市的关系,一方面推进农业现代化建设,打造现代农业载体;另一方面,延展产业链条,创新新型业态,创造更多价值空间。例如,日本在第三次农村建设中提出"一镇一品,一村一品"就是立足创新开发资源,白川乡合掌村依托原生态的建筑景观发展乡村民宿,长野县南木曾町将曾经的官道驿站"妻笼驿站"建设成为历史风情观光据点,广岛美星町将观星变成特殊景观,成为日本天文研究的重镇之一。

(1)创新农业发展模式:都市休闲农业＋特色农业生产基地。在未来随着

城镇化的推进,城市人口将继续稳步扩张,产生巨大的农产品消费和休闲娱乐需求。随着体验经济时代的到来,城乡资源互补关系将呈现多种维度,"都市休闲农业＋特色农业生产基地"相结合的模式,能够适应并满足多元化的消费需求。

都市休闲农业是把城区与郊区、农业和旅游,三次产业结合在一起的新型交叉产业,是利用农业资源、农业景观吸引游客前来观光、品尝、体验、娱乐、购物的一种自然情趣浓厚的农业生产方式,体现了城乡统筹、农旅融合的发展方向,一方面满足城市生产、生活、生态等多功能需求,另一方面带动相关产业发展,促进剩余劳动力转移,拓宽农民增收渠道。其具体形式可以有农业公园、观光农园、市民农园、休闲农场、民俗农庄等等。

特色农业产业基地则是推进农业产业化的空间支撑。传统农业是在自然经济条件下,以家庭为单位采用手工劳动方式精耕细作,生产规模小,自给自足,难以适应市场经济的发展要求。特色农业产业基地是顺应农业产业化的发展趋势,通过改变生产组织模式、经营方式或土地流转来实现地域特色农产品规模化、标准化、企业化、集约化的生产,提高农业生产经济效益。

都市休闲农业(农业公园、观光农园、市民农园、休闲农场民俗农庄)和农业产业基地(高科技农业园区、合作社、家庭农场、企业基地)是农业现代化载体建设的主要方式。成功运作的关键还在于:建立土地流转的合理利益联结机制,鼓励农户以土地入股参与园区建设;对农田基础设施建设、农业技术推广、农产品品牌、农产品认证、农业信贷等提供资金扶持;以园区为载体,深化开展与农业科研机构的战略合作,设立科研、试验基地,着重在良种选育、节水农业、新技术转化、农副产品深加工、农业科技集成示范和推广、资源综合利用等方面进行探索;积极鼓励集体经济组织统筹村庄资源,整合开展旅游项目开发。

就山区发展而言,采取适度规模化的产业经营与特色化的小规模经营相结合之路,响应食品消费的"绿色、安全、营养"消费趋势。针对山区平地少坡地多,山高路远,对外交通成本高的现实条件,农业发展应立足于发挥小气候的独特优势,因地制宜发展立体复合农业,形成"立体种植,一镇多品,多层互补"的错季、高效、高值、精品农业产业化格局;通过申报绿色食品、有机食品、无公害农产品、地理保护标志产品,并借助于展销会、媒体网络、事件等逐步培育和推广品牌;推动"农超对接",发展农产品电子商务平台;除一般性的水果、蔬菜、烤烟、干果、畜牧水产外,引导珍贵树种、药材、山野菜培育,野生动物驯养产业发展,拓展新价值空间。

(2)积极发展乡村旅游业、养生度假产业。2014年8月,国务院印发了《国务院关于促进旅游业改革发展的若干意见》,支持乡村旅游市场的开发和建设,明确指出"在符合规划和用地管制的前提下,鼓励农村集体经济组织依法以集体经营性建设用地使用权入股联营等方式与其他单位、个人共同开办旅游企业"等。在此背景下,乡村旅游业出现了两个重要标志:一个是宜兴白塔村旅游专业合作社通过工商注册,标志着当地农户以旅游合作社的形态参与到乡村旅游市场中;另一个是中青旅建成北京密云古北水镇乡村休闲度假旅游目的地,标志着资本市场进入乡村旅游市场。乡村旅游的经济组织形态正在从自发的"农家乐"向旅游自由职业者、旅游合作社、旅游股份组织形态发展。

但发展乡村旅游需要交通、食宿、景观、参与、购物等支持条件。当前,乡村旅游普遍存在点多、散、小、缺乏精品、"漫天都是小星星"等现象,运营不规范,忽视长远发展。乡村旅游的发展一定要与交通基础建设、城镇化建设、村容村貌建设、民俗文化建设和产业结构调整结合起来进行,要根据客源市场的需求和旅游资源的优势来发展。

乡村旅游发展要重视乡村旅游目的地的规划设计和可行性论证。要以市场为导向,充分利用丰富的乡村旅游资源,将在地产品、在地民俗、在地美食与在地文化、美学思维、科技创意结合,形成具有在地品牌特色的乡村旅游。创新乡村存量资源的包装应用,例如发展民宿,盘活了农村闲置房屋,将农宅转变成可以用于经营的生产工具。加强乡村旅游与周边热点旅游线路、大景区项目的互动,共享旅游市场,例如,会稽山龙华寺将礼佛的线路进行延伸,将周边乡村旅游纳入旅游项目设计,将龙华寺两小时游升级为绍兴柯桥两日游。重视从业人员的服务技能培训,并应充分考虑原住民的长远利益。原来通过征地发展旅游项目的方式割裂原住民与土地的关系,致使农民失去生产资料,不利于村镇区域的长远发展。通过土地入股的方式,可以作为村级集体土地的长远收益,村集体可以用土地收益进行环境保护和建设,农民也可以增加资产性收入。重视乡村旅游中"互联网"思维,探索乡村旅游与互联网的融合,推动互联网旅游服务商与乡村旅游的合作。

（3）有序发展村镇工业项目。

其一,依托农业基础拓展农林产品加工业。随着经济收入水平的提高,市场对于加工食品的需求逐渐旺盛,同时农业产业化的进程加快也需要通过农副产品加工业提升商品利润空间,吸纳剩余劳动力,推进村镇区域城镇化水平。依托农产品基础性,响应市场对于天然、安全、健康食品的需求,发展农产品深加工产业链,同时探索特色餐饮的技术标准化和工厂化生产,建设绿色食品加工基地。采取企业化和作坊式相结合的发展方式,开发即食型、休闲型、功能型、保健型、礼品型等不同档次的产品。

在空间布局方面,可鼓励返乡资本积极参与,建设农副产品加工园区,构建农业循环经济体系,形成种植—饲料—养殖—废弃物—能源—有机肥—种植、种植—食品加工—废弃物—能源—有机肥—种植的物质循环链条,形成农产品精深加工循环产业链,为农村劳动力就近就业提供机会。

其二,依托区域产业链发展工业项目。在推进"大众创业,万众创新"以及农民工返乡创业的情境下,有条件的村镇地区将引来大量工业发展项目。需加强县域内工业园区的统筹规划,集中化、规模化发展,加大环保投入力度,避免工业污染。加强土地用途管制,推进当前散点布局的企业逐步进入园区,禁止在工业园区外审批工业项目。针对内部发展不平衡的问题,探索异地补偿,例如珠海市斗门区斗门镇北部5个村纳入生态保育区,为弥补损失,在龙山工业园区片区划出100亩土地,将经营收入分配给5个村,抵扣原村留用地。

1.4.3 完善公共服务设施和基础设施,充分激发投资—发展协调性和乘数效应

1. 增强公共投资与社会发展的协调性,充分发挥公共投资的乘数效应

公共支出对于社会经济发展具有乘数效应。公共投资作为一笔初始的投资会产生一系列连锁反应,投资支出会转化为其他部门的收入,在扣除储蓄后用于再消费或再投资,又会转化为另外一个部门的收入,如此循环下去,从而会使社会的经济总量成倍地增加。要更好地激发公共投资的乘数效应,带动村镇区域发展,就需要加强公共投资与社会需求的协调性,并以公共投资撬动社会投资,激活更多的资金、技术、人才向村镇区域流动,从而赢得更多的发展机遇。

(1)基于发展阶段和发展趋势,制定重点发展片区、重点建设任务,集中部门资金,凝聚投资合力。

避免因资源投入分散,公共投资项目遍地开花,难以发挥引导空间集聚和社会投资的作用。当然,对于边远地区的村庄和经济水平欠发达的农村地区,政府则给予特殊的经济资助。同时,界定各级政府的建设和维护的责任边界,保持资源、资金的稳定投入和使用监管。

(2)创新投融资模式。坚持政府与市场合理分工、建立"政府与市场联动的基础设施、公共服务设施建设投融资机制",实现投融资主体多元化和投融资方式多样化。包括创新项目设计,尽量避免单一公益性功能的项目;鼓励集体经济进入经营性、准经营性服务项目;建立反映市场供求变化的经营性和准经营性基础设施运营价格机制。

2. 落实完善公共服务设施

(1)公共服务设施规划布局基本原则。基于公共服务均等化的要求、村镇区域与城市的关系以及村镇区域居民基本公共服务需求,结合村庄的等级、规模、职能和服务功能,统筹确定设施的规模、层次和级别,避免重复建设和资源浪费。在中心城区、镇区公共服务设施覆盖半径内的村镇区域,可以共享城市和城

区的服务;不在覆盖半径内的村镇地区,综合考虑村庄特点,人口规模、居民点分布和对周边范围的交通联系,确定适当数量的中心村作为基层服务中心。在具体项目的建设上,考虑到规模效益和集聚效应,采用集中＋分散的方式布局,统筹利用闲置土地、现有房屋及设施,改造建设社会服务设施。鼓励功能兼容、用地集约,建设集文化宣传、体育健身、科普教育、卫生计生、社会福利、劳动保障、民政、法律、治安、农业生产服务等于一体的综合性农村社区服务中心。

(2)教育设施。结合村庄布点规划的要求,明确村镇区域幼儿园、中小学、普通高中/成人教育、职业教育等教育设施的布局、建设数量及配置标准。

幼儿园原则上就近布置在中心村及部分一般村。

小学集中至中心村、建制镇镇区。

初中学生集中至建制镇镇区。

普通高中、成人教育、职业教育等教育设施应集中在县城布局,偏远地区可考虑依托中心镇布局。

(3)医疗卫生。结合村庄布点规划,明确卫生室(含计生服务室)的配建标准、建设要求与布局。原则上卫生室以行政村为单位进行配置,部分中心村可配置卫生所,自然村可配置流动卫生站,作为卫生所、室的派出机构。

(4)文体、商业及社会福利设施。结合村庄布点规划,根据地方传统与文化特色,确定文化、体育设施的分级配置标准;合理配置集贸市场、商超等商贸设施,并确定等级和规模;合理配置城乡敬老院、康复中心等社会福利设施,并确定等级和规模;原则上以行政村为单位推进农村养老服务站等设施建设。

3.完善村镇基础设施

完善村镇区域基础设施包括道路交通、供水、供电、防灾、信息化、污水处理、垃圾处理、厕所改造等。

(1)道路交通设施。基于当前村镇区域道路交通系统存在问题,结合未来县域城镇体系发展规划、区域交通网络规划,优化提升村镇区域道路交通体系,构建村庄与城镇、村庄与村庄的网络化联系。乡道建议参照三级公路标准建设,并通达所有中心村;一般村庄对外联系通道建议参照四级公路标准;各自然村对外联系通道应实现基本硬化。以区域公路网、县域村庄布点为依托,合理规划村镇区域公共交通服务系统。统筹安排长途汽车站、乡村客运站及招呼站、公交车站、客运码头等交通服务设施,预留相应设施用地。顺应村镇区域出行机动化的趋势,布置停车场、加油站等交通设施,并在规划中确定其规划布局和用地规模。

(2)水、电、气设施。在区域电力设施布局指导下,针对电力供应问题,预测用电负荷,合理选择村庄供电电源,确定变电站位置、等级,控制高压走廊通道,明确改造重点。一般情况下,靠近城镇建成区以及靠近工业园区的村庄内部供电线路改造应与城镇、工业园电力线路改造同步进行或参照城镇建设标准进行。远郊村内部线路改造的主要工作是对线路安全进行排查,消除因线路老化、私拉电线等导致的安全隐患。

合理确定农村地区用水量标准,预测村镇区域用水总量。合理确定村镇的水源地及保护措施,确定村镇重大供水设施布局。结合村庄条件确定供水方式,临近城镇的、有条件的村镇区域可以延伸供水网络或按照城镇规划要求执行;不具备条件的村镇区域采用集中供水或者分散供水方式。供水水质应符合《生活饮用水卫生标准》(GB 5749—2006)的规定。建立村镇区域供水设施的长效维护制度。

引导村镇区域利用沼气、天然气等清洁能源。对于尚未普及清洁能源的地区,提出传统非清洁能源的改造模式。提出县域内气化设施供应的网络布局、位置、规模等。

(3)排水设施。临近城镇周边、园区周边条件具备的村庄,采用适当超前雨污分流排水方式;条件尚不具备的村庄,优先推进污水管网和处理设施建设。雨水排放应充分利用沟渠、水塘、湿地等,保障村镇区域雨洪安全。

加强村镇区域污水处理能力,灵活采用城乡共网、城乡分治、自循环、分布式等不同模式。规划建成区内的城中村、临近城镇郊区、工业园区、旅游景区、工矿区的村庄应利用城镇污水处理系统或功能区污水处理设施;远郊型村庄采用生态化污水处理方式,结合坑塘沟渠等布局污水处理设施,并鼓励共建共享。

(4)垃圾处理、无害化厕所改造。村庄垃圾可采取卫生填埋、堆肥或集中转运等无害化处理方式,提倡资源化利用,需要合理确定村镇区域内各村庄垃圾收集、转运、处理方式及综合利用措施。对于经济欠发达、县域面积大的地方,推行源头分类减量、适度集中处理模式。对于经济发达、县域面积不大的地方,推行城乡一体的"村收集—乡(镇)转运—县处理"模式。对于交通不便、无法由乡镇开展集中清运处理工作的山区,采取"户分类—村(组)收集、处理"模式。明确农村环境卫生保洁制度,落实资金和人员。

引导农村厕所无害化改造。因地制宜地选择适合本地条件的卫生厕所类型:有完整给排水设施的村庄,优先使用水冲式厕所;没有完善给排水系统的农户,可选用三格式、双瓮式厕所;养殖大禽畜的农户可选用三联式沼气池式厕所。推进村内公共厕所建设,优先选用水冲式厕所,同时建立公共厕所卫生保洁制度。

(5)信息化建设。根据现状条件和目标,确定固定电话、网络主线需求量及移动电话用户数量,统筹安排邮政、通信服务网点、移动基站的位置和规模。近期基本建成功能完善、运营高效、安全可靠的宽带高速网络设施,实现县域内行政村网络全覆盖。远期全面实现和普及"三网合一",实现电信、有线电视、高速宽带网络等信息化基础设施覆盖各个自然村。鼓励发展农村电子商务。

（6）防灾减灾建设。划分村镇区域防灾减灾重点片区,明确防灾减灾重点,确定防灾减灾设施的建设内容和建设标准。明确村镇区域防灾减灾设施空间布局,制定项目建设计划,并纳入投资计划。

1.4.4 分类推进村庄人居环境整治,提升村镇区域整体风貌

结合社会经济基础,基础设施和社会服务等基础条件和建设规划,以自然村为单元,对村庄整治进行分类,明确不同类型的建设重点。例如,可以按照发展水平分为设施完善型、环境改善型和特色营造型,采取相应的应对策略。

1. 设施完善型

设施完善型村庄主要指基本生活条件尚未完善的村庄,存在的问题包括生活饮水安全尚未得到切实保障、村庄内外交通条件较差、多数村民住房保障欠缺或难以获得基本公共服务等。这一类型的村庄主要以保障安全、改善基本生活条件为目标。宜居建设重点包括:

（1）解决危房问题。提出修缮、改造或重建的实施途径和扶持措施。

（2）保障饮用水安全。确定卫生安全的取水点,有条件的村庄推动集中供水管网延伸到村庄,其余村庄可通过新建和改造农村小型水利工程解决饮水安全。

（3）完善农村道路建设,设置道路安全防护设施,安排农村公共交通设施布局及公交线路,提高村镇居民出行便利性。

（4）改善村庄卫生条件,分离畜禽养殖区和居民生活区,采取基本的垃圾处理和污水处理措施,推进无害化卫生厕所改造。

（5）改善农村基本公共服务,促进城乡医疗卫生、义务教育等资源均衡配置,全面改善农村义务教育薄弱学校基本办学条件,方便就近上学。

（6）保证村庄安全,加强地质灾害防治,治理危险边坡,修理溃破堤围,完善水利设施。

2. 环境改善型

环境改善型村庄主要指基本生活条件比较完善,但脏乱差现象普遍,环境污染、垃圾处理等急需改善的村庄。这类村庄以改善农村居住环境和村庄整体形象为目标。在设施完善型村庄的工作基础上,建设重点包括:

（1）推进环卫等基础设施建设。增设垃圾收集点、卫生公厕等环卫设施,加强垃圾无害化处理;改善污水处理设施和管网建设,因地制宜规划建设农村生活污水处理系统;提高信息化等设施建设水平,鼓励农村发展清洁能源。

（2）开展农房及院落风貌整治和村庄绿化。清除村庄房前屋后杂生灌木丛，对庭院绿化、门前绿化、墙面绿化以及公共空间绿化提出指引性建议。

（3）清理违规占用公共空间。拆除占路农房、堆积物，对占用巷道的建筑物、构筑物、堆砌物予以清理。

（4）对河道、水塘、沟渠等进行疏浚、清理。

3. 特色营造型

特色营造型村庄主要指日常生产生活条件较好、整体环境洁净、具有一定自然或人文特色资源、有较大发展潜力的村庄。这类村庄应以塑造舒适宜人的环境、保持特色的乡土景观、保护独有的历史文化为目标，建设美丽乡村，成为村镇区域宜居示范。在环境改善型村庄的工作基础上，建设重点包括：

（1）保持村庄的自然特色与人文景观。修复自然景观与田园景观，美化河涌、池塘、堤岸，修建滨水步道，营造亲水平台和滨水公共空间。统筹协调农村住房建筑高度、立面、色调等，力求外观协调、形式美观、风格统一，延续村落原有的街巷肌理。

（2）保护传统文化。对农村地区传统历史建筑物、传统村落提出保护、修缮要求，推进历史文化名镇名村的申报工作。恢复和振兴民间健康的典型风俗、节庆活动，保护村庄非物质文化遗产。

（3）挖掘和利用当地自然、文化资源，发展休闲农业、乡村旅游、文化创意等产业，创造乡村就业机会，提升资源价值。

1.4.5 加强生态环境保护，构筑村镇区域可持续发展基础

加强村镇区域生态空间保护，制定生态建设行动，为改善村镇区域人居环境构筑良好的生态安全保障。

1. 划定重点生态保护区域

划定生态控制线，明确县域重点生态保护区域，包括基本农田、森林、湖泊、湿地、自然保护区、风景名胜区、主要河流水域范围等，提出生态保护与建设管制要求，根据各类生态区域的生态敏感性特征与生态保护重点内容，实施分类分级管理。统筹协调农业生产发展与生态安全保护，充分发挥农用地的生态效益，培育具有地方特色的自然景观和乡村景观。

2. 开展生态环境修复

统筹协调土地利用、水利、环保、农林等相关规划，针对县域农村地区生态环境存在的突出问题，确定规划期内生态环境修复的重点地区、重点流域以及重点项目等，提出规划建设要求及分类管理措施。合理安排小流域综合治理、重要堤防加固、山区林道建设、生态公益林建设、山塘水库除险加固、废弃矿山生态治理

及综合利用等生态环境修复工程。

经济发展水平较好的县(市、区),应统筹实施山水林田湖生态保护和修复工程,提高生态保障能力;经济发展较为落后的县(市、区),应坚持保护优先、自然恢复为主,严格控制生态保护地区的开发建设;处于水源保护区的县(市、区),应大力开展生态清洁型小流域建设,整体推进县(市、区)全域农村河道综合治理。

3. 加强绿色基础设施建设

绿色基础设施包括由大面积自然生态空间构成的生态核心、河流水域与绿道等线性开敞空间构成的生态廊道、各类公园及历史文化保护区构成的生态景观节点等三个方面。规划应当以绿道建设为基础,加快县域农村地区的绿色基础设施网络化建设,明确包括自然生态公园、生态廊道、生态景观节点等在内的绿色基础设施空间布局,提出各类绿色开敞空间控制保护及配套设施建设要求。推动在县域农村地区形成有效衔接、相互协调的绿地生态网络,充分发挥其涵养水源、调节雨洪、改善空气、提供游憩场所、塑造景观风貌等多种功能。

1.4.6　培育农村社会组织,创新农村社会治理体系

在新型城镇化发展背景下,引入社会组织参与公共服务供给作为政府提供公共服务的一种新理念、新机制和新方法,对于加快行政管理体制、社会管理体制改革,建设服务型、效能型政府,更好地发挥政府的职能作用有着积极的意义。农村社会组织参与农村公共事务,有利于弥补政府失灵和市场失灵,实现农村治理的有效转型;立足地方完善社会保障体系和"多中心"的服务供给体系,是基层公共服务供给的重要依托;整合协调不同群体的利益关系,成为维持农村社会稳定,防止行为失范社会失序的中坚力量。大力推动农村社会组织参与社会服务,能够有效整合社会资源、满足农村社会多元化的需求,对于处理社会治理中政府治理和社会自治的关系,提升基层公共服务水平和社会治理水平有着十分重要的意义。

近年来,在大力推动之下,农村社会组织发展有所起色,但类型单一,主要体现在以经济合作社、文体爱好等类型为主,在促进农村市场经济发展和农户增收致富,倡导积极向上的健康生活方面发挥着重要的作用,但致力于为农村弱势群体(留守老人、留守儿童、留守妇女)提供服务的组织较少。同时,农村社会组织仍然面临着发展定位不清、高度依托政府、资金短缺、人才匮乏等制约,阻碍农村社会组织更为高效地参与公共服务供给。因此,需要加大对农村社会组织的扶持力度。

一是完善制度保障和机构建设。就政府层面而言,完善农村社会组织的登记制度、管理制度、支持政策,大力培育各类社会组织,明确责任边界,加强监管

的同时避免干预社会组织的运营,完善社会组织的相关立法保障。就社会组织自身而言,规范自身决策制度、运营行为、提升服务水平,建立信息公开制度,增强自身的公信力,增强社会认同。

二是多渠道拓展资金来源。针对资金困局,加大政府购买公共服务的力度,建立政府职能部门与农村社会组织的购买服务—实施监管的新型合作关系;争取相关专项经费、公益性组织的项目资金支持;支持社会组织按照服务内容适当收取服务费用,并制定相关的税费减免等优待措施;完善社会捐赠的支持政策。

三是重视建设人才队伍和培训体系。农村社会组织的构成主体是广大农民,人员素质和业务水平总体偏低是不容忽视的现实。一方面,需要加强组织负责人和工作人员的教育培训力度,强化规范运作的意识和业务能力,鼓励参加继续教育;另一方面,鼓励有专业知识背景的大学生、志愿者、农村能人参与到农村社会组织中,提升整体素质;另外,建立具有竞争力的薪酬机制、建立公平公正的人才评估和选拔机制、落实社会保障制度,提升农村社会组织的平台吸引力。

四是自上而下与自下而上相结合,完善服务决策机制和服务评估制度。立足于社区调查,建立居民对公共服务需求的表达渠道,并以此为依据明确社会组织的服务范围。同时,农村的发展基础千差万别,居民需求多元,客观标准难以统一,提倡建立一套由农村居民参与的服务满意度评价体系对社会组织进行考核,以推动实现结果公平。

2

城乡一体化发展与基础设施空间规划

2.1　城乡一体化的内涵与趋势

城市与乡村是相互联系依存的不同类型的聚落空间。工业革命以来，随着城市环境、社会等问题日益严重，田园城市、区域统一体、区域城市、城乡混合体和城乡整体规划等理论逐步兴起，不断探索城乡互动关系与城乡规划实践，以统筹"城市—村镇"区域的可持续发展。随着我国工业化和城镇化的快速发展，城乡差距不断扩大，同时城乡人口、经济、信息和物质等要素流动逐渐增长。2012年，我国城镇人口比重达到 52.57%，比改革开放初期增加 34.67%，城市总人口增加了 5.39 亿人，快速城镇化进程引起村镇区域剧烈的转型和重构。然而，由于现行城乡二元制度，村镇区域增长在土地、财政、劳动力和市场环境等受到制约，缺乏持续的增长动力，城乡一体化进程缓慢。城乡一体化是改变城乡二元结构和解决"三农"问题的根本措施，通过城乡资源要素整合与空间配置优化，积极协调"城市—村镇"区域发展。

现有研究和规划在国家、区域、省市等尺度对城乡一体化内涵与策略进行大量探索。例如，山东、海南、南京、武汉等地对城乡一体化的规划目标、规划编制方法、规划内容、实施策略等进行广泛讨论，并从城乡关系、生产要素、产业结构、空间战略、制度政策等提出促进一体化的措施。然而，现有"城市区域"的规划范式强调城乡物质环境的一体化，缺乏以村镇区域的视角审视城乡关系与发展，主要表现为：① 在规划理念上，以城市为规划中心，强调城市的辐射能力以引导空间优化和公共服务发展，忽视了村镇区域发展现状和优势；② 在规划编制上，以城市空间为核心范围,缺乏"城市—村镇"区域系统的有机联系;③ 在规划实施上,难以突破村镇区域存在的发展困境,导致难以形成有效的城乡一体化实施机制。村镇区域是以"中心镇"为核心节点形成的村镇范围,"中心镇"在城乡一体化的地位日益突出。改革与发展"中心镇"逐渐成为破除城乡二元结构和推进一体化的重要路径。从村镇和区域的视角审视城乡发展,能弥补城市导向发展在解决乡村问题的缺陷,有助于推进城乡规划发展的质量和实施效果。

城乡一体化是形成城乡相互依存、相互促进的统一体,实现城乡基本公共服务均等化和城市经济、社会、环境协调发展。促进城乡社会经济要素多维度流动和融合是城乡一体化的重要特征。例如,城乡资源高效综合利用、城乡生产要素自由流动、公共资源与服务均等化、城乡经济社会融合发展。加快城乡基础设施建设、完善城乡经济结构与联系、促进公共服务均衡化与空间融合对逐步实现城乡多维度一体化发展具有重要的意义。

2.2 城乡一体化的发展态势

2.2.1 城乡一体化发展历程

回顾改革开放以后,我国城乡一体化发展实践历程,大约可以分为 3 个阶段。

1. 从产业割裂到必然选择的探索阶段

改革开放以后,我们对城市和农村的发展,强调城乡经济的差别以及产业的不同特质性,在政策上采取了截然不同的发展路子。城市中重点发展工业和服务业,而在农村中主要发展种植业。这两种不同的路子,一方面迅速在城市中建立起比较齐全、完备的工业体系和具备一定功能的服务网络;在农村实现了粮、棉、油的稳定高产,为城市工业发展所需要的原料,城市居民生活资料起到了保障作用。然而,随着生产力的进一步发展,则明显呈现出一种城乡割裂的格局,从生产力总体布局的角度看,呈现出城市经济和农村经济"双片面"发展态势,即城市化发展的片面性与城市和农村经济发展的割裂性。这种"双片面"的发展对于城市经济发展来说,正面临着日益狭小的市场空间,影响着产品价值的实现;对于农村经济发展来看,长期结构单一,生产方式落后,农民收入增长受限。随着经济改革和发展的进一步深入,在农村经济不断发展,城市经济发展面临着进行更广泛的转移、渗透的背景下,城乡一体化的发展成为必然的选择。

2. 从城乡分割到统筹发展的逐步推进阶段

统筹城乡发展是党的十六大认真总结改革开放二十多年和新中国成立五十

多年我们党在处理城乡关系问题上的实践经验而提出的一个全新思路,是第一次跳出了以前就农业论农业、就农村论农村的发展思路,把农村的发展放到整个经济社会发展的大环境中统一考虑,这对于打破城乡二元结构、从根本上解决"三农"问题、实现城乡经济的协调发展具有战略意义。党的十六届三中全会又进一步提出要按照统筹城乡发展、统筹经济社会发展、统筹区域发展、统筹人与自然和谐发展以及统筹国内发展与对外开放的要求等五项内容。这可以理解为是我党对统筹发展理论的进一步发展。党的十六大召开,尤其是十六届三中全会召开后,各地都在结合当地的实际,积极制定统筹城乡经济社会发展战略。

3. 从统筹发展到"以工促农、以城带乡"稳步推进阶段

2007 年召开的十七大又进一步提出:"要加强农业基础地位,走中国特色农业现代化道路,建立以工促农、以城带乡长效机制,形成城乡经济社会发展一体化新格局。"工业和农业的关系是随着工业化进程而变化的,在工业化初期工业从农业汲取资源,农业支持工业;进入工业化中期工业与农业平行发展;此后工业应该反哺农业。目前中国已进入工业化的中期阶段,提出"以工促农、以城带乡"是我们党在新形势下对工农关系、城乡关系在思想认识和政策取向上的进一步升华,对于科学认识和把握我国经济社会发展规律,正确处理新阶段的工农关系和城乡关系,落实统筹城乡发展方略,具有重大现实意义。党的十七届三中全会通过的《中共中央关于推进农村改革发展若干重大问题的决定》中又提出,要建立城乡经济社会一体化制度,并且在加快城乡一体化进程上做出了一系列新部署,提出了更具可操作性的内容,中国城乡一体化发展也将进入到稳步推进阶段。

从 20 世纪 80 年代中期开始,我国部分经济发达地区根据各自不同的具体情况,积极探索城乡一体化的发展道路,从实践的过程和效果观察,较具代表性的主要有以下 3 种模式:

(1) 珠江三角洲"以城带乡"的城乡一体化模式。珠江三角洲城乡一体化,至今大致经过三个阶段:① 商品农业阶段。重点提高农业劳动生产率,为农村剩余劳动力转移创造条件。② 农村工业化阶段。其重点是以农村工业化带动农村城市化。③ 完善基础设施阶段。其重点是按现代化城市要求,构筑现代化城市的框架。

(2) 上海"城乡统筹规划"的城乡一体化模式。上海从 1984 年开始探索城乡一体化,上海城乡一体化的发展战略就是以上海城乡为整体,以提高城乡综合劳动生产率和社会经济效益为中心,统筹规划城乡建设,合理调整城乡产业结构,优化城乡生产要素配置,促进城乡资源综合开发,加速城乡各项社会事业的共同发展,保证上海城乡经济持续、快速、健康发展。

(3) 北京"工农协作、城乡结合"的城乡一体化模式。"工农协作"是指城乡工业开展多层次、多渠道的横向经济联合,通过合资经营、合股经营等形式兴办工农联营企业,逐步形成经济协作网络。城市工业通过各种方式向郊区扩散零部件加工或下放产品,大力开展帮技术、帮管理、帮设备、帮培训的"四帮"活动,使城乡经济呈现出城乡协作、优势互补的局面。

2.2.2 制约中国城乡一体化的障碍因素分析

1. 思想观念上仍存在"重城轻乡"的倾向

长期以来,我国在城乡关系上存在着"重城轻乡"的观念,打破这种观念上的障碍,是实现城乡一体化的思想基础。党的十六大所提出的"统筹城乡经济社会发展"这一命题,表明我们党对城乡统筹发展的认识已达到一个新的理论高度。但由于传统思想观念的惯性,在城乡关系上还存在着一些错误的认识和看法,城乡统筹发展仍然面临着极大的观念障碍:一是"重城轻乡""重工轻农"观念的不自觉作祟;二是以工促农、以城带乡的条件不成熟论;三是城乡一体化的自然结果论。一部分人误把城乡一体化发展当作经济社会发展的目标,认为是经济社会发展到成熟阶段的自然结果,而没有正确理解城乡一体化发展是克服城乡差距、解决"三农"问题、促进经济社会协调发展的重要途径。

2. 社会经济管理体制障碍

20世纪90年代以前,我国实行的是城乡分割的经济社会管理体制,主要包括工农产品统销统购制度、人民公社制度和户籍制度,与这3种基本制度相配合的还有排他性的城市就业、福利体制等,从体制、政策和各项管理制度上限制农民进城就业和定居。进入新世纪后,面对着不断加速的市场化进程所带来的巨大冲击,虽然政府对传统的社会经济管理体制进行不断地调整,各地也逐步取消了户口的城乡之分,实行统一的户口登记管理制度,但从根本上看,城乡二元结构还没有根本突破,城乡经济社会的二元管理体制还没有根本破除,还没有建立起与已经变化了的社会经济形势完全相适应的新的管理体制,城乡之间的体制障碍依然严重制约着城乡统筹发展。

3. 人口压力影响了城市化进程

减少农民数量,是解决"三农"问题、实现城乡统筹发展的关键环节。但实际上,在城乡统筹发展过程中,人口问题及其成因要复杂得多,解决起来难度也很大。在我们进入工业化中期阶段以后,在西方发达国家同一历史发展阶段已经基本解决的农村剩余人口问题,仍将伴随着我国今后的工业化进程并成为工业化进一步深化的瓶颈,因此,人口压力将一直困扰着我国的工业化和城市化进程。我们劳动力资源虽然丰富,但由于其主要构成是农村的剩余劳动力,没有受过良好的教育,技能低,熟练劳动力严重缺乏,无法满足经济发展和产业结构调整、升级的要求。这就在一定程度上加剧了人口问题的严重性。

4. 现有的资金投入方式制约农村社会事业的发展

实现城乡统筹发展,加快农村经济增长,必须解决农村基础设施差、社会事业发展严重滞后的问题。农村的道路、水电、通信等基础设施建设落后及教育、卫生、文化等社会事业发展滞后,是制约农村全面发展的重要因素,究其原因,这与我们的财政体制密不可分。长期以来,城市基础设施建设和社会事业的投入,由公共财政给予保障;而在农村,却依靠基层政府和农民集资来进行。而农民收入水平偏低,自我筹集资金能力差,也无力支持农村社会事业的发展。资金不足,制约了农村社会事业的进步,不利于农民文化程度的提高;资金不足,降低了政府对经济进行宏观调控的能力,使城乡一体化的发展战略受到严重制约。

2.2.3　城乡一体化建设不断创新

党的十六大以来,城乡一体化得到了长足发展,城乡一体化建设创新也层出不穷。集中在以下几个方面:① 城乡发展机制的创新。城乡一体化发展,机制创新是关键。城乡的"二元"结构是城乡经济社会发展不平衡的主要因素,也是城乡一体化长足发展的重要障碍。破解城乡二元结构,要依靠政府的一系列制度创新,依靠市场进行运行机制的创新,采取有效措施,不断深化改革来完成。② 城乡发展空间结构的创新。城乡一体化发展是将城乡的经济、社会作为一个统一的整体,以城市为依托、为中心、为主体,科学合理地编制周围城镇、市区、乡等区域发展规划、体系规划以及各类的专业规划。充分合理地布局其产业发展空间、居民居住空间、城市利用空间、农田水利空间等。同时,把农村居民等纳入统一规划,按照就近安排、城乡协调、合理集聚、规模适度、有利生产生活的原则,充分利用好城乡发展的空间和各个地方的交通区位优势、支柱产业、自然风貌等优势,积极培育和打造特色产业、特色村、特色乡镇,形成与自然相结合的梯级式的合理城乡布局点。打破分割城乡一体化发展的"二元空间"结构,逐步演变为城乡相融的一体化空间布局,从而完成城乡空间结构一体化的转型。③ 城乡产业结构的创新。积极推行城乡一体化,必须根据城市、乡镇、农村的不同特征和发展优势来推进。其产业结构的合理利用和发展将成为城市与农村缩小差距、加强联系的重要桥梁。必须统筹兼顾、相互促进、合理分工城乡的产业配置,积极地扶持其各个地方农村的支柱产业,并不断优化发展,以此促进农村产业经济的兴起和发展。同时,还应该把工业化、农业产业化以及农村现代化结合起来,形成城乡相互融合的经济产业链。④ 城乡人力资源的创新。人力资源是社会发展最基础的部分,对整个经济的发展起着至关重要的作用。城乡一体化的发展更是需要重点解决农村人力资源的问题。统一规划和建设城乡人力资源开发体系,实现与经济社会发展的有机衔接和配套。着力消除农村人力资源开发的不平等状况,努力弥补长期以来农民的各种权利缺失,加大对农村人力资源开发的力度,做好农村富余劳动力与进城务工人员等劳动力的安置工作。同时建立起符合各个地方农村人力资源的专业评价体系与动态化管理的劳动力资源和用工信息库,建立与农村富余劳动力相适应的职业资格证制度。扎实推进当地农村富余劳动力技能培训、城镇失业人员技能就业培训、农民工实用技能培训、新成长劳动力技能储备培训等,切实推进城乡劳动者向素质就业转变。

2.2.4　推进城乡发展一体化应把握的几对关系

改革开放四十多年来,我国已步入后改革时代,经济社会面临重大转型,需要持续改革创新。推进城乡发展一体化是加快完善社会主义市场经济体制和加快转变经济发展方式的重要抓手。为进一步发挥城乡一体化的引领作用,必须处理好以下几对关系。

(1)政府与市场的关系。推进城乡发展一体化,必须明晰政府与市场的关系,科学辨别二者边界。一方面,推进城乡发展一体化是中央的重大政策安排,是政府公共服务的重要取向;另一方面,推进城乡发展一体化,又涉及农民主体以及必要的市场策动。具体来说,就是理顺推进城乡发展一体化的管理体制和运行机制,优化良好的政策环境和市场环境;同时有序、合理推进小城镇、农村大社区的开发开放,让管理与开发并举,让政府与市场和谐共生、效能最大化。这将持续考量各层级地方政府的施政智慧以及农民的主体意识、企业的社会责任。

(2)城市与农村的关系。经过十多年的探索,我国城乡一体化建设取得了明显进展,也面临重大转型:在扩大内需方面,基本建设资金和公共服务资金投资重点由城市转向农村,兼顾城市发展。党的十八大报告指出,以科学发展为主题,以加快转变经济发展方式为主线,是关系我国发展全局的战略抉择。转变经济发展方式,需要使经济发展更多依靠内需特别是消费需求来拉动。增强经济发展的平衡性、协调性、可持续性,必须摆脱长期过度依赖出口和投资拉动经济增长的状况。而农村广大的市场,提供了发展现代农业的广阔的投资空间。在城镇化进程方面,以征地为主要手段的"农转城"农民市民化演变成农民就近转入小城镇或农村大社区,兼顾农民工深度融入城镇化。这些重大转型给执政理念、农民观念等带来深刻变化,城市与农村的藩篱有所松动,城市与农村并非两个截然不同的事物,而是互补互依的、血脉相连的实体。只有城乡协调发展,才称得上是真正意义的城乡一体化。

（3）竞争与竞合的关系。党的十八大召开后，推进城乡发展一体化大幕渐次开启，各地推进城乡发展一体化日趋白热化。事实上，各地既是竞争对手，同时又是全国一盘棋下的合作伙伴。因此，在强调差异化发展的同时，摒弃区域藩篱，杜绝以邻为壑，加强上下联动和区域联动，增强区域合作与交流，是今后相当长一段时期内推进城乡发展一体化的主旋律。

（4）短期诉求与长远利益的关系。党的十八大报告提出，坚持走中国特色新型工业化、信息化、城镇化、农业现代化道路，推动信息化和工业化深度融合、工业化和城镇化良性互动、城镇化和农业现代化相互协调，促进工业化、信息化、城镇化、农业现代化同步发展。这为推进城乡发展一体化描绘了宏伟蓝图。但推进城乡发展一体化是一项复杂的系统工程，不能一蹴而就。如何处理好短期诉求与长远利益的关系，需要更加注重生态文明，更加增强大局意识。早日建成美丽中国，需要一代又一代人的艰苦努力。

2.3　城乡一体化背景下的基础设施配置趋势

2.3.1　城乡建设一体化

《国家新型城镇化规划（2014—2020年）》提出："要推进城乡规划、基础设施和公共服务一体化，统筹城乡基础设施建设，加快基础设施向农村延伸，强化城乡基础设施连接，推动水电路气等基础设施城乡联网、共建共享。"城乡基础设施建设是城乡一体化发展的物质基础和关键。城乡基础设施是城乡之间的横向联系与双方相互渗透和辐射的桥梁和载体，在城乡一体化发展中，其基础性和关键性地位不可动摇，夯实基础设施建设会加快城乡一体化其他方面的发展，如城乡公共服务一体化、城乡产业一体化等。可见，村镇区域的基础设施建设将通过城乡一体化发展而得到进一步加强。

（1）交通网络一体化：城乡交通网络一体化主要体现在公路及公共交通向村镇延伸覆盖。乡村公路建设更加扎实，公路等级进一步提高，路面质量大幅改善，通往旅游景区、码头等重要县乡道路的建设成效则更为突出。城乡客运路线进一步优化，农村客运站建设更加完善；村镇地区的公交站点进一步增加，布局更加广泛且合理。

（2）供排水网络一体化：城乡一体化供水主要体现在水管网络向农村延伸，水资源调控能力增强，村镇用水稳定性大幅提升；大型与小型水利设施建设互补发展，防洪抗旱能力增强；饮水安全工程逐步开展，水源管控、水质监测以及污水净化能力皆有改善。

（3）供电网络一体化：农村电网全面改造升级，输电网络和配电网络与城市接轨，实现统筹管理；村镇地区的配电站、中压配网的建设逐步落实，供电稳定性和运行经济效率显著提升。

（4）邮电通信网络一体化：通信网络优化升级，通话质量进一步提升，通信应急保障能力也日益提高。移动通信网络在农村的覆盖面更为广泛，移动电话使用逐渐普及。城乡光纤宽带网络建设逐步完善，无线网络质量有所提升。此外，许多村镇地区也开展了对农村居民的信息化培训。

2.3.2 农业发展现代化

农业现代化是指从传统农业向现代农业转化的过程和手段，包括农业生产技术、生产手段、经营管理、产权制度等多个方面的变革，而农业基础设施现代化是实现农业现代化的基础。

（1）因地制宜推进农业现代化：不同的村镇地区都结合自身特点，进行了有针对性的农业基础设施现代化提升。例如缺水严重的村镇地区，以兴修水利为主，加快人畜饮水工程建设和抓紧机电井、泵站、运水、浇水机的维修养护；在水土流失严重、生态环境恶化的村镇地区实施水土保持工程，加强生态环境的治理；在交通条件不佳的村镇地区，则以解决农村交通为重点，新修乡村公路，确保交通便利，使农村公路成为农民就业和增收的助推器。

（2）机耕路的普及推广与建设：机耕路的普及推广与规范化建设也反映出农业基础设施的现代化发展。机耕路是农机具（拖拉机，收割机等）出入田间地头进行农田操作的通道，其直接涉及农机的推广速度、普及程度以及各种效率和作业质量。国家及部分省市相继出台了相关的机耕路建设标准，明确了机耕路对于现代化农业耕作的重要性。村镇地区也普遍重视机耕路的发展，有力地推进了机耕路的硬底化建设及维护保养工作。

2.3.3 生活需求多元化

自十六届五中全会提出建设社会主义新农村以来，我国农村地区的经济发展及居民生活水平有了显著提升，生活方式也相应发生改变，居民对基础设施呈现更高端化及多元化的要求。

（1）科技进步，对互联网的需求日益凸显。随着科技的迅猛发展，互联网及信息技术已逐渐向村镇地区延伸，互联网对农村的经济发展与农民思想观念的更新作用也越来越明显。当前，加快农村宽带基础设施建设已受到高度重视，我国村镇区域已普遍实现宽带上网，建立农村信息服务站，4G 网络也逐步全覆盖。2015 年，国务院颁布了《关于加快高速宽带网络建设 推进网络提速降费的指导意见》,提出了加快高速宽带网络建设,推进网络提速降费的目标和举措:80%以上的行政村实现光纤到村,农村宽带家庭普及率大幅提升;4G网络全面覆盖城市和农村,移动宽带人口普及率接近中等发达国家水平。随着"互联网+"概念的兴起,农村电商将逐步兴起,互联网将在农村发挥更加重要的作用,成为农村人民发家致富的手段,村镇地区需要的通信基础设施需要保证提供稳定、快捷的网络服务。

(2) 汽车普及,对道路及停车场需求增大。村镇地区的汽车拥有量显著提升,居民对村镇道路质量的要求越来越高,对村镇停车设施的需求也越来越大,尤其是节假日,回乡以及走亲访友的外来车辆急剧增多。对此,全国各地都加强了农村地区的道路硬底化建设,居民的出行更加便利。另外,越来越多的村镇地区开始考虑停车场建设,有些地区对村庄采取整体规划,实行一个自然村建一个停车场,充分满足停车需求;有些地区结合村镇地区节假日多车、平日少车的实际情况,建设多功能停车场,与村务活动、体育活动、文化活动广场等公共场所的建设结合起来,多功能停车场在停车高峰期,可以用来停车,在没车时可以用作其他用途。

(3) 生活丰富,对供电的能力及质量要求提升。农村经济社会的发展导致农村电气化水平不断提升,居民们需要涉及用电的领域越来越多,农村的工业发展也对电力产生了庞大诉求。电力需求的迅速增长使得用户对供电能力及供电质量的要求日益提高。全国各地也纷纷进行农网改造规划,加大对农村电力设施的投入。通过新建变电站布点、增加电源布点等方式,解决农村地区电网网架结构薄弱的问题,加强县域电网与外部电网联络,提高农村电网供电可靠性,缩短用户平均停电时间;通过缩短供电半径、增加无功补偿装置等方式,提高农村电网电压合格率,提高电能质量。同时,村镇地区也逐步尝试引入可再生能源、分布式能源等新兴供电方式,为村镇地区的电力发展提供多元保障。

2.3.4 基础设施绿色化

在村镇建设快速推进和城镇发展规模不断扩大的过程中,我国村镇及其周边的生态环境破坏日益严重,村镇区域面临着水系统、土壤系统、环境与资源系统三大方面的生态问题。《国家新型城镇化规划(2014—2020年)》提出了"生态文明,绿色低碳"的指导思想,推动形成绿色低碳的生产生活方式,低碳理念下的生态型基础设施规划建设是实现可持续发展的重要支撑条件。为了实现新型城镇化中对于生态文明建设的要求,构建绿色低碳的基础设施系统成为营造宜居村镇的重要途径。近年来,村镇区域已经不断涌现出各个类型的绿色基础设施。

(1) 分布式能源:分布式能源是一种建在用户端的能源供应方式,可独立运行,也可并网运行,将用户多种能源需求以及资源配置状况进行系统整合优化,与集中发电、远距离输电等传统大电网供电系统相比,具有投资小、能效高、可靠性高、能源种类多样化、环境友好等优点。分布式能源技术是未来世界能源技术的重要发展方向,也是我国实现可持续发展的必然选择,国内部分地区已逐渐推进分布式能源的利用,村镇地区也有这一发展趋势。农村分布式供能模式与传统供能模式相比有很大不同。从可供给的能源种类上,除了已有的当地物质能源和外界商品能源,还加入了更加清洁环保高效的太阳能、风能等可再生资源,增加了能源供给量。从能源供给的技术上,采用了转换技术、集热技术和发电技术三大技术。摒弃了传统的生物质能源直燃形式,通过发展转换技术获得沼气或秸秆气,在大幅提高资源利用效率的同时也改善了农村环境;通过集热技术最有效地利用了太阳能;小型风力发电和其他可再生能源发电技术构建的微型电力系统为农户提供生活用能,盈余电能还可回馈电网,获得经济收益。可见,在农村地区小规模地开发和利用可再生能源构建分布式供能系统,其经济效益和可操作性远高于城市。据相关研究证明,仅以构建每户安装 1 kW 风力发电机和 1.2 m² 太阳能集热的分布式功能系统计算,全国 57% 的省份可完全解决生活用能需求。

(2) 生态沼气池:沼气是一种农村特色的清洁能源,由于其技术要求简便、原料来源广泛的特点,在许多农村地区被普遍使用。近年来,沼气利用技术逐步提升,出现了生态沼气池等绿色基础设施。生态沼气池可以结合太阳能技术,将种植业和养殖业结合起来,在系统内部通过水压式沼气池、太阳能暖圈和厕所的建造,形成农业废弃物—沼气池—农业生产往复循环的生产模式,将村镇的农业生活垃圾和禽畜粪便进行分类与资源化利用。一方面,通过厌氧发酵产生的沼气经由管道输送到居民区可以作为清洁能源供居民日常生活使用;另一方面,沼气池出来的废弃物沼液和沼渣可以作为农药添加剂、肥料、饲料等来使用,能大大减少化肥和农药带来的危害,有利于生产绿色产品和无公害产品。

(3) 乡村绿道:绿道建设在我国起步虽晚,但近年来发展速度较快,已逐步由单一的城市绿道规划建设发展为城市绿道和乡村绿道共同发展并开始尝试城乡一体化发展。乡村绿道是在乡村与乡村以及城市与乡村之间构建的一种可持续的绿色线性空间网络的系统。乡村绿道的规划对城乡之间、乡村之间、乡村内部体系之间起到重构、优化的作用,能够改善城乡间景观环境破碎化日趋严重的现象。乡村绿道以农村居民为主要服务对象,比城市绿道更偏重于生态保护功能,其规划设计比城市绿道更为灵活多变。进行乡村绿道规划可以极大促进"美丽乡村"建设在全国的开展,有助于实现"美丽乡村"建设的宏伟目标。

3

宜居城市与宜居村镇规划

3.1 宜居城市与宜居村镇的理论基础

3.1.1 宜居与宜居城市的内涵

宜居（livability）源于对快速城市化进程中对城市病问题的反思。在这种背景下，诸多学者积极开展人居模式的探索，例如，莫尔"乌托邦"、欧文"新和谐村"、霍华德"田园城市"、泰勒"卫星城"、柯布西埃"现代城市"、赖特的"广亩城市"等，对其后的人居理论、城乡规划理论均产生了深远的影响。1958 年，希腊建筑和城镇规划师道萨迪亚斯（C. A. Doxiadis）针对战后城市重建以及规划、建筑、地理等学科研究片面化的情况，提出人类聚居学概念，强调从自然界、人、社会、建筑物和联系网络等五个方面的相互作用中研究人类居住环境。1961 年，世界卫生组织（World Health Organization，WHO）总结满足人类基本生活要求的条件，提出居住环境的基本理念应是"安全性、健康性、便利性、舒适性"。从20 世纪 70 年代起，宜居的研究开始更多的关注居民的生活质量以及影响居住环境的综合因素，规划学、社会学、生态学、地理学等学科纷纷关注居住空间与居住环境之间的不和谐问题。1976 年，联合国在加拿大温哥华召开首次人类住区大会，开始人居环境研究的促进工作。随着可持续发展理念在社会、经济及人们日常生活中的深入，1996 年联合国第二次人居大会明确提出"人人享有适当的住房"和"城市化进程中人类居住区可持续发展"，可持续发展成为宜居建设的核心内容之一。在实践方面，巴黎、伦敦、温哥华、北京等城市纷纷将"宜居"作为城市建设理念与目标，并作为城市竞争力的核心要素出现。特别是《北京城市总体规划（2004—2020 年）》中，首次提出"宜居城市"的建设目标，推动了我国宜居城市的研究。

基于对人类聚居环境的研究产生了一系列的理论，如人居环境科学、可持续发展理论、生态城市等，这些理论从不同的角度对人类居住环境的舒适性进行了界定，对理解宜居的内涵具有重要的借鉴作用。

1. 人居环境科学

人居环境科学以人类聚居为研究对象，着重探讨人与环境之间相互关系的科学，强调把人类聚居环境作为一个整体，从政治、社会、文化、技术各个方面全面地、系统地、综合地加以研究，而不像城市规划学、地理学、社会学等学科只涉及人类聚居的某一部分或是某个侧面。吴良镛院士将人居环境定义为"人类聚居生活的地方，与人类生存活动密切相关的地表空间，人类在大自然中赖以生存的基地，人类利用自然、改造自然的主要场所"，提出"人类、自然、居住、社会、支撑"五大类人居环境构成系统。

2. 可持续发展

可持续发展是指既满足当代人的需要，又不对后代满足其需要的能力构成危害的发展。1978 年，世界环境与发展委员会（World Commission on Environment and Development，WCED）首次在文件中正式使用了可持续发展概念。1987 年由布伦特兰夫人在她任主席的联合国世界环境与发展委员会的报告《我们共同的未来》发表之后，可持续发展开始对世界发展政策及思想界产生重大影响。《地球宪章》将这一概念阐述为："人类应享有与自然和谐的方式过健康而富有生产成果的生活。可持续发展是经济、社会、环境、福祉、资源等多个维度的可持续。"

3. 生态城市

生态城市是联合国教科文组织发起的"人与生物圈计划"研究过程中提出的概念，在广义上讲是重新认识人与自然关系基础上的新发展观，狭义上讲就是健康可持续的人居环境。生态城市建设强调集约高效发展、自然环境和资源的保护、人文景观和传统文化的保护、公共设施建设与生活质量提升等理念。

总体上，宜居的研究起源于城市，是针对社会经济快速发展中所产生的城市病问题，而对城市发展模式的反思与批判。特别是第二次世界大战之后，对舒适和宜人的城市居住环境的追求成为城市规划的主要关注点，不仅"宜居城市"概念被正式提出，还于 1954 年出现了以倡导"人类聚居学"的希腊学者道萨迪亚斯为代表的研究宜居的学术团队。20 世纪 80 年代可持续发展共识的形成促进了宜居城市研究的全面发展。第二届联合国人类住区大会发布的《人居议程》更使宜居成为人类住区建设的纲领。纵观城市宜居的相关研究，不同学者或组织对城市宜居的概念与内涵也不同，尚未形成统一公认的定义。基于不同的侧重方向，不同的专家或机构从不同视角出发，提出了多个不尽相同的城市宜居性评价指标体系。对这些指标体系进行研究，可以对村镇区域宜居测试指标体系的建立提供思路和借鉴，如表 3-1 所示。

表 3-1 对"宜居"内涵的认识

代表人物	主要观点
Casellati(美)《宜居的本质》	有吸引力的、行人导向的公共领域；较低的交通速度、容量和拥挤度；较好的、买得起的和地段较好的住房；方便的学校、商店和服务；容易到达的公园和开敞空间；清洁的自然环境；有安全感并能接受不同的使用者；有文化、历史和生态特征；友好的、社区导向的社会环境
Salzano(美)《宜居城市七目标》	连接过去和未来的枢纽，是可持续发展的城市；社会和社会个体在自身完善和发展方面的要求得以满足；没有边界、贫民窟以及隔离区域；以其功能复杂性和人际交流丰富性为标志；其场址和环境有着良好的关系；公共空间是社会生活的中心；规划师能够保障城市不会退化到拥挤和焦急的境地；宜居城市是为了其居民生活得更好而建
Hahlweg(德国)《家一般的城市》	令人愉快的、安全的、可支付得起的、可以维持的人类社区；居民能够享有健康的生活，能够很方便到达所要去的任何地方；全民共享的生活空间；富有吸引力的、让人流连忘返的地方；对上班族、孩子和老人而言，它都是很安全的；具有通达便捷的开敞绿地，保障休闲、聚会和交流的自由空间

3.1.2 村镇区域的宜居研究进展

1. 村镇区域成为宜居研究的关注点

改革开放以来的快速城镇化与工业化进程使得城镇化建设势头开始从用地紧张的城市转向城郊的村镇，现代工业经济对村镇经济模式产生冲击，城市居民生活模式成为农村居民的向往与追求。村镇开展以仿效城市为主的建设活动，在取得建设成效的同时却在一定程度上导致村镇区域的生态、社会、经济系统之间冲突的产生。村镇建设中缺乏保护、盲目建设、拆古建新、过度商业开发等做法并不在少数，导致了传统村镇的历史传承与居住环境不断受到破坏。在此背景下，原本关注城市宜居研究的学术界开始逐渐将目光转向村镇区域，对于村镇地区的研究开始逐渐关注乡村聚落、乡村环境、环境评价等领域，宜居开始由最初的城市尺度向乡村尺度扩展。如何提升村镇区域的宜居水平不再仅仅是村镇居民自己关注的问题,而逐渐开始成为社会关注的焦点。

2. 对村镇区域宜居内涵的探索

受人居环境科学理论的影响,目前学术界对于村镇区域宜居的研究大多是从乡村人居环境建设的角度出发开展工作。不同的学科对于村镇区域人居环境建设的关注点不同,使得对于乡村人居环境的理解和定义也不尽相同。

建筑学视角下,村镇区域人居环境是农户住宅与居住环境有机结合的地表空间总称,该学科的研究关注于住宅设计与宜居的关系,关注改善提升古村落、传统城镇的宜居水平。严钧等(2006)基于湘南传统村落调研,将村落人居环境构成分解为自然景观(地形地貌、水系、植被)、人工景观(居住建筑、公共建筑、交通体系等)、空间景观(建筑空间、公共空间等)。李昌浩等(2007)以苏南地区为例,提出"循环型社区"的建立方法,探讨农村规模化公寓型社区居住模式、住宅区规划设计、建筑设计等与改善生态人居环境的关系,以适应快速城市化地区提升村镇宜居水平的需求。

地理学视角下,村镇区域人居环境是在乡村地域空间背景下,人类活动与自然系统协调的广义概念。胡伟等(2006)指出农村村镇人居环境是指人类在乡村背景下进行居住、耕作、交通、文化、教育、卫生、娱乐等活动,在利用自然、改造自然的过程中创造的环境。李伯华等(2008)指出乡村人居环境是乡村区域内农户生产生活所需物质和非物质的有机结合体,由人文环境、地域空间环境和自然生态环境三者遵循一定的逻辑关联构成。

规划学视角下,彭震伟等(2009)基于对城镇化过程中农村产业和人口的结构性调整的认识,认为农村人居环境由农村社会环境、自然环境和人工环境共同组成的,是对农村生态、环境、社会等各方面的综合反映,应在城乡统筹发展的视角下,以农村区域村庄布点规划为依据制定农村人居环境发展提升策略。

在政策引导方面,十六届五中全会通过了《中共中央关于制定国民经济和社会发展第十一个五年规划的建议》,明确指出建设社会主义新农村是我国现代化进程中的重大历史任务,并提出社会主义新农村建设的目标应该是"生产发展、生活宽裕、乡风文明、村容整洁、管理民主",这一政策奠定了我国农村宜居建设的基础性指导方向。中央城镇化工作会议与国家新型城镇化规划进一步指出城镇化背景下农村地区人居环境的建设应是能"记得住乡愁"的,应统筹安排农村基础设施建设和社会事业发展,建设农民幸福生活的美好家园。此外,在养老、医疗、最低生活保障、义务教育等领域均有相应的专项政策和决定来推动村镇区域的社会事业发展。2013年中央一号文件提出建设"美丽乡村"。党的十九大报告提出,要实施乡村振兴战略,坚持农业农村优先发展,按照产业兴旺、生态宜居、乡风文明、治理有效、生活富裕的总要求,建立健全城乡融合发展体制机制和政策体系,加快推进农业农村现代化。

总体来看,农村人居环境是将村镇区域作为一个系统,围绕居民的生活需求对自然系统、人工系统进行建设,这与村镇区域宜居是一脉相承的。在农村人居环境研究的基础上,结合我国对于社会主义新农村建设的指引,对"村镇区域宜居"的理解可概括为以下几个方面:

(1)"村镇区域宜居"主要研究较为长期居住在"村镇区域"的居民(常住人口,不仅包括户籍人口,也包含长期在本地居住生活的外来人口)的生活环境质量,是常住居民对村镇区域环境的心理感受。

(2)"村镇区域宜居"是一个相对的概念,也就是说具有动态性,村镇的宜居是相对于其他村镇或者相对于过去而言的,因此,是否达到"宜居"的标准,要看选择的参照村镇及其村镇本身的发展历史。

(3)"村镇区域宜居"是基于村镇居民个体体验的概念,不同个体基于其自身的年龄、性别、职业、收入和教育程度等对居住环境进行主观评价,对同样的居住环境不同个体的感受甚至会出现天壤之别。因此,对于村镇区域宜居的研究是寻求具有能够代表居民普遍感受的评估标准,对既定空间范围内的居民对周边环境感受进行衡量。

(4)"村镇区域宜居"具有突出的外部关联性。社会所提供的环境、设施等也是形成村镇区域整体居住感受的重要因素,政府通过加强村镇区域环境改善、基础设施建设、公共服务投入等工作,将会有效提升村镇居民对区域的整体宜居感受。

(5)"村镇区域宜居"具有层次性。不同地区的村镇发展有着自身的阶段性,居民对宜居的感受也不尽相同。所以,村镇区域宜居建设具有多层次的目标,较低层级的目标应满足村镇居民的生活基本要求,而较高层次的目标则要满足居民对于环境、文化、发展机会等的更高要求。

(6)"村镇区域宜居"应从利用原生环境着手,立足于"生产发展、生活宽裕、乡风文明、村容整洁、管理民主"的要求,围绕村镇居民在经济发展、公共服务、基本保障等方面的需求,进一步规划配套基础设施和社会公共服务设施,形成良好的人居环境,提升村镇综合功能和发展能力。

3.2　宜居城市评价

3.2.1　国外主要宜居评价指标体系

国际上比较具有代表性的宜居评价指标体系主要有英国《经济学人》杂志的"全球宜居城市"评价、美国美世咨询公司发布的美世生活质量调查报告、美国 *Money* 杂志"全美最佳居住地"评价等。

1. 英国《经济学人》杂志"全球宜居城市"评价

英国《经济学人》杂志已经开展了近十年的"全球宜居城市"评价,初衷是为了给公司派遣员工赴国外提供参考。在原本"居住困难度"调查基础上进一步扩充评价领域,评价体系包括城市安全、医疗卫生、文化与环境、教育、基础设施等5大类30项独立指标,通过对调查而来的数据进行定性和定量综合分析,得出城市宜居评价的综合指数。其中,综合指数为0的城市,其生活环境极为优越;指数为100%的城市,其生活条件令人无法忍受。

表 3-2　英国《经济学人》杂志"全球宜居城市"评价指标体系

领域(权重)	指标
城市安全(0.25)	小型犯罪、暴力犯罪、军事冲突威胁、民事不安定威胁
医疗卫生(0.20)	是否有个人医疗服务、个人医疗服务质量、是否有公共医疗服务、公共医疗服务质量、是否有直销药品服务、一般的医疗服务指标
文化与环境(0.25)	湿度与气温等级、不适合旅行的天气、腐败层次、社会和宗教的制约、审查制度健全情况、居民健身运动指标、居民文化活动指标、食品和饮料、消费物品和服务
教育(0.10)	个人教育、个人受教育质量、公共教育指标
基础设施(0.20)	路网质量、公共交通质量、国际联络质量、好的居住质量、能源供给、水的供给、电信供给

2. 美国美世生活质量调查报告

美国美世咨询公司发布的美世生活质量调查报告评价指标包括政治环境、经济环境、文化环境、医疗与健康、学校与教育、自然环境、公共服务与交通、娱乐、消费品和住房10个领域39个指标。各项指标均以纽约为基准100分,将其他城市的各个单项指标与纽约进行对比,所有单项分数的平均值就是城市的综合得分。

表 3-3　美世生活质量调查报告指标体系 *

领域	指标	领域	指标
政治环境	与其他国家的关系	公共服务与交通	电力
	内部稳定		可用水
	犯罪		电信
	执法		邮政
	出入境便利程度		公共交通
经济环境	货币兑换规定		交通拥塞
	银行服务		飞机场
文化环境	个人自由的限制	娱乐	餐厅多样性
	媒体与审查		戏剧与音乐表演
医疗与健康	医院服务		电影院
	医疗用品		运动与休闲活动
	传染病	消费品	肉品与鱼类
	供水		水果与蔬菜
	污水		日常消费项目
	垃圾清理		酒精饮料
	空气污染		汽车
	恼人或破坏性的动物与昆虫	住房	住房
学校与教育	学校		家电与家具
自然环境	气候		房屋维护与修复
	自然灾害记录		

3. 美国 *Money* 杂志"全美最佳居住地"评价

美国 *Money* 杂志"全美最佳居住地"评选每年举行一次,评价指标包括了财务状况、住房、教育水平、生活质量、文化娱乐设施、气候状况 6 大领域 20 个具体指标。

---

* http://zh.wikipedia.org/wiki/%E4%B8%96%E7%95%8C%E6%9C%80%E4%BD%B3%E5%AE%9C%E5%B1%85%E5%9F%8E%E5%B8%82

表 3-4 *Money* 杂志全美宜居城市评价指标体系

领域	指标	领域	指标
财务状况	年收入均值（USD）	生活质量	空气污染指数
	零售税率		人身犯罪指数
	州收入税率（高）		财产犯罪指数
	州收入税率（低）	文化娱乐设施	电影院
	汽车保险补贴（USD）		酒吧、餐厅
住房	房屋均价（USD）		高尔夫球场
	房屋价值增幅		图书馆、博物馆
教育水平	学院和大学数量	气候状况	年均降水量
	职业技术学院数量		年最高气温
	学生/教师商数		年最低气温

3.2.2 国内主要宜居评价指标体系

在国内，对城市宜居性评价的研究相对较晚，但发展较快。自吴良镛院士提出将人居环境作为整体科学进行研究以来，人居环境的研究逐步深入到可操作的层面。在这一过程中，产生了多个为佐证理论而对城市进行宏观和中观层面评价的指标体系，比较有代表性的有住建部科学技术司的宜居城市科学评价指标体系、零点研究咨询集团的中国公众城市宜居指数等。

1. 住建部科学技术司的宜居城市科学评价指标体系

该指标体系立足于既能全面反映宜居内涵又便于操作，构建了包括社会、经济、环境、资源、安全五大领域的评价指标体系，并分别赋予权重、标准值，测算城市的宜居指数，根据不同得分将城市分为宜居城市、较宜居城市和宜居预警城市。同时设置了具有"一票否决权"的综合否定条件，包括社会矛盾突出、贫富分化严重、环境污染严重、区域淡水资源严重缺乏或生态环境严重恶化，综合否定条件一旦触碰得分再高也不能称为宜居。该指标体系主要用于科学指引全国各城市"宜居城市"规划、建设、管理，并建立"补丁"机制，将根据社会经济发展和科技进步不断修订完善。

表 3-5　住建部科技司宜居城市科学评价指标体系

领域（权重）	指标
社会文明度 （0.1）	政治文明（0.3，科学民主决策、政务公开、民主监督、行政效率、政府创新）
	社会和谐（0.2，贫富差距、社会保障覆盖率、社会救助、刑事案件发案率和刑事案件破案率、文化包容性、流动人口就业服务、加分或扣分项目）
	社区文明（0.2，社区管理、物业管理、社区服务、扣分项目）
	公众参与（0.3，阳光规划、价格听证）
经济富裕度 （0.1）	人均 GDP（0.2）
	城镇居民人均可支配收入（0.3）
	人均财政收入（0.1）
	就业率（0.25）
	第三产业就业人口占就业总人口的比重（0.15）
环境优美度 （0.3）	生态环境（0.8，空气质量、饮用水源、工业污水、生活垃圾、噪声、工业固废、人均公共绿地、绿化覆盖、加分项目）、气候环境
	人文环境（0.1，文化遗产与保护、城市特色与可意向性、古今建筑协调、建筑与环境协调）
	城市景观（0.1，中心区景观、社区景观、市容市貌）
资源承载度 （0.1）	人均可用淡水资源总量（0.5）
	工业用水重复利用率（0.1）
	人均城市用地面积（0.2）
	食品供应安全性（0.2）
	加分、扣分项目
生活便宜度 （0.3）	城市交通（0.2，交通满意度，人均道路面积、公共交通分担，平均通勤时间、社会停车泊位率、市域内主城区与区县乡镇、旅游景区的城市公交线路通达度）
	商业服务（0.1，商业服务质量满意度、人均商业设施面积、居住区商业服务设施配套率、1000 m 范围内拥有超市的居住区比例）
	市政设施（0.2，市政服务质量满意度、城市燃气普及率、有线电视网覆盖率、因特网光缆到户率、自来水正常供应情况、电力正常供应概况、环保型公共厕所区域分布合理性）
	教育文化设施（0.1，500 m 范围内拥有小学的社区比例，1000 m 范围内拥有初中的社区比例，每万人拥有公共图书馆、文化馆（群艺馆）、科技馆数量，1000 m 范围内拥有免费开放体育设施的居住区比例、市民对教育文化体育设施的满意率）
	绿色开敞空间（0.1，城市绿色开敞空间布局满意度、拥有人均 2 m² 以上绿地的居住区比例、距离免费开放式公园 500 m 的居住区比例）
	城市住房（0.2，人均住房建筑面积，人均住房建筑面积 10 m² 以下的居民户比例、普通商品住房、廉租房、经济适用房占本市住宅总量的比例）
	公共卫生（0.1，公共卫生服务体系满意度、社区卫生服务机构覆盖率、人均寿命、扣分项目）

（续表）

领域（权重）	指标
公共安全度（0.1）	生命线工程完好率(0.4)
	城市政府预防、应对自然灾难的设施、机制和预案(0.2)
	城市政府预防、应对人为灾难的机制和预案(0.2)
	城市政府近3年来对公共安全事件的成功处理率(0.2)
综合否定指标（一票否决）	社会矛盾突出，刑事案件发案率明显高于全国平均水平
	基尼系数大于0.6，导致社会贫富两极严重分化
	近3年曾被环境保护部公布为年度"十大污染城市"
	区域淡水资源严重缺乏或者生态环境严重恶化

2. 零点研究咨询集团的中国公众城市宜居指数

零点研究咨询集团，从城市居民对城市居住环境的主观感受入手，结合居民在城市生活的经历和主观感受，对城市满足其生活需求的平衡性和完备性在各维度上综合评价。零点研究咨询集团在其2009年发布的报告中，在民众调查和德尔菲法的基础上，构建了一个由3个一级指标、11个二级指标和33个三级指标组成的评价指标体系，如表3-6所示。

表 3-6　中国公众城市宜居指数

一级指标	二级指标
居住空间（55.9%）：市民对目前个人及家庭的住房条件的主观感受评价	居住面积(17.95%)：个人对家庭人均居住面积的主观评价
	户型设计(20.52%)：个人对住房的采光、通风及私密性的主观评价
	新技术应用(15.79%)：个人对住房中节能、环保等新技术的应用的主观评价
	休闲房产(16.30%)
社区空间（10.7%）：市民对个人及家庭所居住的小区满意度评价	社区环境(2.73%)：个人对所居住小区的生态环境和人际关系的主观评价
	社区管理(4.21%)：个人对所居住小区的相关管理的满意度评价
	社区配套(3.74%)：对社区硬件设施和服务的满意度评价
公共空间（33.4%）：市民对所在城市满足其与居住、生活有关的各方面需求的主观评价	绿色生态环境(7.50%)：对城市自然生态环境的主观感受
	城市规划(3.50%)：对城市各功能区分布、硬件设施条件的主观感受
	城市人文环境(12.23%)：对城市文化的主观感受
	城市经济环境(10.08%)：对城市目前经济发展水平及其未来潜力的主观感受

来源：王先鹏.国内宜居城市评价研究述评[J].住宅产业.2013(1)：52—55.

3.3　宜居村镇评价

3.3.1　国外村镇区域宜居评价综述

乡村和城市是聚落的两种形式,乡村是最初孕育生命的人类聚居地,也是城市发展起来的基础,在人类社会发展中始终扮演着重要的角色。在关注于城市宜居建设的同时,部分专家学者开始将目光投向社会中更为普遍的人类聚居地——村镇区域,并开展了一系列的探索研究。虽然与城市研究相比,对于村镇区域的宜居性研究相对较为薄弱,具有代表性、影响力的成果不是很多,但也表明了社会关注的重心正在由倾向城市向城乡统筹的转变。

以美国、英国等为代表的欧美国家完成了高度城镇化的历史任务,进入城镇化成熟发展阶段,也产生了一定程度的"逆城市化"现象。城市不再是社会关注的唯一焦点,拥有阳光、溪流、森林、山地、草场的农村地区逐渐进入人们的视野。在城市发展饱受生态、社会问题困扰的同时,如何避免美好的乡村重走城市旧路成为各国政府在村镇区域建设中最关心的事情。在这一过程中,具有代表性的有欧盟"乡村发展政策"的生活质量评价、意大利皮埃蒙特大区边缘性指标、英国乡村相对弱势指标、美国乡村地区服务设施和生活水平研究等。

1. 欧盟"乡村发展政策"的生活质量评价

欧盟28国超过一半的人口居住在乡村地区(占总面积的91%),如何科学推动乡村地区的发展对欧盟来说是一项重要的议题。在"农业共同政策"的基础上,欧盟进一步公布了"乡村发展政策",用于强调农业和乡村发展的有机联系,将乡村地区的经济、环境、社会发展作为整体,通过自上而下的项目提供资金支持。为实现资金的有效利用,对项目为当地所带来的生活质量提升程度进行评价,欧盟构建了一个评价框架,分别从社会文化、环境和经济3个方面设定可能的预期目标,作为乡村发展项目效益的评价标准,如表3-7,图3-1所示。

表 3-7　欧盟"乡村发展政策"的生活质量评价[38]

社会文化资本和服务	在社会资本方面,强化当地特质和社会和谐,形成更加开放、网络化、参与度更高的乡村社会 在文化资本方面,改善乡村文化设施、文化遗产的增值(例如多元化利用、提高吸引力)
乡村环境	采用生态系统服务的理念,改善生态系统和环境设施 增进乡村居民在环境管理上的投入和参与

（续表）

乡村经济	包括项目资金管理的有效性和资金投入后带来的经济效益 预期目标为实现工作和生活的平衡,改善工作环境 提供并维持基本的基础设施和公共服务 提高用人成本,促进经济多元化和非农化,提高当地的经济活力

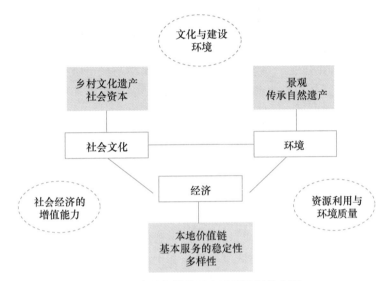

图 3-1　欧盟乡村地区生活质量评估内容

　　在具体评价指标选择上,欧盟提出生活质量评价不能离开主观意愿,同时客观指标可用于项目之间的对比分析,因此采用主客观指标相互补充的方式。在评价方法上,欧盟倡导采用访谈、小组讨论、网上征询、当地考察等参与式评价方法。

　　2. 意大利皮埃蒙特大区边缘性指标

　　意大利皮埃蒙特大区经济社会研究所认为乡村地区的生活水平主要受限于其相对于城市的边缘性,同时考虑到乡村地区数据通常难以获得,因此评价乡村地区边缘性在一定程度上可以替代生活品质的评价。边缘性指标包括 4 个方面:人口、收入、资源禀赋、经济活跃程度,分别选择 2~3 个客观数据作为衡量指标,并采用布雷瓦斯皮尔逊相关系数法验证变量之间的相互独立性,将变量标准化后得出边缘性指标。该指标体系用于项目执行前后对比、不同地区间的比较、与同地区未执行乡村发展项目的参照组进行比较,如表 3-8 所示。

表 3-8　边缘性指标评价体系[39]

领域	指标	描述	数据监测	数据来源	参考年份
人口	总人口	居民人数	国家统计局	国家统计局	2008
	人口增长率	十年内的人口增长率	国家统计局	BDDE	1998/2008
	人口老龄化率	64 岁以上人口占总人口比重	BDDE(估值)	BDDE	2008
收入	纳税收入	人均应纳税收入	MEF	MEF	2006
	地方财产税	以家庭为单位的财产缴纳税	OFL	民政部门	2007
	废弃物	人均废弃物产出量	区域废弃物监测站	BDDM	2007
资源禀赋	家庭可得服务数	以家庭为单位获取公共服务数量	BDDM	BDDM	2007
	旅游人数	外出旅游人数占总人数比重	皮埃蒙特地区旅游部门	BDDM	2008
	连通性	到最近公路和火车站的距离	皮埃蒙特地区技术地图	CSI	2008
经济活动	制造业	制造业从业占总人数的比重	国家统计局	BDDM	2006
	商业质量	不同尺度的店铺数量	皮埃蒙特地区商业部门	ORC	2008

3. 英国乡村相对弱势指标

英国对乡村相对弱势的研究开始于 20 世纪 80 年代中期,Dunn 等(1988)提出采用"指标集"来衡量生活品质的不同方面,包括就业可获得性、就业质量、当地经济就业稳定性、住房成本和可获得性、房屋质量、低收入、公共服务供给水平、与外界联系紧密程度等 8 个方面的内容。延续 Dunn 等学者"指标集"的思路,英国环境、食品及农村事务部(2003)制定了"乡村相对弱势指标"的评价导则,包括 12 个具体指标,可分为 5 个指标集:收入、就业、教育、健康和住房。各指标数据的地理分布情况被绘制成地图,并在 GIS 中进行空间分析,这些研究成果成为英国乡村部制定政策的依据之一。

4. 美国乡村地区服务设施和生活水平研究

面对 20 世纪末以来美国乡村发展从传统农业、制造业向第三产业转变的趋势,Deller 等(2001)对美国乡村服务设施和生活品质的不同方面进行评估,定量分析在新的背景下服务设施和生活品质水平对乡村经济发展的作用。研究者选取了地方气候、休闲娱乐设施、土地利用、水资源和冬日活动等 5 个领域来反映乡村发展水平,每个领域选取 6~13 个评价指标。通过搜集全美 2 243 个以乡村为主的县的统计数据,以主成分分析法得出综合指标,并将综合指标与县域经济数据进行相关性分析。对生活品质的定性测量限定在自然环境和休闲娱乐设施上,在一定程度上能反映当地的宜居水平,但并不全面;宜居水平评价来自客观数据,未包含当地居民的主观感受;但此研究对数据的综合处理和不同地区的横向比较提供了有价值的经验,同时其研究结论也印证了乡村设施和自然环境对乡村发展的重要性。

3.3.2　国内村镇区域的宜居评价研究

国内关于宜居的研究开始较晚,更多的是关注于城市系统的建设,对于村镇区域的关注程度与活跃度较低。受社会主义新农村建设的影响,村镇区域的宜居性逐渐受到学术界的重视,多名学者对村镇区域的宜居性开展了研究。国内对于村镇区域宜居性研究从具体关注对象可以分为基于单一系统的研究和综合要素系统的评价。基于单一系统的研究往往是从村镇区域的某一个领域出发对村镇区域的建设进行评价。如王德辉等(2008)利用修正后的 HEI 模型对广东省县域人居环境适宜性初步评价;王竹等(2011)以江南乡村住宅建设,探索"生态人居"模式;周围(2007)将基础设施、交通、通信、物质规划纳入农村人居环境支撑系统评价,设置饮水、燃气、道路等 22 个指标。总体来看,单系统评价指标体系受研究者的研究方向与自身学识的影响,倾向于对村镇区域单一系统的宜居、宜人程度进行分析,但缺乏对于整个村镇区域复合系统的分析,其结果并不能很好地反映村镇区域宜居的总体水平。相对于单一系统的研究而言,综合要素系统评估关注于村镇区域的全要素系统。近几年来,综合要素系统评估逐渐成为国内村镇区域宜居评价体系的主流,根据评价单元的尺度可进一步划分为省域尺度、县域尺度、乡镇尺度、村庄尺度。

1. 省域尺度村镇区域的宜居评价研究

从目前的研究成果来看,在省域范围内对于村镇区域人居环境的研究较多,其均是以省域为单位对省域内各村镇区域的宜居性进行横向比较、打分,从而获取省域内的村镇区域宜居性空间分析规律,以期对政策制定、规划编制有所指引。然而,以全省为评估单位对全省的村镇区域人居环境进行综合评价的研究较少。以省域为评估对象的研究一般有两种研究方向:一种是对单一省份的若干年村镇区域人居环境进行时间上的纵向对比,如李伯华等(2010)以湖南省为评价单元,构建了包括居住条件、生态环境、基础设施、公共服务和乡村发展水平 5 个方面 31 个指标的乡村人居环境可持续发展评价体系,对全省 1991—2007 年间乡村人居环境进行动态评估,以此为依据探讨乡村居民和政府两个方面的改善对策;一种是对多个省份的村镇区域人居环境建设进行横向对比,如高延军 (2010)则更多关注居住条件之外的山区发展机会、质量和潜力,建立了包含经济、环境、社会发展、基础设施 4 个方面 20 个指标的山区聚落宜居性地域分异评价指标体系,对 28 个有山区的省份(自治区、直辖市)进行横向对比,明确影响各省份山区聚落宜居的主要因子。

2. 县域尺度村镇区域的宜居评价研究

随着社会主义新农村建设的推进,从综合竞争力、乡村建设视角对村镇区域开展研究(评价和实证方案)成为近年在县域层面研究的热点。相对而言,从人居环境建设的视角出发开展的评价研究较少,这与人居环境建设的关注焦点主要是在城市是不可分离的。比较具有典型性的有,朱彬等(2011)以江苏省 64 个县市为评价单元,建立居住环境、基础设施、公共服务及生态环境等 4 个方面 19 个指标构成的农村人居环境综合评价指标体系进行横向评价。杨兴柱等(2013)在对皖南旅游区 18 个县(区)开展人居环境评估中,发现能源消费结构也是影响乡村人居环境的重要方面。刘立涛等(2012)基于人地关系的研究视角,从地域空间、支撑系统、人类社会等 3 个方面选取 11 个具体指标,突出地形、公路、人口密度、人均 GDP 等反映澜沧江流域特征的指标,对沿线 56 个县(市、区)2000—2009 年人居环境时空演进开展实证分析,指出经济发展因素是改善人居环境的关键所在。

3. 乡镇尺度村镇区域的宜居评价研究

乡镇尺度的评价主要有:宁越敏等(2002)以上海市郊区 3 个小城镇为例,认为小城镇人居环境具有类型多样性、结构双重性、社区单一性、地区差异性的特点,介于城市和乡村人居环境之间。胡伟等(2006)尤其强调建立安全格局网络、开展村镇规划对于改善农村人居环境的重要性,以乡镇为基本研究单元,提出包括安全格局、村镇规划、社会经济、基础设施、环境卫生、公共服务设施 6 个子系统在内的农村村镇人居环境优化系统。李健娜等(2006)认为应将动态指标和静态指标相结合,突出增速指标在反应可持续发展能力方面的作用,从生态环境、聚居环境、聚居条件、社区社会环境、社区经济条件、聚居能力、成长性、可持续发展能力 8 个层面,选择 34 个单项指标建立评价指标体系。程立诺等(2007)开展了小城镇人居环境调查,认为地方特色、基础设施、社会公共服务设施以及环卫设施等是主要考虑的因素,并由此构建了由居住环境、社会公共服务设施、基础设施、医疗保障及交通治安 5 个分项 18 个单项评价因子组成的指标体系。李军红(2013)从经济富裕、社会和谐、生活便捷、环境适宜、乡风文明、公共卫生安全 6 个方面构建了包括 44 个单项指标在内的乡镇人居环境评价体系。

4. 村庄尺度村镇区域的宜居评价研究

村庄尺度是主观评价体系主要关注的尺度。例如,李伯华等(2009)从自然生态环境、基础设施、建筑质量与设计、社会关系及服务 4 个方面提取 25 个单项指标形成乡村人居环境满意度评价体系。谭子粉(2011)则以临沂新桥镇 5 个社区为研究对象,从居住条件、服务设施构成、生态安全、人文环境等 4 个方面构建客观建设水平评价体系,从居住、公共服务、安全、交通、生态、人文环境构建主观满意度评价体系。周侃等(2011)认为经济发展在村庄尺度上也是不可忽视的要素,从经济发展、基础设施配套、公共服务设施配套、生态支撑、社会协调 5 个方面对京郊农村人居环境质量进行满意度评价。周晓芳等(2012)结合喀斯特地区特殊自然条件,构建自然环境、经济均量、聚居能力、社会环境、可持续性 5 个准则层,56 个指标在内的村庄评价指标体系,突出可耕地土壤、土地侵蚀、土壤石漠化等现实问题。同时,在政府考核评估层面,村庄也是人居环境建设关注的重要单元。例如,广东省建立了宜居村庄考核指导指标,湖北省建立了"宜居村庄"建设评价标准。

3.4 宜居村镇规划与建设实践

3.4.1 国外宜居村镇建设实践

20 世纪中叶以来,多个国家在提升农村地区生活、生产水平方面进行了实践,如英德等国开展大规模乡村规划,增强中心村的功能,到 21 世纪初,欧盟已将农村人居环境列为农村发展的最重要课题。日本、韩国于 20 世纪 60、70 年代,相继开展了"农村整备事业"和"新村运动",把农村人居环境治理作为核心内容,通过实施村庄基础设施建设和环境治理,大大改善了农民的生产生活条件,促进了农业和农村的发展。

1. 日本——以缩小城乡差距为出发点的乡村建设

二战之后,日本工业得到了迅速的发展。"城市偏向"和"经济偏向"的投资战略引发农村资源外流,将处于弱势地位的农村和农业推向崩溃边缘,城乡差距扩大导致城市与农村的对立,工业与农业的对立。日本农村建设经历了从消灭城乡差距开始,到推进农业生产环境整治,到提升农村生活水准,到着手营造农村景观,再到注重生态环境整治 5 个阶段。

表 3-9 日本村镇综合建设规划主导思想的演变 *

时期	主导思想
第一阶段(1973—1976)	缩小城乡生活环境设施建设的差距
第二阶段(1977—1981)	建设具有地域特色的农村定居社会
第三阶段(1982—1987)	地区居民利用并参与管理各种设施
第四阶段(1988—1992)	建设自理而又具有特色的区域
第五阶段(1993 年至今)	利用地区资源,挖掘农村的潜力,提供生活舒适性

总结日本乡村建设,可以得出以下主要经验:

(1) 建立完备的乡村建设管理和乡村发展计划,并根据时代需求不断调整。从法律层面上保障农业发展(农业问题)、农村就业和社会保障(农民问题)、村落建设(农村问题)等内容。在乡村建设管理政策上,一是通过规划鼓励集中住房建设,以利于各类公共设施的配置,没有条件集中的远距离农户要通过换地制度,向中心聚落集中安置;二是对乡村地区的污水固废的处置、山林保护实行严格的政策,有效改善农村环境卫生和自然生态;三是明确建设投资分工政策,加大政府投资支持。

(2) 建立城乡一体的社会保障体系。迄今为止,日本已经形成了包括社会保险(国民健康保险、国民养老保险以及护理保险)、公共援助和社会福利在内的城乡一体的国民保障体系。

(3) 通过土地开发促进乡村就业。通过对 1952 年的《农地法》进行修订,废除其中关于土地保有面积上限和地租的限制,鼓励土地使用权流动。同时,为转移农业富余劳动力,提升农民收入,日本采取促进农村工商业发展的措施,通过政府补贴和金融政策推动工业过密的"转出地区"向工业集聚程度低的"诱导地区"转移。

(4) 发展农村义务教育与职业教育。日本农村义务教育经费主要由国家财政负担,从根本上保障了教育经费的均衡性。虽然乡村地区校舍条件不及城市,但所有学校都具备齐全的教育设施,实现城乡公共教育的均等化。而在职业教育和培训方面,日本依托农业科技培训中心、农协培训中心等机构,设置了丰富灵活的农村劳动力培训课程,满足不同的需要。

(5) 公共产品供给。农村公共产品供给随着乡村社会经济建设的侧重点进行动态调整,覆盖到生产、生活、流通、金融保险和环境改善等方方面面,形成一整套较为完善的农村公共产品供给制度。在资金方面,主要来自政府投资,各级政府按照确定的事权,开展投资建设。

* 有田博之,王宝刚.日本的村镇建设[J].小城镇建设,2002,(6).

（6）完善各类设施，提高乡村生活舒适性。20 世纪 90 年代后，乡村建设开始关注村庄美观和舒适性，启动了"舒适农村建设活动"评比，以当地居民为主体，激发居民建设宜居家乡的热情，如表 3-10 所示。

表 3-10　日本舒适农村的特征

序号	类别	内容
1	整体条件	自然环境、农业用地、居住区三者必须形成整体协调的景观
2	自然环境	美丽乡村景观应融入当地生活，森林、山区、寺院、林木、河流、湖泊、水池等自然环境在良好状况下维持管理
3	居住片区	具有机能性、便利性，必须有屋墙、庭院绿化、公共设施、道路、水渠、公园、广场、体育设施等。同时，要注重整体美感、舒适感、安全性、历史传统
4	传统文化	尽量完整保存、继承传统文化，努力维护并保存史迹、遗址和传统建筑物，积极创造新的文化并形成新的传统
5	地域关系	舒适农村应适应国民价值观念向舒适化变化的倾向，建设成开放性的地区，成为本地居民与其他地区和城市居民共同享用的空间

（7）维护村庄风貌，将村庄资源转换成竞争资源。日本农村风貌并没有在西进的浪潮中被破坏，始终坚持传统的农村居住空间形态，风貌精致且富有情趣，与自然景观和气候条件相宜。

（8）建立多渠道的补偿机制，妥善处理生态环境保护与乡村发展的关系。

2. 韩国——通过新村运动提升农村宜居水平

韩国新村运动的背景与日本开展乡村建设的背景相类似。在二战之后，韩国政府实施经济发展五年计划，在薄弱的农业农村基础上跳跃性地建立起工业产业体系，造成大量农村人口外流，发展失衡，加剧城乡矛盾和工农矛盾。为解决矛盾，韩国自 1970 年启动"新村运动"。

表 3-11　韩国新村运动发展阶段

第一阶段	政府主导。以政府无偿提供水泥、钢筋等物质资料为起点，开展进村公路桥梁、屋顶、排污系统、灌溉排水系统、田间道路合并整治、水库和饮水设施、村民会馆等农村公共基础设施，改善农村生存生活基础条件
第二阶段	政府培育、社会跟进。随着农业优惠政策的继续推进，韩国特色农业、畜牧业、农产品加工业等逐步成长起来，农业经济、农村保险和农协组织取得了长足的发展

（续表）

第三阶段	国民主导型。以农村现代化建设为主题,将政府的主导职能向民间组织分解。政府通过制定规划,提供财政、物资支持等手段,创造农村自我良性循环发展的环境,主要鼓励调整生产结构,发展金融和流通业,完善农村生活文化环境。农业科技推广、农村教育机构、农村经济研究等机构在新农村运动中发挥主导作用。随着农村居住生活环境的改善,农民收入持续增长,"提升农民道德水平"成为新村运动的新内涵,形成良好的社会氛围和邻里关系。城乡已经基本实现生活水平的一致

从韩国新村运动中,我们可以借鉴以下建设经验:

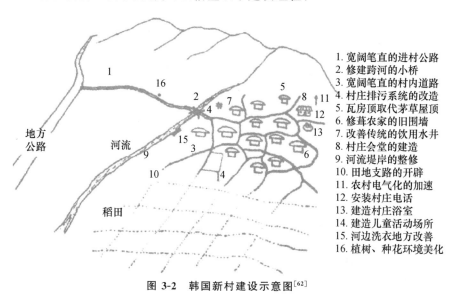

1. 宽阔笔直的进村公路
2. 修建跨河的小桥
3. 宽阔笔直的村内道路
4. 村庄排污系统的改造
5. 瓦房顶取代茅草屋顶
6. 修葺农家的旧围墙
7. 改善传统的饮用水井
8. 村庄会堂的建造
9. 河流堤岸的整修
10. 田地支路的开辟
11. 农村电气化的加速
12. 安装村庄电话
13. 建造村庄浴室
14. 建造儿童活动场所
15. 河边洗衣地方改善
16. 植树、种花环境美化

图 3-2　韩国新村建设示意图[62]

（1）农村基础设施先行。新村运动开始,政府无偿援助水泥钢筋,并明确20项农村基础设施建设内容,引导村民加入自主动手建设家乡的行动中。农村基础设施条件的改善,为之后工业园区发展、农业现代化建设、村民文化活动、开展教育培训等一系列行动奠定了前提条件。

（2）村企互动,解决村民就业提升农村收入。自新村运动开展以来,韩国先后启动了"农村工业园区计划""一村一社反哺计划"推动农村产业发展,提供就业岗位。

（3）农村启蒙,激发以村民为主体的农村宜居建设。在新村建设中,尊重农村自主选择。政府在均等化支援后,利用竞争原理优先支持优秀村庄发展,引导居民自发参与新村建设,并以表彰、教育等手段振作农村建设士气,进而将政府主导行为转变为村民自觉行为。

3. 西德——村庄更新实现城乡生活等值化

1954 年,西德颁布实施《土地整理法》,确认土地归并整理,缩小城乡差距的目标,多个州先后出台了全州的村庄更新计划。但村庄建设侧重于新村建设、公共服务设施、市政基础设施,造成了传统乡村机理和风貌的破坏。到 20 世纪 70 年代,逆城市化兴起,无计划的返乡运动给传统的乡村地区带来了巨大的压力,联邦政府对《土地整理法》进行修订,明确纳入村庄更新的内容。随着可持续发展理念的融入,全社会对乡村地区的认知从生产性单一功能转向生态、文化、旅游休闲等多元价值,德国的村庄更新逐步从经济导向的更新走向生态、社会、文化等全面发展的有机更新,形成了较为成熟的乡村发展和村庄建设路径。

根据西德村庄更新的做法,我们可以得出以下主要经验:

(1) 立法与规划,提高村镇建设标准。西德土地整理法、建筑法典、自然保护法、土地保护法、景观保护法、大气保护法、林业法、水保护法、垃圾处理法、遗产法、文物保护法等从各个维度提出了村庄更新需要遵循的环境保护、生活设施建设、历史文化传承、土地利用与保护的要求。在实施层面,村庄更新规划已经纳入规划体系中,成为指导更新的具体准则。

(2) 风貌维护,延续传统乡村特征。在实践中,以维护村庄传统风貌为前提,对乡村公共空间、私宅建筑等进行更新,融入新的功能需求,尊重乡村多元价值。

(3) 公共产品均衡供给,明确各层级政府支出责任。西德公共服务和市政基础设施通过区域规划、县域规划统一安排,基本由政府投资修建,遵循均衡发展的理念,按照一级、二级、三级、四级中心体系来布局。在乡村公共物品的提供方面,德国形成了清晰的联邦政府、州政府、地方政府责任边界。地方政府主要承担地方的公共基础设施建造和维护,县、乡(市)镇分担部分管理费用。

(4) 公众参与,尊重村民主体地位。西德在《建筑法典》中确立了公众参与的权利,从申请更新项目开始,与社区居民的交流沟通、意见征询就成为一项贯穿始终的重要工作内容。地方政府也相当重视公众参与,并对他们进行相关知识的宣讲和训练。

4. 英格兰——乡村规划建设标准

经济来源,健康和医疗,就业和工作条件,知识、教育与训练,家庭和家庭生活是欧洲改善农村地区宜居水平的关注重点。英格兰政府在其"2000 年农村发展白皮书"中将未来的农村描述为"适合于居住的、有工作可干的、环境得到保护的和社区居民参与社区发展的农村"。英格兰结合农村布局中突出的教区单元特征,提出乡村规划建设标准,主要内容如下:

(1) 每个教区至少有一个商店。如果商店里有存取钱机、有一个可供社区居民会面的房间,有张贴社区事务印刷品的地方,有网络服务点,人口在 3 000 人以下,政府给予 50% 的减税。

（2）每个教区应当有一个具有综合功能（特别是银行功能）的邮局、一个固定的或流动的图书馆、社区办公室和社区会议室、托儿所。

（3）以现存的教堂（英格兰目前有 9 000 个乡村教堂）为中心,建设婴儿玩耍场地、游戏场、课外活动场所、老人临时看管场地、老人日托所、就业与训练咨询处、培训场所、学校音乐和其他艺术课场地、图书馆。

（4）现存的乡村社区中小学校全部保留,禁止关闭或合并。政府特别对学生人数不足 100 人的学校给予每年 6 000 英镑的补贴。乡村社区分享学校的部分设施,以便提供社会服务,如课外活动、图书馆、运动场地和设施、老人的免费午餐点;学校和邮局是政府向农村提供各类社会服务的基础。

（5）公共汽车站应在 10 分钟步行距离之内;紧急救护车可在 19 分钟内到达病人身边;消防车可在 20 分钟内到达火灾现场;24 小时内可以得到一般护理,48 小时内可以得到医生的上门服务;有 24 小时电话医疗咨询。

（6）过境道路应当绕过村庄居民区,建立标准的乡村道路安全设施。

3.4.2　国内宜居村镇建设实践

十六届五中全会界定了社会主义新农村的总体要求是"生产发展、生活宽裕、乡风文明、村容整洁、管理民主",这也构成了农村人居环境改善的基本要求。自社会主义新农村建设战略提出以来,全国各地进行了很多相关的实践活动,并取得了一些积极效应和宝贵经验。如江苏华西村、山东乐陵村、河南南街村等通过农村集体经济的发展带来了村庄区域环境整体的提升。这些村庄的建设都基本采用了经济发展带动环境建设的路子,面对中国农村地区复杂的环境条件及新型城镇化发展的要求,仅重视经济建设的村镇建设已难以满足时代发展需求,只有经济、环境齐头并进,才能推动村镇地区宜居。

1. 广东省珠海市——全面统筹幸福村居建设

广东省珠海市全面开展幸福村居建设,通过在全市层面编制规划进行统筹的方式引导全市幸福村居建设。2013 年,珠海市启动幸福村居建设行动,从提升宜居水平、夯实宜业基础、改善生态环境、提高文明素质、营造和谐氛围、建设平安环境等方面入手,提出"六美"发展愿景,即环境秀美、服务完美、文化精美、社会和美、组织纯美、产业健美。幸福村居建设规划范围覆盖珠海全市 112 个行政村和 87 个具有农村性质的社区,并根据区位和现状特征,分为农业化村居、工业化村居、城镇化村居和古村落村居,结合权属,进一步细分为农业村、涉农村居、城郊村居。

表 3-12　珠海市村居分类表

村居类型(大类)	数量(个)	村居类型(小类)	数量(个)
农业化村居	91	农业村	68
		涉农村居	21
		城郊村居	2
工业化村居	29	城郊村居	29
城镇化村居	81	城郊村居	81
古村落村居	8	农业村	1
		城郊村居	7
合计	209	合计	209

规划从公共服务设施、市政公用设施,开展城乡设施统筹;明确城镇型、农村型村居设施配置标准;明确村居保留发展、城镇化、优化提升3大类发展方向;从舒适性、健康性、方便性、安全性,确立农业村、城郊村居、靠近镇区的涉农村居、远离镇区的涉农村居的建设考核指标。分区提出村镇地区产业发展指引、产业发展模式创新以及土地流转建议。

制定村居布局指引,对村庄总体布局、风貌设计、生态环境保护、历史建筑保护、改造建设重点、防灾减灾提出要求,并编制农户建房标准图集,引导住宅建设秩序。同时,从建设申报程序和管理要求上进行进一步明确。

2. 南京江宁区——探索具有大都市近郊区特色的乡村现代化发展之路

自2011年开始,江宁区开始打造"五朵金花"(生态旅游村),并将"五朵金花"打造与"美丽乡村建设"有机结合,开展农村综合环境整治和村容村貌出新,实现以点带面、整体开发美丽乡村,从根本上改善江宁区的农村面貌和社会结构,成功打响了江宁美丽乡村品牌,取得良好的经济、社会和生态效益,对改善农村居民生产生活、提升生活品质发挥了明显作用。2013年,江宁区按照"三化五美"的要求和"乡村让江宁更美好"的理念,完成了西部美丽示范村规划。

江宁区在打造美丽乡村工作中,通过精心谋划构建了美丽乡村的建设蓝图。采取点面结合、重点推进的方式,面上确定430 km² 美丽乡村示范区建设,通过市场化运作加快示范区整体开发建设,实现乡村间串珠成链、无缝对接。

编制完成了美丽乡村规划建设导则,以有效规范和指导美丽乡村建设。依据美丽乡村建设实施标准与层次,从低到高依次分为一般整治村、重点整治村、示范村、特色示范村4类,并通过不同的建设工作重点,对各类型村庄建设提出指引性要求。

表 3-13　江宁区各类型村庄建设重点

类型	建设重点
一般整治村	"1+5"，即 1 个村子，5 项工程：农房治理、环境整治、绿化修复、道路通达、资源普查
重点整治村	"1+5+5"，建设要求包含了一般村"1+5"的所有建设要求，并增加 5 项工程：农房整治、绿化调整、环境优化、完善设施、资源保护
示范村	"1+5+5+10"，建设要求包含重点整治村"1+5+5"的内容，并增加 10 点美丽要点：美丽村口、美丽庭院、美丽邻里、美丽门户、美丽道路、美丽林果、美丽服务、美丽生态、美丽文化、美丽标识
特色示范村	"1+N"，在满足示范村建设标准要求的前提下，具备一定的产业支撑，由村民自主创业、创新发展。"N"代表村民自主创建的无线智慧和可能

3. 湖南省浏阳市——以幸福屋场为载体建设美丽乡村

浏阳市通过推进以环境美、人文美、民风美为内涵的"幸福屋场"创建活动，探索美丽乡村建设取得了显著的成效。① 生态优先，营造环境之美。通过屋场规划指引，配套各类公共设施，打造整洁的村容，有效的保护屋场自然生态环境，推动乡村环境宜居、宜业、宜人。② 因地制宜，挖掘人文之美。充分利用各屋场中现有祠堂，发挥宗祠的文化服务功能，建设群众休闲文化广场，为屋场居民提供休闲活动空间。③ 特色文化，彰显风尚之美。浏阳市通过挖掘"宗祠文化、红色文化、舞龙文化"等特色文化，推动形成屋场精神文明建设，如表 3-14 所示。

表 3-14　浏阳市"幸福屋场"典型案例

典型案例	核心内容	管理特色
浏阳市永安镇以湾里屋场、上新屋场、清源屋场为示范点，以点带面成块成片打造美丽屋场	浏阳市中和镇长寿屋场、燕子屋场、黄布园屋场、胜利屋场、三屋屋场被评为浏阳市幸福或整洁屋场。文化设施。每个屋场都有各自的文化主题，如廉政文化、祠堂文化、客家文化、孝德文化等，依托农耕文化博物馆、农家书屋、道德讲堂、文化墙等场所建设，展现不同的建设风格和看点	文化活动。农民工晚会、开展"星耀中和"道德模范宣讲和推选"屋场之星"等文化活动。村民自治。如永安镇湾里屋场成立了屋场自治小组，通过"庭院三包"模式实现环境自理；开展"最美庭院"评选，每个季度评选一次，打造"整洁亮化的花园式庭院"

下 篇

专 题 研 究

4

村镇区域居民点体系规划技术标准研究

4.1 村镇区域居民点规模分类与影响因素分析

"村镇区域居民点体系"是在一定地域范围内,由村庄、集镇和建制镇共同组成的一个有机联系的整体,根据其人口规模、经济职能、服务范围等因素可分为若干等级。目前我国村镇规划标准主要有《村镇规划标准》(GB 50188—93)、《镇规划标准》(GB 50188—2007),主要从人口规模和用地规模角度进行划分。

4.1.1 村镇居民点规模分类

居民点规模包括人口、用地、活动和辐射规模。农村居民点人口规模是一定时期乡村内部的农业人口数,有常住人口与户籍人口之分。一般情况下,统计数据中的乡村人口数是除城镇范围内的常住人口以外的全部人口。农村居民点用地规模是指除城市、建制镇以外的所有居民点的占地面积。人口规模对用地规模起到决定性的影响,但用地规模不一定与人口规模呈正比关系。

目前我国村镇规划标准按人口规模进行分类,一般分为基层村、中心村、一般镇和中心镇4个等级,不同层次的居民点依照常住人口数量划分为大型、中型、小型3个规模等级,如表4-1所示。但是基于人口规模这个单一指标并不能体现村镇居民点本身的区位、产业、公共服务及人文条件等综合状况,因此有必要对我国现有村镇规划标准进行改进。

表 4-1 村镇居民点规模分类/人

规模	村庄		集镇	
	基层村	中心村	一般镇	中心镇
大型	>300	>1 000	>3 000	>10 000
中型	100~300	300~1 000	1 000~3 000	3 000~10 000
小型	<100	<300	<1 000	<3 000

4.1.2 村镇居民点规模影响因素分析

影响村镇规模形成和发展的因素包括自然因素和社会经济因素。

1. 自然因素

影响村镇规模的自然因素主要包括地质地貌、土地资源、水资源以及生态景观资源等。自然环境是村镇发展的物质基础,村镇对自然环境的依赖程度比城市地域要高,这在一定程度上影响着村镇的结构和功能。自然因素具有区域性、有限性和整体性 3 大特性,自然因素特别是自然资源数量的多寡影响村镇区域生产发展规模的大小,自然资源的质量以及开发利用条件影响区域生产活动的经济效益,其地域组合影响区域产业发展和人口分布。

2. 社会经济因素

影响村镇规模的社会经济因素主要包括区位、产业和收入等。① 区位因素:很大程度上决定了各个村镇的发展潜力,包括经济区位和交通区位。经济区位主要是指村镇在资金、技术、信息等方面具有的区位特点,直接影响村镇的经济发展状况。交通区位主要是指村镇与中心城镇的交通关系以及与主要交通干线的相对位置关系,交通区位决定了村镇的交通可达性。② 产业因素:不同的产业类型会对村镇居民点的规模和布局产生一定的影响。以工业和服务业为主导产业的地区,城镇化程度高,农村人口的减少幅度大,村庄的撤并力度也比较大。以工业为主导产业的地区,城镇化程度较高,村庄的集聚化程度也较高。工业发展将促使大量农村人口向城镇转移,促进农村地区小型农村居民点的撤并。以农业为主导产业的地区,村庄的布局以现状为基础,需要通过规划引导增加集聚的规模,撤并规模过小的居民点,带动农村居民点的整合和农村人口的集中。③ 收入因素:收入水平是影响农民搬迁意愿的重要因素,影响村镇规模大小和村镇分布格局。一般而言,县域内的人口主要集聚在离中心城镇较近、经济相对发达的地区,中心城镇的集聚规模最大,重点镇的集聚规模次之,其他乡镇的集聚规模较小。

4.2　村镇区域居民点功能分类与影响因素分析

4.2.1　村镇居民点功能分类

功能是指有特定结构的事物或系统在内部和外部的联系与关系中表现出来的特性和能力(刘彦随,2011)。居民点的内部不仅有各种工厂企业进行工业生产和商品流通,也进行着农副业生产(金其铭,1989)。传统的农业社会,城乡间缺乏联系,农村以农业为主要经济活动,农村居民点的单一性、同质性显著。在传统农业社会向现代工业社会转型过程中,工业化、城镇化的发展深刻影响着广大农村地区,农村居民点社会经济结构剧烈变动,向着多样化、异质性演变(龙花楼等,2011)。因此,不同类型的村镇居民点,功能也必然是多样的。不同功能之间会产生相对变化,此消彼长、主次差异(朱凤凯,2014)。

不同等级的居民点体系包含的功能要素种类不同、数量不同、规模不同、分布不同;不同地域的同等级居民点体系功能要素也存在差异。不论何种等级的村镇居民点都必须包含提供人类基本生产生活的功能:居住功能、生产功能和服务功能,如表4-2所示。

表 4-2　村镇区域居民点主要功能

功能	功能要素	功能指标	功能影响因素
居住功能	住宅	人口规模:流动、常住、户籍人口	自然因素:地形地貌(平原、山区)、资源条件(水资源、矿产资源、旅游资源等) 经济因素:区位条件、可达性、交通条件、城镇化水平 社会因素:政策环境、教育水平
生产功能	农业、林业、牧业、渔业	用地结构、就业结构、产值比重等	
	工业:农林畜产品加工、建筑业、采矿业、制造业		
	旅游业:旅游、住宿、餐饮		
服务功能	基础服务:给排水设施、通信设施、电力设施、道路交通设施	用地结构、消费结构、收入水平、年龄结构、教育水平等	
	公共服务:行政、医院、学校、文化娱乐广场、绿地、公园、公厕、垃圾站、消防站、集贸市场		
	金融商业服务:银行、批发零售、商场、仓储		
	特殊用地:军事用地、宗教、生态涵养		

对村镇区域居民点功能要素数量化,如对道路等级、医院规模、用地结构等建立指标体系,进行综合评价,是村镇区域居民点规划的重要内容。一般可以利用中心地理论,调查村镇区域居民点功能要素的服务半径,确定功能等级,进而确定居民点体系功能等级。采用中心地理论来划分村镇区域居民点功能如表4-3和表4-4所示。

表 4-3 基于中心地理论的村镇区域居民点主要功能

功能	功能因素			功能因子群	影响因素
居住				居民点规模、人口、配套基础设施	区位、人口、政策
生产	农业	种植业		耕地面积、土壤情况、作物产量、收益	自然资源、环境、地形
		林业		林地面积	
		牧业		牧场数量、产值、牲畜数量	
		渔业		鱼塘规模、产值	
	工业	工业		相关工业的种类、数量、产值	资源、经济、区位
		采矿		资源储量、开采程度	
	服务业	商业金融	批发零售	商场、超市、市场	经济、收入
			住宿餐饮	宾馆、酒店、饭店、旅馆、招待所、度假村	
			金融商务	银行、保险、办公场所、地质勘查业、水利管理业,房地产业、社会服务业	
		交通仓储	交通	铁路、公路、地铁、街巷用地、农村道路、机场、港口码头、管道运输	区位、政策
			仓储	规模	
		公共管理与公共服务	机关团体	党政机关、社会团体、福利救助机构	政策、人口
			教育文化体育	幼儿园、小学、中学、大学、培训机构、图书馆、健身场地、体育馆、电影院	
			医疗卫生	医院、卫生站、防疫站	
			公共设施	供水、供电、供热、供气、邮政、电信、消防、环卫	
			公园绿地	公园、动物园、植物园、街心花园、绿地、广场	
		旅游		风景名胜、名人故居	旅游资源
		其他服务		洗车场、洗衣店、理发店、美容院、洗浴场所、照相馆、废旧物资回收站	
特殊功能				军事、宗教、生态涵养	政策

表 4-4　村镇区域居民点功能分级指标

功能因子			衡量分级的内容	分级方式	备注
居住功能			(1) 人口规模 (2) 宅基地面积和数量(住宅小区面积和户数) (3) 配套设施规模(活动广场面积、活动广场中运动器械数量种类、篮球场、足球场)	(1) 村镇(分镇区和村庄)人口规模越大,功能等级越高: 一级:5 万人以上 二级:3 万~5 万人 三级:1 万~3 万人 四级:1 000~1 万人 五级:200~1 000 人 六级:200 人以下 (2) 住宅面积越大,功能等级越高 (3) 配套设施越优良,功能等级越高	村镇人口规模差异很大;村镇功能级别数据无法在统计年鉴中获取,需实地调研
生产功能——农业	种植业	耕地、园地	(1) 农产品产量产值(总产值、产值比重) (2) 农业现代化技术水平(机械化、喷灌、滴灌) (3) 土地垦殖率(耕地面积/土地面积) (4) 耕地园地面积	(1) 产值产量越高,功能等级越高 (2) 灌溉技术、田间设施越高级,功能等级越高 (3) 土地垦殖率越高,功能等级越高 (4) 面积越大,功能等级越高	必须考虑区域土壤气候差异性(土壤条件、降水条件、河流灌溉)
	林业	林地	(1) 林地覆盖率(林地面积/土地面积) (2) 林地面积	(1) 林地覆盖率越大,功能等级越高 (2) 林地面积越大,功能等级越高	地形地貌;村镇级别无法在统计年鉴中获取,需实地调研
	牧业	牧草地、牧场、牲畜养殖	(1) 牧草覆盖率(草地面积/土地面积) (2) 牧场规模(牲畜养殖数量) (3) 牧场数量 (4) 产值(肉奶蛋产品)	(1) 牧草覆盖率越大,功能等级越高 (2) 牧场规模越大,功能等级越高 (3) 牧场数量越多,功能等级越高 (4) 产值越大,功能等级越高	地形地貌、气候条件;村镇级别无法在统计年鉴中获取,需实地调研

（续表）

功能因子				衡量分级的内容	分级方式	备注
生产功能——农业	渔业	渔场、渔船、渔具、渔用仪器、渔用机械、水产品养殖		(1) 渔场规模 (2) 渔场数量 (3) 捕鱼工具级别 (4) 就业人口比重 (5) 产值（水产品）	(1) 渔场规模越大,功能等级越高 (2) 渔场数量越多,功能等级越高 (3) 使用捕鱼工具越先进,功能等级越高:渔用机械＞渔用仪器＞渔具＞渔船 (4) 就业人口比重越高,功能等级越高 (5) 水产品产值越高,功能等级越高	海港、内陆河湖区位;村镇级别无法在统计年鉴中获取,需实地调研
生产功能——工业和第三产业	制造业	食品制造及烟草加工业	食品加工厂、烟草生产加工业	(1) 工厂产品级别 (2) 规模 (3) 数量 (4) 产值 (5) 就业人口比重	(1) 工厂产品级别越高,功能等级越高 (2) 规模越大,功能等级越高 (3) 数量越多,功能等级越高 (4) 产值越高,功能等级越高 (5) 就业人口比重越高,功能等级越高	资源禀赋（原料来源）、服务市场;不仅考虑产值,要综合考虑对环境的影响
		纺织业	纺织厂			
		服装皮革羽绒及其制品业	服装厂			
		木材加工及家具制造业	木材加工厂、家具生产厂			
		造纸印刷及文教用品制造业	印刷厂、造纸厂、文教用品生产厂			
		化工工业	化工厂、医药厂			
		非金属矿物制品业	水泥厂、玻璃厂、陶瓷加工厂、石灰厂			
		金属制品业	金属制品厂			
		其他制造业	日用品生产厂、工艺美术品制造厂			

（续表）

		功能因子		衡量分级的内容	分级方式	备注
生产功能——工业和第三产业	电力、燃气及水的生产和供应业	电力、热力的生产和供应业	发电厂、供电厂	（1）性质 （2）规模 （3）机械设备 （4）数量	（1）环境效用越高，等级越高： 一级：污水处理厂 二级：自来水厂 三级：燃气厂 四级：水电厂、火电厂 五级：核电厂 （2）工厂占地规模越大，功能等级越高 （3）机械设备越先进，功能等级越高 （4）数量越多，功能等级越高	基础部门：分布具有区位差异性，村镇区域一般较少；同时具有资源禀赋差异
		燃气生产和供应业	燃气生产厂、供应厂			
		水的生产和供应业	自来水厂、污水处理厂			
	建筑业	房屋和土木工程建筑业	建筑公司	（1）建筑公司级别 （2）数量	（1）参照《建筑业企业资质等级标准》 （2）数量越多，功能等级越高	
		建筑安装业	安装公司			
		建筑装饰业	装饰公司			
		其他建筑业	拆迁公司			
	旅游业	乡村旅游	乡村旅游、观光农业、餐饮娱乐	（1）旅游资源类型和规模 （2）游客人数 （3）旅游收入	（1）旅游资源价值越高，功能等级越高 （2）游客越多，功能等级越高 （3）旅游收入越大，功能等级越高	资源禀赋、游客市场
特殊功能用地	军事设施		军事指挥机关和营房	（1）服务级别 （2）数量	（1）国家级＞地方级 （2）数量越多，功能等级越高	
	宗教设施		庙宇、寺院、道观、教堂	（1）规模（容量） （2）数量 （3）吸引半径	（1）容纳的人数越多，功能等级越高 （2）数量越多，功能等级越高 （3）吸引半径越大，功能等级越高	
	生态涵养		湿地、森林、草原、水源涵养地	（1）质量等级 （2）占地面积	（1）世界级＞国家级＞地方级 （2）占地面积越大，功能等级越高	政治、经济、社会因素

4.2.2　村镇居民点功能影响因素

村镇居民点的多功能性导致其影响因素也具有多样性。一般来讲,自然因素、经济因素、社会因素、生态因素对应的影响因素各有不同,如图 4-1 所示。具体对应到功能类别,可以总结出各功能类型对应的影响因素如表 4-5 所示。

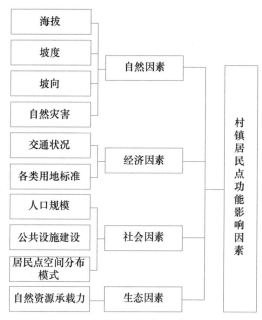

图 4-1　村镇居民点功能影响因素

表 4-5　村镇居民点功能影响因素列表

功能类型	功能因素	功能类别	影响因素
生产功能	农业	种植业、林业、牧业、渔业	自然资源、环境、地形
	工业	制造业	资源、经济规模、区位
	服务业	商业金融	经济规模、收入
		交通仓储	区位、政策
		公共管理与公共服务	政策、人口规模
		旅游	区位、旅游资源
		其他服务业	
生活功能	居住		区位、人口规模、用地规模、政策
生态功能	生态涵养		林地面积、绿地面积、水域面积

4.3　居民点等级划分因子选择与建库

随着我国村镇区域城镇化和现代化进程的推进,村镇区域居民点空间规划体系缺失的问题逐渐显现,目前居民点体系规划技术和标准严重滞后于村镇区域的发展现状,不能适应村镇区域城镇化和现代化进程,严重制约村镇区域居民点的合理、有序和可持续发展。结合村镇区域居民点等级划分现状与存在的问题,本部分主要研究村镇区域居民点等级划分因子选择与建库技术问题,实现符合我国村镇区域特点的农村居民点等级划分定性与定量技术,为村镇区域居民点体系规划的编制提供科学依据。

4.3.1　村镇居民点等级分类概述

现有村镇规划标准一般将村镇区域居民点分为基层村、中心村、一般镇和中心镇4个等级。本书主要基于引力模型和中心性进行等级划分,将村镇居民点等级分为一般行政村、中心村、一般乡镇和中心镇。这里的中心性是一个综合的概念,与中心地理论中的中心性有着很大的不同。中心地在传统地理学分析视角,定义为自己及以外地区提供商品和服务等中心职能的居民点,本书定义的中心性则是衡量中心地等级高低的指标,它指中心地为其以外地区服务的相对重要性,其服务内容包括商业、服务业、交通运输业和工业(制造业)等。目前我国村镇区域的行政区划等级是村民小组—行政村—乡(镇),行政村在空间上可以包含多个自然村,但自然村并不是行政区划等级中的一环。

相较于已有研究,本书更着眼于将村镇区域视为一个相互联系,关系密切的整体,高等级居民点比低等级居民点有更完善的公共服务和交通等软、硬件设施,并从整体上辐射其他低等级居民点,产生更明显的基础设施成本效应和公共服务最大化结果。另外,本书基于生态价值日益受国内外重视的背景,在居民点等级划分标准中认可生态功能所起的重要作用,这也符合目前我国生态文明建设和可持续发展的发展理念与战略。

4.3.2　居民点等级划分因子选择与得分计算

1.居民点等级划分程序

村镇区域居民点等级划分的前提是了解不同居民点及不同区域条件的实际特点,寻找符合地区具体特点的等级划分影响因素,以便合理地进行定性定量的居民点等级划分。需要根据居民点的空间分布类型、居民点的用地比重、社会经济环境等不同方面的因子研究其对农村居民点等级划分的影响。

基于不同居民点的具体特点,寻找影响不同居民点等级划分的具体方法,为最后定量划分等级提供重要依据。居民点等级划分需要考虑等级影响因素的权重,权重确定的方法一般包括熵权法、特尔菲法和因子分析法,具体使用时可根据实际特点进行选择。

居民点等级划分程序如图 4-2 所示。

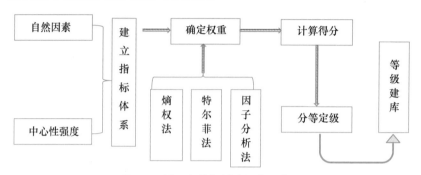

图 4-2　居民点等级划分程序示意图

2. 指标体系构建

本书根据中心性有关理论,从自然、经济、社会和生态因素等方面建构村镇区域居民点分级指标体系,对村镇居民点进行等级划分。将村镇居民点等级划分为一般行政村、中心村、一般乡镇和中心镇 4 个等级。根据中心性的内涵,结合已有研究,建立村镇居民点等级划分的指标体系。居民点在村镇居民点体系中的等级是由该居民点所具有的功能与能够提供的服务等级来决定的,居民点等级越高,其所能提供的服务种类和规模越高,具备的功能也会相对较为丰富。

1933 年克里斯塔勒在《德国南部的中心地》一书中首次提出中心性概念,自此以后,中心性成为聚落体系研究中的一个重要概念,并引起了学者们的广泛关注,并在研究中对中心地理论进行不断的完善。中心性由两部分组成,为补充区居民服务的部分和为既非中心地居民又非补充区居民的消费(即不规则消费者,如旅游者)服务的部分,即中心地可以为补充区以外的居民服务,这部分中心性可能产生于中心地由于地域分异所拥有的一些特质,分别称之为绝对中心性和相对中心性。本研究在评价居民点中心性时,不严格区分绝对中心性和相对中心性,二者兼顾。

聚落都是在一定的自然基地上形成并不断发展演化的。地形和水源条件是对居民点发展影响最大的自然因素。地形条件直接影响村镇建设用地的选择,进而决定了村镇扩展的方向,对村镇居民点的规模、交通选择等都具有一定的影响。因此,选择地形坡度和海拔高度、距河流距离作为影响村镇居民点等级划分的自然因素。

村镇居民点作为一种聚落类型,具备聚落的基本功能,如居住、交通等;并具备为在本地生产生活的居民提供相应服务的能力,比如基本的医疗卫生、教育和社会保障等。中心村的商贸服务业等也会对周边村庄具有一定的辐射影响。一般可以采用人均居住建设用地面积作为衡量村庄居住功能的指标;采用与交通干线距离、与镇区距离作为衡量交通的指标;采用从业人员比重和外出务工人员数目作为衡量村镇就业容量的指标;采用医务工作人员数作为衡量医疗卫生服务的指标;采用中、小学教职工数目作为衡量教育服务的指标;采用商业用地面积作为衡量商业贸易发展情况的指标,如表4-6所示。

村庄规模也是村庄中心性的一个重要方面。人口规模较大的村庄对居民点所提供的服务具备较大的需求,因此其所能提供的服务种类较多,其建设规模也较大。经济规模较大的村庄,相对而言具有较多的财富提升自己的服务水平与规模,提升自身的吸引力。因此,可以选择总建设用地面积、常住人口数和地区生产总值作为衡量村庄规模的指标。

表 4-6　村镇区域居民点等级划分指标体系

因子分类	指标名称	指标表征内容	指标性质	数据来源
自然因素	地形坡度	地形条件	标准值	遥感图像
	海拔高度	地形条件	标准值	遥感图像
	距河流距离	水资源条件	正向	地图数据
中心性因素	地区生产总值	经济规模	正向	统计数据
	行政区划面积	总占地规模	正向	统计数据
	人口数量	人口规模	正向	统计数据
	建设用地总量	建设用地规模	正向	统计数据
	农民人均纯收入	经济发展效益	正向	统计数据
	地均 GDP	经济发展效益	正向	统计数据
	从业人员比重	就业	正向	统计数据
	外出务工人员数目	就业	负向	调查数据
	距交通干线距离	交通条件	正向	地图数据
	距中心城市距离	交通条件	正向	地图数据
	人均居住建设用地量	居住条件	标准值	土地现状图
	中小学教职工数	教育	正向	统计数据
	医务工作人员数	医疗	正向	统计数据
	一产产值比重	产业发展	负向	统计数据
	二产产值比重	产业发展	正向	统计数据
	商业用地面积	商业服务业发展	正向	土地现状图
	造林面积	生态发展	正向	统计数据
	水域面积	生态保护	正向	调查数据

注:人均居住用地标准值参考现行村庄规划标准为人均 36 m²。新建村镇人均 80～100 m²,居住考虑集约性,按照中心镇标准,居住用地占建设用地比重为 30％～50％,二者均取中值,因此以人均 36 m² 作为标准值。海拔高度和地形坡度采用区域平均值作为标准值。

对于农村居民来说经济发展的最切实的收益就是收入的提高,因此用农民人均纯收入和地均 GDP 作为衡量居民点经济发展效益的指标。

产业是村庄经济社会发展的支撑,产业发展状况决定了村庄经济发展的水平与发展前景,是村庄发展的保障,是村庄辐射力的来源。因此用一产产值比重、二产产值比重作为衡量产业发展的指标。

3. 村镇居民点等级得分计算与等级划分

本书采用基于指标权重的综合评价法,在确定研究对象评价指标体系的基础上,对各指标的数值进行标准化处理,运用一定方法确定各指标的权重(即重要程度),根据所选择的评价模型,计算各居民点得分,根据得分大小确定居民点等级。具体的计算模型为

$$U(I) = \sum_{i=1}^{m} W_i C_i$$

其中,$U(I)$ 为居民点等级综合评价指数;W_i 为第 i 个指标的权重值;C_i 为其标准化处理后的量化值(量纲为 1),m 为评价指标个数。

应用综合评价法时,在评价模型确定的基础上,最关键的是确定各评价指标的权重,本书采用因子分析法、专家打分法、熵权法等方法进行权重的确定。因子分析法、专家打分法主观性较强,熵权法是一种在综合考虑各因素提供信息量的基础上计算一个综合指标的数学方法,作为客观综合定权法,其主要根据各指标传递给决策者的信息量大小来确定权重。

(1)熵权法的计算过程。

① 构建等级划分指标矩阵。

$$R^* = (r_{ij}^*)_{m \times n} \quad (i = 1,2,3,\cdots m; \ j = 1,2,3,\cdots n)$$

其中,r_{ij}^* 是第 j 个村庄在第 i 个指标上的统计值。

② 构建等级划分指标标准化矩阵。为了消除不同指标间量纲的影响,对 R^* 进行标准化,得到各指标标准化矩阵。采用极值法对统计数据进行标准化。

标准化后的矩阵为

$$R = (r_{ij})_{m \times n} \quad (i = 1,2,3,\cdots m; \ j = 1,2,3,\cdots n)$$

标准化公式为

$$r_{ij} = \frac{r_{ij}^* - (r_{ij}^*)_{\min}}{(r_{ij}^*)_{\max} - (r_{ij}^*)_{\min}} \quad (j = 1,2,3,\cdots n)(正向指标)$$

$$r_{ij} = \frac{(r_{ij}^*)_{\max} - r_{ij}^*}{(r_{ij}^*)_{\max} - (r_{ij}^*)_{\min}} \quad (j = 1,2,3,\cdots n)(负向指标)$$

③ 对统计数据进行标准化后计算各指标的信息熵。

第 i 个指标的熵 H_i 可定义为

$$H_i = -k \sum_{j=1}^{n} f_{ij} \ln f_{ij}$$

其中，$f_{ij} = \dfrac{r_{ij}}{\sum\limits_{j=1}^{n} r_{ij}}$，$k$ 为调节系数 $k = 1/\ln n$（假定：当 $f_{ij} = 0$ 时，$f_{ij} \ln f_{ij} = 0$）。

④ 在各指标的信息熵确定后根据下式来确定第 i 个指标的熵权 W_i。

$$W_i = \frac{1 - H_i}{m - \sum\limits_{i=1}^{m} H_i}$$

（2）因子分析法。根据因子得分系数矩阵可以得到因子权重。

（3）专家打分法。根据专家打分对因子重要性进行排名，进而确定因子权重。

根据上述模型计算各居民点得分，进行分等定级。

4.3.3　居民点等级划分建库

针对村镇区域居民点体系规划技术混乱和信息化缺失的现状，本书对村镇区域居民点等级划分因子选择及建库进行标准化定义，以便增强不同区域居民点等级划分的可操作性，实现居民点体系规划的信息化。在村镇区域居民点等级划分因子分析与选择的基础上，可利用 GIS 技术进行居民点等级划分因子建库。

1. 建库技术流程

本书利用 GIS 建立村镇区域居民点等级划分因子库，采用 ArcGIS 10.0 数据库管理系统软件，实现将村镇区域居民点等级划分图件及数据输入计算机系统。建库过程主要包括数据准备、数据检查、数据入库和成果输出。

（1）建库目标。以 ArcGIS 10.0 软件平台为工具，以村镇区域基础行政边界矢量数据为空间基础，以村镇区域居民点产业、人口、土地等统计数据为属性基础，以国家相关标准和各省市相关技术规范为标准数据源，建立村镇区域居民点等级划分因子数据库，实现能够实时检索、查询、统计、分析、变更以及维护的等级划分因子数据库，实现村镇区域居民点等级空间管理的数字化、规范化、信息化和无缝化。

（2）建库内容。村镇区域乡镇及村界矢量数据，村镇区域产业、人口、土地、社会经济等统计数据。建立集图形和属性为一体的居民点管理数据库。

（3）建库标准。《县（市）级土地利用数据库标准》《县（市）级土地利用数据库建设规范（试用）》《第二次全国土地调查规程》（TD/T 1014—2007），《土地利用现状分类》（GB 21010—2007）以及其他相关技术规范和标准和各省第二次土地利用调查实施方案。

主要技术参数:采用 1980 西安坐标系,高斯—克吕格 3°分带投影系统,空间数据单位"米"。图层主要属性名称中英文对照如表 4-7 所示。

表 4-7　图层属性名称中英文对照

FID	编号
Shape	空间类型
ZMC	镇名称
CY	产业
TD	土地
ZSR	总收入

居民点等级划分建库技术路线如图 4-3 所示。

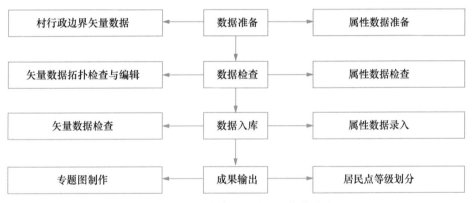

图 4-3　居民点等级划分建库技术路线

2. 主要技术步骤说明

(1) 数据准备。村行政边界矢量数据,产业、人口、经济等属性数据的准备。

(2) 数据检查。数据检查主要包括空间图形数据的拓扑检查(实体是否闭合等)、行政实体的完整性检查、空间实体的属性编码检查、属性数据资料的检查(数据来源、图形属性的一致性检查、属性数据值检查等)。

(3) 数据入库。通过图件扫描或者直接利用二调成果数据,属性数据通过 Microsoft Excel 导入或者通过手动输入与图形连接。

(4) 成果输出。利用本数据库建立的数据可以作为村镇区域居民点等级划分的原始数据源,实现居民点等级划分的计算与图形显示,本数据库也可作为其他专题图件的基础数据源。

4.4 居民点规模划分因子分析与建模技术

由于我国农村居民点的规划建设长期缺乏科学合理的标准,导致农村居民点占地规模大,土地利用效率低下,严重制约村镇区域发展。合理确定居民点规模是进行村镇区域居民点结构调整的基本前提,也是进行村镇区域基础设施配置的主要依据。目前针对村镇区域居民点规模的研究主要集中在农村居民点整治、用地评价等方面,缺乏针对现有居民点系统的规模划分因子选择和建模。本部分针对这一薄弱环节进行研究,以弥补村镇区域居民点规模划分长期受到忽视的现状。

4.4.1 居民点规模划分因子分析

农村居民点是广大村镇区域的核心,现有研究大多针对村镇区域居民点空间结构、布局以及居民点整治进行研究,忽视居民点规模对空间结构和区域发展互动的影响。实际上,借鉴城市发展等级规模理论,农村居民点规模在村镇区域居民点结构和功能中起重要作用。通过规模较大的居民点基础设施布局,不仅可以节约建设成本,也可通过该居民点的辐射能力扩大设施覆盖范围。因此,研究居民点规模划分因子具有重要意义。

本书认为农村居民点规模是一个包含综合要素与不同权重的综合结果,是具有人口规模、用地规模、活动规模和辐射规模等多种影响因素的加权和。其中,人口规模(P)决定着居民点用地规模(F),人口规模是一定时期村镇的常住人口数;居民点用地规模为居民点人口规模和人均居民点用地标准(N)的函数:$F=f(P \cdot N)$;活动规模是指村镇的经济活动规模或产业活动规模;辐射规模是指村镇居民点的影响范围或吸引范围,取决于其经济实力和产业特点、政治实力和文化实力以及地理位置和交通条件。

1. 自然条件

优越的自然条件是居民点产生并发展的先决条件,自然条件优越的地方,粮食产量高,能养活更多的人口,居民点密度高而且规模大。自然条件恶劣的地方,粮食产量小,可供定居的人口数量相对较少,村镇居民点稀疏而且规模小。

我国胡焕庸线东南半壁 36% 的土地供养了全国 96% 的人口(以平原、水网、丘陵、喀斯特和丹霞地貌为主要地理结构,自古以农耕为经济基础);西北半壁草原、沙漠和雪域高原广布,64% 的土地仅供养 4% 的人口,二者平均人口密度比为 42.6∶1。在传统农业社会,自然条件对居民点的规模具有决定性作用,目前这种决定性在减弱,但仍然具有重要的影响。

2. 交通条件

工业时代，农民摆脱了农耕时代土地对自己的束缚，交通的重要性开始展现。交通条件较好的村落，有更多机会接触到更先进的技术、信息，更利于与外界发生物力、人力的交流、交换，村落获得发展的可能性更大。交通条件好的居民点往往会迎来较多的发展机会，规模较大。而远离交通线，相对封闭的居民点，一般规模较小且较为稳定。

3. 产业条件

改革开放后，传统村落以农业为主的单一结构形式逐渐被农业、工业、第三产业并存的结构代替。乡镇企业迅速发展，原来低效益的农业逐渐被高效益的二、三产业取代，村庄周围出现大范围的工业、居住的混合地带，居民点规模明显扩大。具有二、三产业的居民点能够吸收本村农村剩余劳动力，也将吸收相邻村落，甚至其他地区的劳动力，村镇规模较大。

4. 文化因素

传统农业社会，农民具有很强的土地依赖，人口流动较小，而且受制于低下的生产力，粮食产量有限。因此，除了重大自然灾害，人口规模很少会有突变。而现代文明的吸引，使得农民逐渐离开长久依赖的农村地区，选择外出务工甚至定居，村镇居民点人口规模逐渐减小。

本书认为农村居民点规模包括人口规模、用地规模、活动规模和经济规模等多种因素，因此主要采用人口规模、用地规模和经济规模来衡量农村居民点规模，如表4-8所示。由于居民点用地规模是由人口规模决定的，而居民点的辐射影响范围取决于居民点提供的服务等级，与居民点的经济实力密不可分。因此，也可用人口规模和经济规模来衡量居民点综合规模。相应的使用居民点常住人口和生产总值（镇）/农村经济总收入（村）来衡量居民点，用地规模。

表 4-8   居民点规模划分因子

规模要素	指标名称	数据来源	指标权重
人口规模	常住人口	统计资料	1/3
经济规模	地区生产总值（镇）	统计资料	1/3
	农村经济总收入（村）		
用地规模	行政区划面积	统计资料	1/6
	总建设用地量	规划资料	1/6

4.4.2　居民点规模划分建模技术

居民点规模划分建模技术是对居民点规模大小的一种综合测算,是在居民点的自然、经济、社会和环境等因素的基础上,为不同的要素赋予不同的权重,计算居民点规模分值,综合获取居民点规模大小的方法。居民点规模划分建模技术为后续规模—功能耦合分析提供依据。

1. 确定规模要素

如前文所述,居民点规模在人口、空间等方面有不同的个体表征。一般来说,居民点规模包括人口规模、用地规模、经济规模等。人口规模是一定时期村镇的人口数;用地规模(F)为居民点人口规模(P)和人均居民点用地标准(N)的函数:$F = f(P \cdot N)$;经济规模是指村镇的经济活动规模或产业活动规模。本书采用村庄总人口表征人口规模,采用建设用地总量和行政区划面积表征用地规模,经济规模具体指标为农村经济总收入(村)/地区生产总值(镇)。

2. 规模要素数据来源分析

人口规模的数据一般可以通过查阅村镇统计报表获取。用地规模的数据根据地区的不同情况也可以通过入户调查的方式获得。经济规模的数据可以通过查阅村镇统计报表的方式获得。

3. 数据的分类和编码

分类和编码是数据信息化的基本要求,也是后续对数据进行分析的基础,按照人口规模、用地规模和经济规模对各个居民点进行编码,形成统一的电子文档,以便进行后续处理。具体格式如表4-9所示。

表 4-9　数据分类和编码

居民点序号	居民点名称	人口规模	用地规模	经济规模
1				
2				
...				

4. 确定各要素权重

在确定各要素的基础上,对不同的居民点对象进行具体研究。在综合分析人口(常住人口)、用地(总建设用地面积和行政区域面积)、经济(农村经济总收入)的基础上,对不同要素分别赋予不同的权重值,权重越大,表示该要素越重要。各权重之和总数为1。

权重赋值的方法有专家打分法和熵权法。专家打分法是指通过匿名方式征询有关专家的意见,对专家意见进行统计、处理、分析和归纳,客观地综合多数专家经验与主观判断,对大量难以采用技术方法进行定量分析的因素做出合理估算,经过多轮意见征询、反馈和调整后,对权重值进行分析的方法。熵权法的基本思路是根据指标变异性的大小来确定客观权重,其计算过程与前文的居民点等级划分方法中的熵权法相同。

5. 计算综合规模得分

在确定权重的基础上,采用如下公式计算综合规模得分

$$S = \sum_{i=1}^{n} W_i A_i$$

其中,S 代表总规模得分,W_i 代表各项要素权重,A_i 代表数据标准化值。

6. 进行规模类型划分

对计算得分结果进行分析,确定分析对象的等级划分。采用的方法有:自然分段法、人工分类法等。居民点规模划分因子分析与建模技术流程如图 4-4 所示。

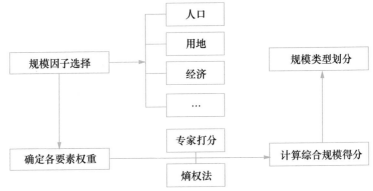

图 4-4　居民点规模划分因子分析与建模技术流程图

4.5　居民点规模—功能耦合系统分析

4.5.1　居民点规模—功能耦合分析的相关概念

耦合是一个物理学概念,是指两个或两个以上系统通过受自身和外界的各种相互作用而彼此影响的现象。协调是指大量要素相互作用的复杂开放系统,不断与外界物质、能量交换,通过内部各子系统或要素之间的协同,会在宏观尺度上产生有序的空间、时间或功能结构。孙玲(2009)认为协同就是系统的各部分之间相互协作,使整个系统形成微观个体层次所不存在的新物质结构和特征。协同产生于具有强烈资源交换需求的环境中,通过信息交换、技术升级、业务流程再造等,与周围相关系统相互作用,进行强烈的自组织进化,最终形成有序化结构,形成协同效应。哈肯(1984)在《协同学引论》中对协同效应的阐述为:由于

协同作用而产生的结果,是指复杂开放系统中大量子系统相互作用而产生的整体效应或集体效应。具体而言,协同效应伴随着支配原理即快变量服从慢变量、序参量支配子系统的发生而产生。

村镇区域居民点规模的扩张导致需求强度的增加和需求种类的增多,推动居民点功能的丰富,促进新功能的出现,并推动原有功能的提升。随着居民点功能的提升,新功能的出现,推动居民点的建设以满足新增需求,这样又导致了村庄规模的扩张。因此,居民点规模与功能是相互作用、相互影响的耦合系统。

正如前文所述,本书借鉴村镇区域居民点规模已有研究,将村镇区域居民点规模子系统分为三个层面:人口规模、用地规模、经济规模。

土地是各种功能的载体,可根据土地利用现状分类及居民点内部土地利用类型来分析居民点功能。根据农村居民点内部不同土地利用方式承载的资源要素和功能的差异,分析农村居民点内部土地利用类型的功能承载状况,将村镇区域居民点功能分为 3 大类:生产、生活、生态功能,其中生产功能分为农业生产、工业生产和商贸服务 3 类,分别代表一产、二产和三产。生活功能分为居住、交通、教育、医疗卫生。生态功能即为生态服务功能。如表 4-10 所示。

表 4-10　居民点规模—功能耦合指标体系

子系统	因子		指标表征内容	性质
规模	人口	人口规模	常住人口	正向
	用地	用地规模	行政区域面积	正向
	经济	经济规模	生产总值	正向
功能	生产	一产	农业生产	正向
		二产	工业生产	正向
		三产	商贸服务	正向
	生活	居住	居住用地面积	正向
		交通	距县城通勤时间	负向
		教育	中小学建设情况	正向
		医疗卫生	医疗卫生设施建设情况	正向
	生态	生态服务	绿地面积	正向

4.5.2　模型方法

1. 耦合协调度评价模型

借鉴物理学中的耦合度评价模型

$$C_n = \left\{ (u_1 u_2 \cdots u_m) \Big/ \left[\prod (u_i + u_j) \right] \right\}^{\frac{1}{n}}$$

构建居民点规模-功能系统(规模子系统 u_1,功能子系统 u_2)耦合度评价模型如下

$$C = \frac{2\sqrt{u_1 u_2}}{u_1 + u_2}$$

其中,C 为居民点规模-功能耦合度指数。u_1 为规模子系统,u_2 为功能子系统。

为进一步评判居民点规模—功能交互耦合的程度,引入耦合协调度模型

$$T = \alpha u_1 + \beta u_2$$

其中,T 为规模-功能系统综合发展指数。本书认为规模和功能同样重要,因此取 $\alpha = \beta = 0.5$。

$$D = \sqrt{CT}$$

其中,C 为子系统协调程度,T 为系统综合发展效益指数,D 为居民点规模—功能耦合协调度指数,即在 T 系统综合发展效益一定的情况下,为使复合效益 $u_1 u_2$ 最大,二者进行组合协调的数量程度。

本书引入相对发展程度 E 作为衡量子系统相对发展状况的指标,

$$E = u_1 / u_2$$

根据居民点规模—功能系统耦合协调发展内涵,在理想条件下规模和功能是同步优化的,但在实际情况中二者却难以实现完全同步优化,故本书设当 $0.8 < E < 1.2$ 时,二者处于同步优化状态,即彼此推动,相互优化。当 $E \geqslant 1.2$ 时,表示规模子系统超前发展,功能子系统滞后,当前功能供给不能满足需求,系统处于退化状态;当 $E \leqslant 0.8$ 时,表示功能子系统处于超前发展状态,而规模子系统发展滞后,功能供给容量超出需求,供给过剩造成资源浪费,系统处于退化状态,如表 4-11 所示,居民点规模—功能耦合评价如图 4-5 所示。

表 4-11　协调度评价标准

耦合协调度	相对发展度	类型	系统状态	发展阶段
$0 \leqslant D \leqslant 0.4$	$E \leqslant 0.8$	A_1	退化	不协调
	$0.8 < E < 1.2$	A_2	优化	
	$E \geqslant 1.2$	A_3	退化	
$0.4 \leqslant D \leqslant 0.6$	$E \leqslant 0.8$	B_1	退化	磨合
	$0.8 < E < 1.2$	B_2	优化	
	$E \geqslant 1.2$	B_3	退化	
$0.6 \leqslant D \leqslant 1$	$E \leqslant 0.8$	C_1	退化	协调发展
	$0.8 < E < 1.2$	C_2	优化	
	$E \geqslant 1.2$	C_3	退化	

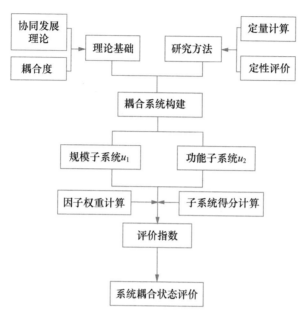

图 4-5　居民点规模—功能耦合评价

2. 模糊综合聚类

采用模糊综合聚类法,其一般步骤为:

(1) 数据标准化处理。处理方法与熵权法标准化方法一致,均采用极差标准化方法。

(2) 相关系数或距离的计算。

(3) 建立模糊相似矩阵,也叫相关系数法或距离法。假设 X_i 与 X_j 的相似性为 R_{ij}。

(4) 根据 R_{ij} 的值,选取适当的阈值 $\lambda = a$,将满足 $R_{ij} = a$ 的 X_i 与 X_j 归为一类。

(5) 根据目标分类数,通过调整阈值 λ 的取值,以达到目标分类数。

(6) 根据聚类结果,观察不同等级居民点"规模—功能"的组合状态。

4.6 广东省珠海市斗门区案例分析

4.6.1 研究区域概况

1. 斗门区概况

珠海市斗门区位于珠江三角洲西南端(东经 113°,北纬 22.5°交汇处),东临中山市,南与珠海市金湾区相连,西面和北面与江门市接壤,与澳门水域相连。在行政区划上,1965 年 7 月由中山、新会划出部分镇村建县,1983 年 7 月归属珠海市管辖,2001 年 4 月撤县设区。现全区面积 674.8 km²,有辖井岸、白蕉、斗门、乾务、莲洲等 5 个镇和白藤街道办,有 100 个行政村、23 个社区居委会。

截至 2010 年末,全区户籍人口 34.06 万人。2010 年全区实现本地生产总值 157.74 亿元,增长 7.8%;完成规模以上工业总产值 730.64 亿元,增长 16.7%;固定资产投资 80 亿元,增长 13%;财政一般预算收入 13.87 亿元,增长 29.6%,发展效益持续提升。斗门区作为地处南海之滨的"水果之乡""海鲜之乡",是国家食品安全示范区和中国农学会国内首个授牌的"都市型现代农业示范区"。2010 年全区农业总产值 37.81 亿元。现代农业和生态旅游产业发展前景广阔。斗门区支柱产业有电子及通信设备制造业,食品加工及制造业,纺织、服装及纤维产业制造品等,2011 年,全区实现工业总产值 842.46 亿元。工业产值超亿元以上企业 64 家,占全区规模以上企业总数 35.8%。

2. 居民点等级概况

全区有辖井岸(下辖 15 个行政村和 9 个社区居委会)、白蕉(下辖 33 个行政村和 3 个社区居委会)、斗门(10 个村委会和 1 个居委会)、乾务(下辖 16 个行政村和 2 个社区)、莲洲(下辖 27 个行政村和 3 个社区)5 个镇和白藤街道办(5 个社区居委会),现有 100 个行政村、23 个社区居委会。

3. 居民点规模概况

斗门区各村庄居民点人口规模差异较大,从 500 人至 28 000 人不等,其中人口在 4 000 人以下的村庄 82 个,占全区村庄 80%以上;6 000 人以上的村庄 11 个,主要分布在除白蕉镇以外的其他 4 个镇,人口规模最大的村庄达到 28 700 人。人口规模呈现出南高北低,东高西低的分布格局,如图 4-6 所示。其中五山地区及县城附近的村庄人口规模普遍较大。

斗门区各农村居民点的经济规模也有较大差异,总体经济最高的西埔村收入将近 4 亿元,收入最低的新乡村 60 万元。收入在 1 亿元以下的村庄数目占斗门区的 84%,只有 4 个村的收入大于 2 亿元。总体来看,农村经济总收入呈现

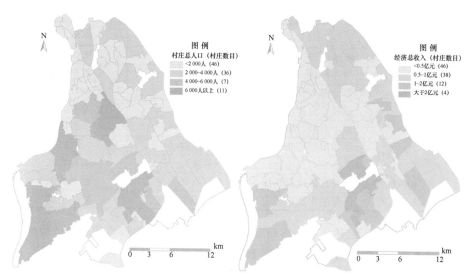

图 4-6　斗门区人口规模与经济收入分布图

南北高,中间低,中部洼陷十分严重。其中,乾务镇、斗门镇、莲洲镇的村庄收入普遍较低,白蕉镇相对稍高一些,收入最高的村庄均集中分布在县城周边。

4. 居民点功能概况

从各个村庄的功能来看,由于斗门区实行工业进园区集中发展的政策,各个村庄基本没有自己的企业,大部分村庄以农业生产为主,工业园区周边的村庄,除农业生产以外,则会从事房屋或土地的租赁,服务于产业园区从而获得额外的经济收益,这类村镇以新青村与新堂村为代表。由于斗门区十分重视自然历史文化遗产、遗址等的保护与开发,因此,在珠海市古村落规划中,选取了斗门区的一部分村庄作为古村落,进行保护开发,并编制了专门的名村名镇规划,其中斗门镇的斗门村是典型代表,另外还有南门村的赵氏宗祠等,这些村庄依靠独特的历史文化遗产,进行旅游开发建设,成为农业生产兼顾发展旅游的代表。另外,县城和镇区周边的村庄,由于与中心城(镇)区天然的近邻优势,商业和服务业功能相对较为发达,比如井岸镇的南潮村,这些村庄虽然行政等级上仍然是村庄,但实际的建设风貌已与城市没有什么区别,城镇化程度非常高,村民的生产、生活方式也已渐渐与农业生产脱离。

4.6.2　斗门区村庄等级划分

根据上文的理论分析,结合斗门区的实际,并考虑数据的可获取性,建立斗门区居民点等级评价指标体系,如表 4-12 所示。

表 4-12　斗门区居民点等级评价指标体系

因子分类		指标名称	指标表征内容	数据来源
居民点等级评价指标体系	产业	一产	耕地面积	产业功能——一产	统计数据
		二产	二产产值	产业功能——二产	调查数据
		三产	商业服务设施建设情况	产业功能——三产	调查数据
	交通		交通设施建设情况	交通条件	调查数据
			距中心城市距离	交通条件	地图数据
	居住		居住用地面积	居住条件	现状图
			生活配套设施建设情况	居住条件	调查数据
	教育		教育设施建设情况	教育功能	调查数据
	医疗		医疗卫生设施情况	医疗卫生功能	统计数据

研究方法采用前述居民点等级划分的方法——基于熵权法的综合评价法。采用 2012 年斗门区各个村庄的数据进行指标权重计算,如表 4-13 所示。

表 4-13　各因子权重表

因子分类		指标名称	指标权重
居民点等级评价指标体系	产业	一产	耕地面积	0.0947
		二产	二产产值	0.2113
		三产	商业服务设施	0.1254
	交通		距离县城的通勤时间	0.0281
			交通设施	0.1058
	居住		村庄居住用地面积	0.1560
			居住设施建设	0.0814
	教育		教育得分	0.1808
	医疗		医疗卫生设施情况	0.0164

由各因子权重可以发现,在斗门区居民点等级评价体系中,产业功能对居民点等级的作用最强,产业的综合权重值达到 0.431,远远高于其他各项因子的权重。在产业因子中,影响力最大的当属二产,单项因子的权重值达 0.2113,其次是三产,一产的作用力相对最弱。居住因子,权重值达到 0.237,仅次于产业因子。在居住这一项上,作用力最大的是村庄居住用地面积,单项因子权重值达 0.156。交通、医疗分列四、五位。在各单项指标中,二产发展情况对居民点等级的作用强度最大,其次是教育和居住用地面积。作用力最弱的则是代表交通的距离县城的通勤时间以及代表医疗功能的医疗卫生设施建设情况。总体来说,决定村庄居民点等级的众多因素中,作用强度为集中于二产发展、教育和村庄居住用地面积 3 项指标,这与村庄发展的现实状况是相吻合的。首先,村庄都是传

统农业为主的居民点,二、三产业发展较为落后,尤其是斗门区这样一个农业大区,集中了珠海市80%的基本农田,各个村庄的农业特征极为明显,整个区将近80%的村庄都是以农业经济为主。因此二、三产业的发展状况的差异就更加决定了居民点中心性的大小,进而影响着村庄等级的划分。教育设施,尤其是中小学的分布,基本上可以反映出村庄地位的区别。居住是村庄的基本功能,居住地面积大的村庄,建成区大,其集聚的人口相对较多,其商贸服务业也较为发达,进而决定着村庄中心性大小,如表4-14所示。

表 4-14　各村庄中心性得分与排名表

村庄名称	中心性得分	排名	村庄名称	中心性得分	排名	村庄名称	中心性得分	排名
黄家村	0.5598	1	成裕村	0.1913	34	月坑村	0.1169	67
白蕉村	0.4943	2	莲江村	0.1877	35	新沙村	0.1164	68
八甲村	0.4556	3	白石村	0.1859	36	新丰村	0.1152	69
荔山村	0.3969	4	南潮村	0.1840	37	西窖村	0.1118	70
虎山村	0.3933	5	新青村	0.1835	38	东风村	0.1084	71
网山村	0.3892	6	尖峰村	0.1827	39	东湖村	0.1074	72
大濠冲村	0.3814	7	广丰村	0.1820	40	大海环村	0.1069	73
小濠冲村	0.3769	8	南澳村	0.1798	41	沙石村	0.1067	74
南门村	0.3718	9	灯笼村	0.1792	42	獭山村	0.1041	75
小赤坎村	0.3416	10	乾西村	0.1790	43	东岸村	0.1039	76
马山村	0.3261	11	光明村	0.1764	44	鳌鱼沙村	0.0966	77
孖湾村	0.3110	12	三家村	0.1756	45	八顷村	0.0961	78
东澳村	0.2923	13	东湾村	0.1748	46	下洲村	0.0940	79
大赤坎村	0.2856	14	桅夹村	0.1716	47	黄金村	0.0832	80
西埔村	0.2755	15	大托村	0.1715	48	泗喜村	0.0826	81
新村村	0.2735	16	下栏村	0.1645	49	大胜村	0.0780	82
夏村村	0.2707	17	东围村	0.1633	50	上洲村	0.0777	83
湾口村	0.2682	18	三角村	0.1550	51	冲口村	0.0776	84
新堂村	0.2681	19	乾北村	0.1527	52	三龙村	0.0771	85
南山村	0.2669	20	盖山村	0.1518	53	东窖村	0.0754	86
北澳村	0.2653	21	坭湾村	0.1424	54	虾山村	0.0709	87
狮群村	0.2594	22	小托村	0.1391	55	新环村	0.0702	88
三里村	0.2567	23	赖家村	0.1387	56	粉洲村	0.0694	89
斗门村	0.2279	24	龙西村	0.1385	57	办冲村	0.0667	90
昭信村	0.2278	25	新乡村	0.1359	58	三冲村	0.0644	91
耕管村	0.2145	26	石狗村	0.1353	59	横山村	0.0597	92
东安村	0.2102	27	西湾村	0.1346	60	文锋村	0.0587	93
二龙村	0.2048	28	南环村	0.1345	61	上栏村	0.0581	94
榕益村	0.1999	29	灯三村	0.1322	62	红星村	0.0560	95
灯一村	0.1998	30	石龙村	0.1278	63	新益村	0.0538	96
五福村	0.1981	31	丰洲村	0.1278	64	新洲村	0.0537	97
草朗村	0.1969	32	南青村	0.1256	65	黄杨村	0.0513	98
乾东村	0.1928	33	新二村	0.1171	66	福安村	0.0477	99
成裕村	0.1913	34	月坑村	0.1169	67	鸡咀村	0.0454	100

根据中心性得分,利用 ArcGIS 的分类图示功能,使用 Jenks 自然最佳断裂点分级方法,将所有村庄分为 3 类,分类结果如图 4-7 所示。

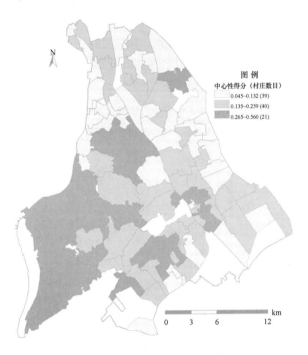

图 4-7 村庄中心性等级分类图

观察分类结果,可以发现,中心性最高的第 1 等级的村庄主要分布在井岸、斗门和乾务 3 镇,乾务镇和斗门镇交界处出现第 1 等级村庄的集聚现象。白蕉镇的高等级村庄基本上都分布在与井岸镇交界地带,也就是县城的周围。这种分布状态,基本反映了村庄发展水平。县城和镇区周围的村庄,由于临近消费市场,有利于商业贸易的开展,其经济发展水平相对较高。乾务镇的第 1 等级村庄数目最多,尤其是五山地区。由于五山镇本身就具有较好的发展基础,而在与乾务镇合并之后,虽然镇的建制被撤销,但是五山地区本身的发展基础犹在,而且无论是从人口规模,还是经济发展来看,此地区在斗门区都处于领先位置。根据分类结果,第 1 等级共 21 个村为中心村,其余第 2 等级(40 个)、第 3 等级(39 个)共 79 个村庄为一般行政村。最终确定的斗门区中心村如表 4-15 所示。

表 4-15　斗门区中心村划定结果表

镇名称	村名称	得分	排名	镇名称	村名称	得分	排名
白蕉镇	白蕉村	0.494 3	2	井岸镇	新堂村	0.268 1	19
	黄家村	0.559 8	1	乾务镇	东澳村	0.292 3	13
	孖湾村	0.311 0	12		虎山村	0.393 3	5
斗门镇	八甲村	0.455 6	3		荔山村	0.396 9	4
	大赤坎村	0.285 6	14		马山村	0.326 1	11
	大濠冲村	0.381 4	7		南山村	0.266 9	20
	南门村	0.371 8	9		湾口村	0.268 2	18
	小赤坎村	0.341 6	10		网山村	0.389 2	6
	小濠冲村	0.376 9	8		夏村村	0.270 7	17
井岸镇	北澳村	0.265 3	21		新村村	0.273 5	16
	西埔村	0.275 5	15				

由于本书仅根据中心性对村庄等级进行划分,因此中心村的选择会出现集中连片或者临近中心城(镇)区的情况。而在村镇区域规划实践中,中心村的确定不但要考虑中心村的大小,也要考虑中心村的分布,中心村与中心城(镇)区的空间距离以及中心村之间的距离。中心地都服务于一定半径内的居民,因此可以参考中心性,将临近城(镇)区的中心村纳入城(镇)区的发展规划中,可以从集中连片的中心村中选择一个村作为集聚发展的中心。最终,使得中心村较为均匀的覆盖整个村镇区域。

4.6.3　斗门区村庄规模划分

村庄规模划分的研究方法与等级划分的研究方法相同,均是通过熵权法确定因子权重,并计算村庄规模得分,继而进行类型的划分,如表 4-16 所示。根据因子权重可以发现,对村庄规模作用力最强的是人口规模,其次是经济规模,最后是用地规模。

表 4-16　规模划分指标体系与权重表

	指标名称	指标权重
评价指标体系	村总人口	0.45
	村域或社区面积	0.24
	农村经济总收入	0.31

根据权重计算各村庄综合规模得分,如表 4-17 所示。

表 4-17　各村庄综合规模得分表

村庄名	规模得分	排名	村庄名	规模得分	排名	村庄名	规模得分	排名
西埔村	0.850 8	1	办冲村	0.175 4	34	八顷村	0.106 2	67
新青村	0.489 5	2	白蕉村	0.162 1	35	鳌鱼沙村	0.106 0	68
虎山村	0.425 5	3	黄杨村	0.162 0	36	泗喜村	0.102 1	69
坭湾村	0.423 6	4	桅夹村	0.161 6	37	黄金村	0.091 8	70
南潮村	0.407 5	5	灯一村	0.160 7	38	南环村	0.089 6	71
荔山村	0.385 0	6	西湾村	0.152 2	39	莲江村	0.089 4	72
马山村	0.376 6	7	网山村	0.151 5	40	下栏村	0.086 7	73
龙西村	0.335 1	8	黄家村	0.148 5	41	新二村	0.082 5	74
大赤坎村	0.325 7	9	冲口村	0.148 4	42	上栏村	0.079 5	75
昭信村	0.309 6	10	东澳村	0.144 8	43	新洲村	0.078 5	76
八甲村	0.304 7	11	北澳村	0.139 8	44	西窖村	0.076 5	77
新堂村	0.303 9	12	南山村	0.138 6	45	月坑村	0.076 0	78
灯笼村	0.286 0	13	广丰村	0.136 3	46	福安村	0.071 1	79
南门村	0.272 3	14	东湾村	0.135 6	47	三龙村	0.069 0	80
小濠冲村	0.258 6	15	东围村	0.133 5	48	红星村	0.066 4	81
乾北村	0.239 0	16	三里村	0.130 3	49	虾山村	0.065 4	82
新沙村	0.236 2	17	新丰村	0.126 2	50	南青村	0.065 4	83
小赤坎村	0.220 6	18	湾口村	0.124 9	51	盖山村	0.064 0	84
丰洲村	0.220 3	19	石狗村	0.124 4	52	三冲村	0.059 5	85
东湖村	0.214 9	20	乾西村	0.123 5	53	小托村	0.055 6	86
斗门村	0.211 9	21	白石村	0.118 3	54	成裕村	0.055 5	87
大托村	0.206 7	22	沙石村	0.118 1	55	大胜村	0.055 1	88
乾东村	0.196 9	23	榕益村	0.115 2	56	上洲村	0.055 0	89
南澳村	0.190 9	24	鸡咀村	0.113 7	57	夏村村	0.052 7	90
草朗村	0.190 8	25	新乡村	0.112 8	58	东窖村	0.051 2	91
灯三村	0.190 0	26	五福村	0.111 8	59	三家村	0.046 9	92
尖峰村	0.185 4	27	新禧村	0.110 9	60	横山村	0.045 6	93
粉洲村	0.184 7	28	大海环村	0.110 6	61	二龙村	0.041 6	94
东安村	0.182 3	29	三角村	0.110 4	62	光明村	0.039 0	95
东风村	0.181 3	30	新村村	0.110 3	63	赖家村	0.036 2	96
大濠冲村	0.178 6	31	孖湾村	0.109 8	64	文锋村	0.035 5	97
新环村	0.177 9	32	狮群村	0.109 3	65	东岸村	0.034 7	98
耕管村	0.177 5	33	石龙村	0.109 1	66	下洲村	0.029 3	99
						獭山村	0.029 0	100

　　根据综合规模得分,利用 ArcGIS 的分类图示功能,使用 Jenks 自然最佳断裂点分级方法,将所有村庄规模分为 3 类,如图 4-8 所示。根据分类结果可以发现,斗门区大型居民点有 12 个,中型居民点有 35 个,小型居民点 53 个。12 个大型居民点分别分布在斗门镇(2 个)、井岸镇(6 个)、乾务镇(3 个)和白蕉镇(1 个)。主要有两个片区,一个是乾务镇五山片区,另一个是分布在县城附近的斗门镇井岸片区。井岸片区占据了大型居民点的一半,大型居民点的占地规模相对于其他村庄来说并不占优势,但其在人口规模和经济规模上更胜一筹,因此在面积并不占优的情况下仍然能够跻身大型居民点之列,这与井岸镇是县城所在地的情况密不可分。

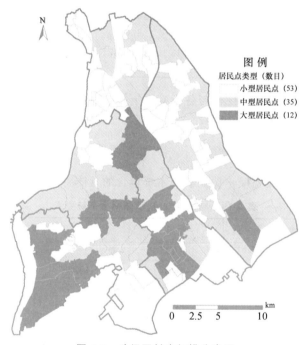

图 4-8　斗门区村庄规模分类图

4.6.4　斗门区村庄规模影响因素分析

　　由前文分析可知,居民点规模受各种自然和社会经济因素、人文因素的综合影响。结合斗门区的实际情况,选择平均海拔高度和平均高程作为影响居民点规模的自然因素,选择距离县城的通勤时间作为影响居民点规模的交通因素,选取人均纯收入和耕地面积、商业服务设施作为影响居民点规模的社会经济的因素。采用多元线性回归模型,借助 Microsoft Excel 的数据分析功能,进行回归分析。

根据回归分析结果表 4-18 所示,在所选的 6 个影响因子中,经过显著性检验的为交通、一产、三产和农民人均纯收入,而高程、坡度则没有通过显著性检验。从影响因子系数来看,一产对农村居民点规模的影响最大,其次是农民人均纯收入水平,而交通和三产次之,二者影响强度接近。各影响因素可以反映出规模 52% 的信息量。

表 4-18 回归分析结果

	Coefficients	标准误差	t Stat	P-value	Lower 95%	Upper 95%
截距	0.046 4	0.042 5	1.092 1	0.277 6	−0.037 9	0.130 7
平均高程	0.173 7	0.163 3	1.063 3	0.290 4	−0.150 7	0.498 0
平均坡度	−0.103 0	0.128 6	−0.800 8	0.425 3	−0.358 4	0.152 4
距离县城的通勤时间	−0.102 4	0.046 0	−2.227 5	0.028 3	−0.193 6	−0.011 1
一产(耕地面积)	0.334 7	0.049 7	6.730 9	0.000 0	0.236 0	0.433 5
三产	0.101 9	0.043 2	2.361 5	0.020 3	0.016 2	0.187 7
农民人均纯收入	0.310 4	0.067 0	4.633 8	0.000 0	0.177 4	0.443 4

最终可以得出居民点规模与各影响因子的回归关系方程式:

$$y = 0.0464 - 0.1024x_3 + 0.3347x_4 + 0.1019x_5 + 0.3104x_6$$

4.6.5 斗门区村庄规模—功能系统耦合状态评价

村镇区域居民点规模—功能耦合系统包含的具体要素,如表 4-19 所示。

表 4-19 居民点规模-功能耦合系统要素

子系统	要素	指标
规模子系统 u_1	人口	总人口
	用地	行政区域面积
	经济	农村经济总收入
功能子系统 u_2	生产	一产耕地面积
		二产发展状况
		商业服务设施建设情况
	生活	居住建设用地面积
		距县城通勤时间
		教育设施建设情况
		医疗卫生设施建设情况
	生态	植被覆盖面积

根据上文规模—功能耦合系统评价模型及评价标准,进行居民点规模-功能系统耦合协调发展状态评价,并借助 ArcGIS 的空间分类与图示功能进行分类并做可视化处理,最终的分类结果如图 4-9、图 4-10 和表 4-20 所示。

图 4-9　斗门区村庄类型分布图

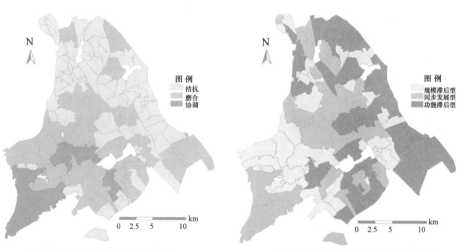

(a) 斗门村耦合协调状态分类图　　　　　(b) 斗门村村庄相对发展类型分类图

图 4-10　斗门区耦合协调状态与发展类型分布图

表 4-20　分等级系统耦合状态输出结果表

等级	A₁	A₂	A₃	B₁	B₂	B₃	C₁	C₂	C₃
中心村	孖湾 (1)	东湾 (1)	新沙 东安 石龙 (3)	白蕉 大濠冲 黄家 小赤坎 小濠冲 北澳 (6)	大赤坎 (1)	南澳 (1)	八甲 (1)	虎山 (1)	无
一般村	成裕 东岸 盖山 赖家 南环 榕益 小托 新二 大胜 二龙 横山 南青 三家 三角 下栏 乾西 夏村 (17)	白石 东围 鳌鱼沙 沙石 月坑 上洲 下洲 新乡 西湾 东窖 光明 广丰 莲江 三冲 獭山 大海环 (16)	八顷 办冲 冲口 灯一 东湖 泗喜 榄夹 虾山 新环 东风 黄金 黄杨 鸡咀 粉洲 福安 红星 三龙 上栏 文锋 西窖 新丰 新益 新洲 石狗 (24)	南门 五福 东澳 南山 三里 狮群 湾口 网山 新村 (9)	斗门 草朗 尖峰 新堂 耕管 乾东 (6)	大托 灯笼 灯三 丰洲 昭信 龙西 南潮 坭湾 新青 乾北 (10)	无	荔山 马山 (2)	西埔 (1)

　　根据分类结果可以发现,系统耦合状态最佳,而且规模、功能两个子系统同步发展,相互优化的农村居民点只有五山地区的虎山村、马山村和荔山村,中心村中状态最优的只有虎山村一个。一般行政村中耦合协调状态与相对发展程度组合最优的是马山村和荔山村。耦合协调状态最优的一类居民点,即子系统协调发展的居民点较少,只有 5 个,除了上述 3 个以外,还有八甲村和西埔村。

　　处于同步发展状态的农村居民点较多,但是系统状态大多处于退化状态,子系统并未出现良性相互作用。处于磨合状态的村庄共计 32 个,加上协调状态的村庄一共 37 个,占村庄总数的 37％。可见,斗门区农村居民点规模-功能耦合发展状况较差,大多处于拮抗状态,这对于居民点规模-功能系统的发展,对区域整体的发展是不利的。

4.6.6　斗门区村庄规模–功能普适性关系探究

　　基于现状数据的统计分析,探讨在既定村庄规模的情况下,居民点功能的完善程度,探索居民点规模与居民点功能之间的相互匹配关系,以便在规划实践中,能够合理规划村庄规模,合理配备村庄功能,有效利用土地、资金等,避免因规模过大或功能剩余而造成浪费,避免因功能过少或者功能容量过小而对居民的日常生活产生不利影响。

因此,在对现状规模-功能系统要素进行数据收集整理的基础上,采用 K-means 聚类方法,探索斗门区各村庄居民点规模-功能的普适性关系。

采用 K-means 聚类方法,借助 SPSS 20.0 统计分析软件中的分类工具,将斗门区 100 个村庄根据各项功能、规模属性进行聚类,人工选取的分为 5 类,根据聚类结果,发现其中第 3 类、第 4 类的样本数目太少,不足以解释规模功能的普适关系。因此,根据初始聚类中心结果,如表 4-21~表 4-23 所示,剔除了样本数目较少的第 3 类和第 4 类,最终的 3 类分别为表中的类别 1、类别 2 和类别 5,各类别样本数目分别为 11 个、27 个和 54 个。

表 4-21　斗门区初始聚类中心

类别	总人口	面积	经济收入	耕地面积	二产	三产	通勤时间	居住用地面积	教育	医疗	植被面积
1(11)	3 911	1 024.27	8 487.9	2 949 627	2	5.91	34.21	190 958.54	2.18	2	7 411 173
2(27)	3 336	524.52	8 523.43	1 275 733	1.7	4.19	32.38	164 179.51	2.3	2.26	4 142 500
5(54)	2 526	305.93	5 972.99	1 155 900	2.06	3.81	33.72	198 425.37	2.13	2.11	1 427 283

表 4-22　斗门区最终聚类中心

类别	总人口	面积	经济收入	耕地面积	二产	三产	通勤时间	居住用地面积	教育	医疗	植被面积
1(11)	10 559	1 363	7 389	4 993 200	7	9	45.39	364 002.1	2	2	8 344 800
2(27)	3 044	618	8 182.5	203 400	1	6	40.93	523 196.8	3	2	5 981 400
5(54)	1 454	76	2 012	1 800	2	1	19.15	406 350	3	2	173 700

表 4-23　斗门区最终聚类中心排名

类别排名	总人口	面积	经济收入	耕地面积	二产	三产	通勤时间	居住用地面积	教育	医疗	植被面积
1(11)	3	1	2	3	4	2	4	3	4	3	2
2(27)	4	4	1	4	5	3	1	4	3	1	4
3(2)	2	2	4	2	2	5	3	5	1	3	1
4(6)	1	3	5	1	1	4	5	1	2	3	3
5(54)	5	5	3	5	3	1	2	2	5	2	5

根据最终聚类结果和聚类中心的值可以看出,类别 1 的规模要素中:总人口、面积在 3 类中都是最大的;对应的功能要素方面:反映一产的耕地面积、三产功能较为突出,另外反映生态功能的植被面积也较大,说明生态功能较为突出,其他方面如二产、通勤时间、居住用地面积、教育、医疗功能的强度一般。

类别 2 规模要素中,只有经济收入最高,人口规模和用地规模中等。功能要素方面:首先产业功能,一产、二产都比较落后,三产发展水平中等;通勤时间和医疗排名最高,反映交通和医疗功能的发展较好,优势较大;其他功能包括教育、居住用地面积和生态功能强度都较弱。

　　类别 5 规模要素中,3 项规模要素排名均最低,说明综合规模最小。功能要素方面:二产排名最高,一产和三产都较低,说明工业发展较好;通勤时间、居住用地面积、医疗的排名都较高,说明对应的功能强度较高,而教育和生态功能则排名最后。总体来说类别 5 的各要素排名高低分化最为显著,规模整体较小,与之对应的教育、生态功能也是最低的。

　　最终,根据各类别聚类结果,将斗门区所有的村庄分为 3 类,各类别居民点规模—功能的普适性关系总结如下:

　　第 1 类:人口规模 4 000 人左右,对应的用地面积 1 024 hm² 左右,经济收入 7 000 万元左右,对应的突出功能主要有一产功能、三产功能和生态功能。

　　第 2 类:人口规模 3 300 人左右,对应的用地面积 500 hm² 左右,经济收入 8 000 万元左右,对应的突出功能主要有交通功能和医疗功能。

　　第 3 类:人口规模 1 500 人左右,对应的用地面积 80 hm² 左右,经济收入 2 000 万元左右,对应的突出功能主要有二产功能、交通功能、居住功能和医疗功能。

5

村镇区域居民点空间体系优化布局技术研究

　　我国农村人口在不断减少,村镇区域建设用地却在持续扩张。而目前村镇区域普遍存在居住分散、土地利用粗放的现象,不利于基础设施、公共服务设施等建设以及资源的有效配置。在城镇化背景下,不少村庄将面临人口继续减少,甚至消失。未来村镇区域居民点需要不断整合而减少,居住更加集中,从而使土地利用更加集约化。在有限资源条件下,公共服务设施应该顺应人口流动的趋势,从自上而下的居民点体系建设角度,在重点居民点进行配置,科学、有效地引导农村居民迁移、集中。

　　第一,本书中公共服务设施布局优化系统旨在实现公共设施的现状可达性评价、应对不同政策目标的布局优化及相关内容的可视化。通过设定四个优化模型分别对应于四个不同的政策目标,经过最优化运算得到相应政策目标下的最优布局方案。在实际应用中可根据政策目标不同选择适合的优化模型,可以为实际规划工作提供有力的工具。

　　第二,居民点体系优化系统以公共服务设施布局模块为基础,以其他研究结果的土地承载力评价结果作为输入,并增加居民点对农业作业区覆盖的评价,旨在构建居民点发展潜力的综合评价指标,为村镇区域居民点体系调整提供参考。

　　第三,土地利用-交通选择-资源环境耦合模型研究中,村镇区域的人口分布是模型的核心。不同情景(目标)的产业布局和公共服务设施布局,产生了特定的土地利用情景和人口分布情景,进而形成特定的交通模式和资源环境影响,可以从资源环境压力角度判断目标的合理性。

　　在研究方法上,首先,通过文献整理对我国村镇区域建设用地扩张、村镇居民点体系规划、村镇区域公共服务设施布局等方面的相关研究进行梳理;其次,深入北京延庆区、珠海斗门区、长沙浏阳市、重庆潼南区等地实地调研,与当地国土部门、规划部门人员组织座谈,到部分村镇居民点及地方产业实地考察,了解不同地区村镇区域空间发展现状及存在的问题;最后,根据研究目标与实际需求开发规划决策支持软件,结合调研地实际数据,完成软件设计与实现。

5.1 村镇区域建设用地扩张机制研究

科学分析村镇区域建设用地扩张的动力机制,是准确预测和规划建设用地总量的前提。而确定村镇区域建设用地总量,是村镇区域规划最重要的步骤之一,在此基础上才能进一步确定村镇区域及内部各个居民点建设用地总量,划定居民点建设用地边界。故建设用地扩张机制研究,是村镇区域规划的重要先行工作。

针对这一研究问题,本部分首先分析了我国村镇区域建设用地扩张的时空特征,进而采用空间计量模型进行了动力机制研究。虽然不同地区村镇区域建设用地扩张机制存在较大的地理差异,但本研究所提出的方法和技术,特别是数据获取技术和空间计量分析技术,适用于不同的地区。

5.1.1 我国村镇区域建设用地扩张的时空特征研究

1. 全国尺度下村镇区域的界定技术

(1)数据获取与校对。本书采用遥感技术,以历史遥感影像数据为基础,再现村镇区域建设用地扩张过程,进而剖析其现状特征及存在问题。在村镇区域研究中,采用遥感技术获取建设用地,具有如表 5-1 所示的优劣势。当然,遥感数据与统计年鉴的建设用地数据存在一定差异。比如,按国家统计局发布的《中国城市统计年鉴》,2010 年地级城市和县级市建成区面积汇总为 41 699.7 km²,本书按街道尺度汇总得到的对应数据为 37 455.4 km²,是统计数据的 89.82%。但二者具有相似的比例特征,按城市计算相关系数高达 0.798 2。

表 5-1 遥感技术在村镇区域建设用地识别中的优劣势

优势	不足
数据可获取性较高 村镇区域统计数据基础薄弱,现状与历史数据获取困难,而遥感数据相对容易获取。本书中采用国家基础地理信息中心(863 项目"全球地表覆盖遥感制图与关键技术研究")免费提供的 2000 年和 2010 年 30 m 分辨率数据。而我国 2000 年《中国城市统计年鉴》没有区分城市的建设用地数据	社会经济统计中的建设用地定义有所不同 《中国城市统计年鉴》中对建设用地定义为"市政区范围内经过征用的土地和实际建设发展起来的非农业生产建设地段,包括市区集中连片的部分以及分散在近郊区与城市有着密切联系,具有基本完善的市政公用设施的城市建设用地(如机场、污水处理厂、通信电台)"。绿地等类型,需要对应的统计数据才能校验为建设用地
数据客观性更强,可比性较高 遥感数据比统计数据更少受到人为因素影响,一定程度可以反映建设用地指标实际闲置情况和实际绿地情况	遥感数据本身还存在一定误差 本书的遥感数据分辨率是 30 m,对更为破碎的建设用地存在误差。比如独立居民点(尤其是山区和林区)、交通运输用地、水利设施用地等

(2) 建设用地分类统计的 GIS 技术。为进行国土建设用地分布特征分析,本书提出了一套技术方法对土地利用数据进行处理。全国尺度的乡镇级行政单元边界变化较大,获取困难,为了统计这一尺度下各个区划内的建设用地总量,本书数字化了全国乡、镇、街道的行政驻地地点坐标。由于缺乏乡镇尺度的行政边界数据,本书采用泰森多边形边界划定方法进行边界划分,近似替代实际行政边界。

在全国尺度下,本书定义设置了街道的城市更多地承担了城市职能,而未设置街道的城市更多地服务于村镇区域,故采用行政区划是否为街道对国土空间进行分类。在全国尺度的研究中,定义村镇区域为非街道的行政单元,这一定义以及泰森多边形边界划定方法,是在既有数据基础上的一个近似,本书认为能够较好反映村镇区域的特征。

2010 年,我国街道级行政单元中,街道单元一共 6 330 个,非街道单元共 33 668 个,后者即本书定义的村镇区域。从 2000 年到 2010 年我国行政区划发生了一定的变化,为了便于比较,本书采用 2010 年的行政区划作为基础。

2. 我国村镇区域建设用地总量分布及其变化特征

本书用各区域建设用地相对变化率的差别来反映区域扩展速度的差异,通过 GIS 技术对街道的建设用地和非街道的建设用地面积进行提取和统计,得出了街道的建设用地和非街道的建设用地面积扩展变化,从而反映了对应城市和村镇区域的建成区面积变化。

从总量上看,我国街道的建成区总量为非街道建成区的 30.68%,说明我国建成区主要分布于乡镇;从增量看,则前者为后者的 64.48%,乡镇总体增量仍然较高;但从增速看,前者则远远快于后者,是后者的 2.36 倍,这说明街道建成区的增长要快得多。

2010 年我国含有街道的城市的建成区面积总量达到了 3.74×10^4 km²,比 2000 年增加了 7 136.5 km²,增幅为 23.56%;而非街道的建成区总量为 12.20×10^4 km²,增量为 11 067.4 km²,增幅为 9.98%。街道建成区面积增加最多的依次为山东、江苏、浙江、辽宁、广东,均为沿海发达地区,增加最多的山东达到了 1 549 km²;非街道建成区面积增加最多的依次为江苏、河北、安徽、广东、河南,增加最多的江苏达到了 1 711 km²,如图 5-1 所示。

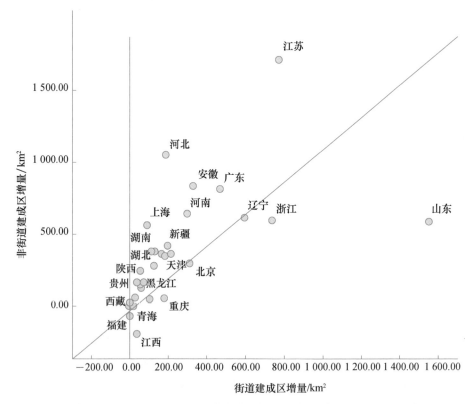

图 5-1　部分省街道与非街道(村镇区域)的建成区面积变化(2000—2010 年)

3. 我国村镇区域建设用地结构空间差异及其变化特征

这样的增长也带来了建成区城乡分布的结构变化,街道建成区与非街道建成区面积的比例从 2000 年的 21.45：78.55 变为了 2010 年的 23.48：76.52,街道建成区占建成区总面积的比例增加了 2.03 个百分点。多数省份的城市在建设用地扩展方面,比乡镇占有显著的优势,体现为街道的建设用地占总建设用地比重增加明显,如山东、重庆、浙江、江苏、四川、海南、辽宁等。

从 2000 年至 2010 年,只有江西和福建的非街道(镇乡)建成区面积明显减少,其余省份均为增加(建成区总面积也只有这两个省份呈下降趋势)。江西非街道的建成区面积减少了 192.9 km²,街道的建成区增加了 37.5 km²。福建对应数据为 66.3 km² 和 0.9 km²。体现出江西和福建在农村地区建设方面有较好的整合和控制。当然,这也可能是地方绿化建设较好,农村地区建设用地遥感识别难度增大造成的。

5.1.2 村镇区域建设用地人口空心化测度

20 世纪 90 年代以来,随着城市化对劳动力需求的逐渐增加,大量农村人口涌向城市,这种现象的出现使农村出现了"空心化"的问题。人口空心化是农村空心化的一个方面,一般认为人口空心化是指农村青壮年劳动力大量流入城市,农村剩下的人口大多数是老人、妇女和儿童的现象。在评价农村人口空心化时,既有研究中有采用单一指标的,也有采用多个指标综合评价的。由于在评价农村空心化程度时需要考虑多个方面,所以大部分学者都采用多个指标进行评价,如表 5-2 所示。但是研究人口空心化影响因素时,对空心化具体数值要求不高,有些学者因为数据获取限制等原因,采用单一指标。

表 5-2 农村人口空心化测度指标综述表

指标类型	提出者	指标定义
单一指标	陈池波等(2013)	人口空心化率为常年在外居住生活的人口与经常在外打工的人口(每年至少在外打工 10 个月以上)占村庄总人口的比重
	崔卫国等(2011)	通过抽样调查,以劳动力外出就业的比重作为人口空心化的指标
	张慧等(2013)	研究中国农村人口空心化影响因素时,将中国二、三产业就业人数减去城镇就业人口得出中国农民工数量,并认为该数值可以表示中国农村人口空心化程度

（续表）

指标类型	提出者	指标定义
综合指标	杨忍等 (2012)	在我国农村地区空心化分区时对人口空心化模块采用了3个指标：农村人口有效转移度，用城市化率/农民非农就业率表示，如果城市化率低于农民非农就业率，即农村人口有效转移度较低，表明农民"离土不离乡"的情况较为严重，农村空心化程度相应较高；村庄人口集聚度，用乡村人口/农村居民点用地面积表示，单位面积农村居民点用地承载的农村人口越多，农村空心化程度越低；村庄人口中心度，用乡村人口/行政村个数表示
	鲁莎莎等 (2013)	用村庄用地人口密度、村庄人口规模、村庄规模相对变化率和人口非农化相对比重等指标来定量评价农村空心化程度
	龙花楼等 (2009)	通过计算村庄的人口密度、常住人口比重等指标来综合衡量农村的空心化程度，并将其分为高和低两个等级进行研究
	王介勇等 (2013)	通过计算村庄总人口、村庄户均人口和常年在外劳动人口综合评价农村人口空心化程度

本书认为，农村地区实际的人口构成较为复杂，既有在本地居住的被抚养人口，也有在本地居住本地工作的人口，还有在本地工作不在本地居住的人口以及在本地工作不在本地居住的人口如图5-2所示。空心村反映的是以前在本地居住，现在很少或基本不在本地居住的人口，这部分人口占据了农村的空间资源，但在这一地域范围内的活动较少，这些资源的盘活和利用，对于前面四大类人口的研究，是一个重要的方面。

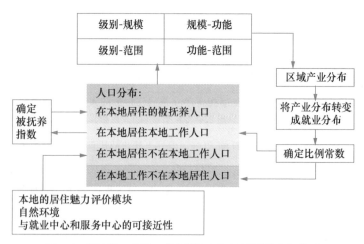

图5-2 "规模—功能—范围"角度的村镇区域人口构成

参考其他学者的评价体系，本书设计了如下的评价农村建设用地人口空心化指标体系。在评价人口空心化率(H)时,主要采用农村人口有效转移度(T)、村庄人口中心度(C)、村镇户籍人口密度(D)和村镇常住人口比重(P)等指标评价。

$$H = w_1 \times T + w_2 \times C + w_3 \times D + w_4 \times P \qquad (5\text{-}1)$$

其中,w_i 为各指标权重,这里暂时赋予 4 个指标相同的权重,可以根据地区差异和具体调研,设定不同参数。农村人口有效转移度 T=城市化率/农民非农就业率,村镇人口中心度 C=村镇常住人口/行政村镇个数,村镇户籍人口密度 D=村镇户籍人口/村镇居民点用地面积,村镇常住人口比重 P=村镇常住人口/村镇总人口。

5.1.3 典型村镇区域建设用地扩张动力机制研究

1. 村镇区域建设用地扩张机制研究的指标库

既有文献对建设用地扩张机制的研究主要是针对城市,针对村镇区域的研究较少,但二者均未建立统一的理论框架,甚至有研究采用逐步回归分析技术来识别统计上的解释变量。总体而言,由于理论建设的滞后,各个研究采用的解释变量和计量模型存在一定的差异。

对城市建设用地扩张的研究,多数会考虑人口增长、经济发展、工业化和地方政策、开发区、交通可达性等因素,这些研究得到的驱动机制和驱动强度存在一定差异。一般认为城镇人口增长和经济发展对城市建设用地扩张具有推动作用,而产业结构对城市用地扩张的影响强度和作用则有一定的争论。

本书认为这是因为驱动因素和驱动机制有区域差异,有必要对各地区进行建设用地扩张机制的定量研究。本书在总结现有文献的基础上,结合村镇区域建设用地特点和数据可得性,系统地提出驱动因素指标库,构建村镇区域建设用地扩张驱动因素选择框架,各地区应结合自身的特点选择合适的指标。具体包括区位因子 7 个,社会经济驱动因子 9 个,政策因子 1 个,如表 5-3 所示。

表 5-3　村镇区域建设用地扩张驱动因素选择

区位因子(7 个)	坡度、高程、到河流距离、到高速路距离、到一级公路距离、到二级公路距离、到城市距离
社会经济驱动因子(9 个)	反映人口变化:总人口、非农人口数量、产业从业人口
	反映经济发展:地区生产总值、产业比重、固定资产投资变化、基础设施投资、财政收入和支出变化、人均收入
政策因子(1 个)	宏观尺度的制度政策

(1)自然地理环境及区位是建设用地扩张的基础条件。自然地理环境因素在较短时间尺度上主要体现为累积性效应,对建设用地扩张起到限制或引导作用。自然地理位置、地形、区位等因素构成了建设的先决条件,是影响村镇区域建设用地扩张的载体因素。自然环境差的区域往往给人类生产生活带来极大的不便,也极大地增加了建设成本与自然灾害隐患,人们通常会避开这些区域进行建设。而交通的发展扩大了人类活动空间,交通可达性对村镇区域建设用地扩张具有指向性作用。

(2)社会经济驱动是建设用地扩张的决定性因素。经济的发展使大量农业从业人员向非农产业转变,进而刺激了居住和基础建设用地的扩张,促进村镇区域建设的加速和基础设施投资的增加,在改革开放政策的驱动下,各地开发区的大量兴起成为推动建设用地扩张的又一重要因素。近年来,我国进入产业结构调整转移期,大量的工业企业被市场推动向城市周边及成本更少的村镇区域转移,随之而来的还有相配套的居住区、基础设施等,导致村镇区域建设用地的显著增长。

(3)政策和规划因素是建设用地扩张的宏观控制因素。我国建设用地扩张受到城市规划、产业发展政策、土地利用总体规划等政府行为的宏观引导和控制。各地区必须严格按照土地利用总体规划分配的建设用地总量进行建设,不得超标。但因各地条件不同,资源禀赋不同,因此各地发展速度也不相同,导致规划和现实时有冲突,部分地区土地供需矛盾严重。另外,为了保证粮食安全,我国实行严厉的耕地保护措施和基本农田保护措施,地方建设严格禁止占用基本农田。因此,村镇区域在进行建设时必须考虑国家的宏观政策,地方发展服从国家的总体利益,在现行土地分配体系下必须严格控制新增建设用地,通过内涵挖潜来解决用地需求。

2. 村镇区域建设用地扩张机制研究的分析技术

关于建设用地扩张机制的研究主要有两种:一是将某个特定截面作为研究对象,运用时间序列数据考察城市用地的扩张。具体分析技术方面,多采用纵向的基于时间序列的社会经济数据与土地利用变化进行相关性分析的情况,或从空间角度出发基于 Logistic 回归分析进行空间横向比较分析。二是利用面板数据进行分析,考察多个地区的时间序列数据,这类研究需要较多的样本,以增加自由度,提高检验势,但其优势在于含有与截面相关不随时间变化的截面效应,可以反映各城市独特的自然地理环境、历史基础、管理水平等对被解释变量的影响;面板模型中也包括与时点相关不随截面变化的能够测度政策变化的时点效应。

建设用地扩张机制研究,包括相关分析、多元回归分析、空间模型、多层模型等。相关分析和多元回归分析可以考察两个或多个变量之间的线性关系,但可能忽略了交互效应和非线性的因果关系,也不能反映位置空间关系的影响。针对多元回归分析的不足,较新的研究采用了分层模型来处理具有层次结构的数据,解释不同层面因素的影响,但其参数估计方法较为复杂,如表5-4所示。

表 5-4 建设用地驱动力分析的模型方法评述

变量间关系	具体方法	优点	缺点
线性、独立(包括可转为线性的非线性关系)	相关分析、多元回归分析	操作简单、数据要求较低	变量独立的条件难以满足现实;误差项必须满足正态分布的条件较苛刻
空间交互	空间滞后模型、空间误差模型	考虑了空间对象间的相互影响	空间数据不来自于随机样本,需要较完整的空间覆盖数据;很难证明空间情况下经典统计推论渐近性假设条件的成立
尺度交互	分层模型、空间制度模型	考虑了不同层次群组之间的影响	模型较复杂,参数量大;需要大量的样本支撑;没有考虑变量的时间效应

本书构建基于时间序列的社会经济数据与土地变化利用空间模型来分析村镇区域建设用地扩张机制,空间模型可以处理定性分类表达的因变量,可以将空间位置产生的影响通过模型表达出来。空间模型识别建设用地发生变化的概率为 P,发生事件的概率是一个由解释变量 x_n 构成的非线性函数,表达式为

$$P = \frac{\alpha + \beta_1 x_1 + \beta_2 x_2 + \cdots + \beta_n x_n}{1 + \exp(\alpha + \beta_1 x_1 + \beta_2 x_2 + \cdots + \beta_n x_n)} \quad (5\text{-}2)$$

其中,$x_1, x_2, \cdots, x_n$ 是数据的各个影响因素,n 为数量,α 为常数,β 为系数,P 为因变量,建设用地扩张发生则为1,不发生则为0,其中,社会经济数据以村为单位赋给居民点数据。

5.2 不同等级居民点空间边界控制技术研究

5.2.1 村镇区域居民点边界划定技术的规划背景

城市边界的思想来源已久,在霍华德提出的"田园城市"理论中主张城市周边永久保留一定的绿地来控制城市规模。作为一种空间管制措施,城市增长边界已形成较为完整的概念和理论体系。一个重要的实践是美国针对城市蔓延、中心区衰退和城市基础设施建设资金紧张等问题而提出的城市增长边界(Urban Growth Boundary,UGB)政策,其目标是实现边界内城市的"精明增长"和紧凑发展,保护边界外郊区用地和农业用地。

我国较重视城市边界划定,国家有一系列的政策和要求如表 5-5 所示。城市边界划定技术也较成熟。一般是在各种限制性因素基础上结合建设适宜性等划定边界,或从城市人口、功能分布等角度出发,通过元胞自动机、CLUE 模型、系统动力学模型等模拟技术确定未来用地边界,国内已在苏州、重庆等有应用研究。

相比之下,村镇区域还缺乏居民点边界划定技术和管制政策,相关研究较为滞后。而村镇区域居民点数量大、规模小、分布散、地形复杂、类型复杂多样,部分地方建设用地空心化较严重,与城市在生产方式、基础设施、土地用途、生活观念等有较大差异,不能简单移植城市的边界划定技术,盲目照搬可能会带来土地浪费、生态破坏和文化丢失等问题。

表 5-5　城市规划中城市边界既有的规范和要求

文件	内容
《城市规划编制办法(2006 版)》	在第四章第二十九条和第三十一条中两次提到"中心城空间增长边界"概念。明确规定划定禁建、限建、适建和已建四区,制定空间管制措施,研究中心城区空间增长边界,确定建设用地规模,划定建设用地范围
《全国土地利用总体规划纲要(2006—2020 年)》	主要任务第二条提出"加强建设用地空间管制,严格划定城乡建设用地扩展边界,控制建设用地无序扩张"
2009 年《国土资源部办公厅关于印发市县乡级土地利用总体规划基数转换与各类用地布局指导意见(试行)》的通知》	要求在市县乡级土地利用总体规划中划定城乡建设用地规模边界、城乡建设用地扩展边界和禁止建设用地边界
中共十八届三中全会	加快生态文明建设,划定生产、生活、生态空间开发管制界限
2013 年中央城镇化工作会议和《国家新型城镇化规划(2014—2020 年)》等文件	要求"严格新城新区设立条件,防止城市边界无序蔓延""城市规划要由扩张性规划逐步转向限定城市边界、优化空间结构的规划",提出要根据区域自然条件,科学设置开发强度,尽快划定每个城市特别是特大城市开发边界
中办发[2014]7 号文《关于落实中央经济工作会议和中央城镇化工作会议主要任务的分工方案》	住建部和国土部共同确定了全国 14 个城市开展划定城市开发边界试点工作。要求根据区域自然条件,科学设置开发强度,尽快划定每个城市特别是特大城市开发边界

5.2.2 村镇区域多情景的边界划定技术

针对村镇区域的特点和基于生态保护的要求,在建设用地适宜性评价技术的基础上,本书将村镇区域空间边界分为基于保护优先思路的限制性边界,基于弹性约束思路的控制性边界和基于引导发展思路下的引导性边界。这一多情景边界划分技术旨在开发针对不同等级村镇区域居民点空间的边界控制技术及方法,实现村镇区域空间管理的标准化和定量化。

1. 逆向角度的限制性边界划定技术

限制性边界立足保护资源生态环境本底和承载能力,从逆向角度出发,基于先定保护、后定开发原则,对于村镇区域永续发展具有重要意义,明确一旦破坏很难恢复或造成重大损失的空间范围。限制性边界内原则上禁止建设,如果的确需要突破边界,建议制度设计上要求上报国务院审定。其技术流程如下:

(1)确定需要禁止开发的事项。一般主要包括重要的生态、安全、资源、环境、灾害等对人类有重大影响的地理空间。具体内容如表5-6所示,但不同地区的禁止开发内容不限于此表。

(2)逐项划定各项内容的空间边界。

(3)取空间边界的并集,作为限制性边界,在规划期内禁止开发建设。

表 5-6 村镇区域需要确定的禁止开发内容

事项	内容
基本农田保护区	基本农田保护区主要依据《基本农田保护条例》进行严格管制
水源地保护区	水源地一级保护区等,按照《中华人民共和国水法》和各城镇规划水源保护进行管制
资源环境保护区	风景名胜核心区、自然保护核心区、文化遗产保护区等
生态脆弱区保护	搞好25°以上的坡地退耕还林、还草等生态恢复工作
地质灾害易发区	规避断层、地震等高风险区,行洪河道、矿产采空区等涉及安全的范围

2. 综合式的控制性边界划定技术

在已知居民点建设用地总量的前提下,控制性边界的规划目标是防止村镇区域居民点无序发展,突破给定的建设用地总量。本书建议:控制性边界如果要突破,制度设计上应要求报批上级市政府。

由于居民点未来发展具有较高的不确定性,准确预测建设用地扩张极为困难,至今尚无完全精准的规划技术,故需要给村镇区域居民点的建设用地发展留足弹性。总结既有的村镇区域边界划定技术,多是先进行了建设用地适宜性评价,得到了一个地块尺度的评价得分,进而根据预测的建设用地总量进行边界划定。这一方法能够有效遏制居民点无序发展和过度扩张,但弹性不足。一些改进的方法建议通过不断修改来维持弹性,实际上是通过规划制度来弥补弹性,技术本身并没有提供弹性空间。

针对技术本身不能提供弹性空间的缺陷,本书在技术方法上进行了创新。现有多指标综合后再划定边界的技术方法,其问题有两个,第一是多目标(指标)综合为单一目标过程中权重的难确定性,第二是单一目标的优化必然是一个与给定总量相等的边界,不能提供弹性。为了回避权重的难确定性和提供结果的弹性,本书从正向角度出发,通过以地块单项指标最优化为目标(如农地占用最小化、建设成本最小化、生态破坏最小化等),根据给定建设用地的指标量,计算各类最优边界,取各类边界的并集作为控制性边界。这样,得到的最终边界将大于给定的建设用地总量——如果单项指标能够得到全面的考虑,则最终的边界在理论上能够完全适应居民点发展的各种可能性,从而提供给定建设用地总量之下居民点用地的弹性。需要注意的是,不同区域有不同特点和区域地形地貌差异,通过适宜性划定的控制性边界可能形成不连续的破碎边界。

本技术的具体流程是:① 对限制性边界以外的土地,以栅格或地块为单元,计算各个单项的适宜性评价因子,比如生态适宜性、风险适宜性、区位适宜性和建设适宜性。② 按给定建设用地总量,分别计算各个单项因子下对应的最优用地范围。③ 对单因素适宜性评价结果进行"求并",获取综合边界即为控制性边界,这一边界通常大于给定建设用地总量。可以根据规划实际情况,去掉过于破碎的用地范围。

3. 开放式的引导性边界划定技术

村镇区域建设发展一方面要控制过于无序的建设,另一方面也应根据村镇区域的总体规划来引导居民点用地开发。换言之,划定控制发展区域的目标是约束建设用地的无序蔓延,而划定引导性边界体现的是主动引导发展的思想。本书建议引导性边界如果要突破,制度设计上应要求报批县级政府。

引导建设的一般方式有两种,一是从建设适宜性角度出发,二是从趋势外推预测角度出发。针对这两种不同的引导原则,本书设计了两种相应的引导式边界划定技术,适宜性优先方案和集中连片引导技术。当然,其他更为复杂的建设用地预测模型,比如多智能体和元胞自动机等城市模型,也可以预测未来的建设用地分布,如果村镇区域规划有充分的资源和时间,这些方法得到的边界,也可以作为引导性边界。一个地块如果位于多个引导性边界范围,则在引导建设中的推荐程度更高。

(1)适宜性优先引导边界划定的技术流程如图5-3所示,得到的引导性边界范围内,建设用地总量往往小于给定建设用地总量。

① 选择各项单因子适宜性最优的区域作为单因素最优化引导区域,划定用

地总量为给定建设用地总量。

② 对上述单因素适宜性最优的区域评价结果进行"求交"运算,获得各适宜性的"交集"作为最优化的引导性边界。

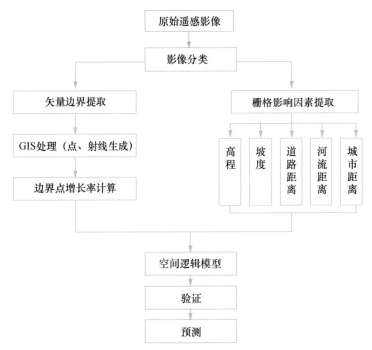

图 5-3　引导性边界划定技术(矢栅结合的射线趋势外推法)流程

(2) 集中连片式引导的划定技术是一种矢栅结合的空间边界划定技术,适用于地形条件较平坦、居民点建设用地空间形状"外凸"的情景,具体技术流程如下:

① 遥感提取:用高分辨率遥感影像提取建设用地边界。

② 计算射线增长率:生成建设用地地块的多边形质心点和边界线离散点,建立质心点到现状边界点的射线,计算过去的射线增长率。

③ 空间逻辑模型:提取现状边界栅格的高程、坡度、可达性(到道路、河流和城市等地理要素的距离)等变量,采用空间逻辑模型得到现状边界射线增长影响因素。

④ 禁止扩展点识别:识别位于基本农田或生态保护区的边界离散点,在计算边界增长率时不予考虑,以控制增长。

⑤ 空间边界划定:将现状数据作为起始数据带入回归参数进行计算,划定未来城镇增长边界。

5.3 居民点体系内部空间布局优化技术研究

5.3.1 居民点体系空间布局优化技术方法的概念框架

本书在调查研究和文献整理的基础上,认为我国农村未来居民点体系的优化,需要综合考虑土地承载力、公共服务设施布局和满足农业耕作半径。其中,由于我国农村公共服务设施还有较大的提升空间,故通过公共服务设施布局优化来引导居民点体系优化,将是农村居民点优化的重要方法。而土地承载力和农业区耕作半径,是规划需要考虑的基础条件和约束条件。由于公共服务设施布局有效率优先或公平优先等不同的导向,也有投入总量的约束,故可能具有不同的情景,对应形成不同的居民点布局方案。本书进一步考察了不同方案下居民出行带来的资源环境压力,从外部性角度为居民点方案的选择提供了技术支持,如图 5-4 所示。

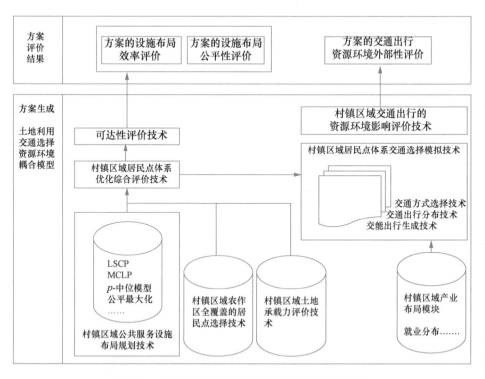

图 5-4 居民点体系空间布局优化技术的概念框架

5.3.2 公共服务设施布局多情景优化布局技术

目前基本公共服务均等化的总体实现已成为我国建成小康社会战略目标的重要内容。然而,由于经济发展水平存在差异,现阶段我国基本公共服务不均等的现象仍较严重,不仅城乡之间基本公共服务供给水平不均,而且区域之间也存在较大差异。由于经济发展水平有限,广大农村地区的基本公共服务供给水平远低于城市地区。在未来较长一段时期内,农村地区的公共服务建设将成为社会发展过程中的重要内容,对引导农村地区居民点的整合极为重要。如何构建科学、有效的研究和分析工具以辅助村镇区域公共服务规划建设地有序推进,成为一项重要的规划研究工作。

1. 村镇区域公共服务设施可达性评价技术

本书主要评价公共服务设施的空间可达性。空间可达性评价涉及需求、供给以及供需间空间阻碍 3 个方面,有多种技术方法如表 5-7 所示。大部分方法仅考虑其中的单个或两个因素,如最近距离法只考虑距离,累积机会法只考虑供给规模和距离。两步移动法(2SFCA)和重力模型法均考虑了设施供给规模和设施面对的需求规模对可达性的影响,应用较广泛。二者不同之处在于对距离的处理方法,前者采用距离二分法,后者采用连续型距离衰减函数。

本书将采用一般化的两步移动法(Wang,2012)来评价村镇区域公共服务设施的可达性,这一技术方法集成了传统两步移动法和重力模型法,对距离阻碍效应可以设置不同函数形式

$$A_i = \sum_{j=1}^{n} S_j f(d_{ij}) \Big/ \sum_{k=1}^{m} D_k f(d_{ij}) \tag{5-3}$$

其中,A_i 是需求点 i 的可达性得分,S_j 是设施点 j 的设施规模,D_k 是需求点 k 的需求规模;d_{ij} 是 i 和 j 之间的出行时间;f 是距离衰减函数,默认采用幂函数,可表示为

$$f(d_{ij}) = \begin{cases} d_{ij}^{-\beta}, & d_{ij} \leqslant d_0 \\ 0, & d_{ij} > d_0 \end{cases} \tag{5-4}$$

其中,d_0 是搜寻半径,β 是距离衰减参数,当 $\beta=0$ 时,为标准两步移动法模型;$\beta>0$ 且 d_0 取值很大时,为重力模型;$\beta>0$ 且 d_0 取值适宜时,为距离衰减函数的两步移动法模型。

表 5-7　空间可达性主要的计算方法

方法名称	方法介绍
最近距离法	以需求点与最近供给点之间的最短距离来衡量需求者获得服务的难易程度。距离可用直线距离、里程、时间或经济成本等指标,也可是多种距离的综合
拓扑度量法	拓扑度量法关注供需点在网络中的连接性。任意两节点之间的最短路径为经过连接数最少的路径,由此定义其拓扑距离。拓扑度量法适合航空网络等领域(因为民航出行中,飞行时间较短而等待时间较长,是否直达、转机次数比航线距离更重要)
累积机会法	以需求者一定范围内的供应量来衡量可达性,常用方法有两步移动法(Luo,Wang,2003)、等值线法等。两步移动法的第一步以设施为中心搜寻一定范围内的需求者,计算需求点可从该设施获取的供应量;第二步以需求点为中心搜寻一定范围内的设施,从各个设施可获取的供给量总和,得到可达性。其改进主要有:距离衰减方面,有研究采用了半径分段赋权重的方法(Luo,Qi,2009),或引入高斯(Dai,2011)、核密度(Dai,Wang,2011)等距离衰减函数,来弥补对半径内距离衰减的忽视;搜寻半径方面,两步移动法改进了半径的选取过程(Luo,Whippo,2012),也有研究采用了地域变化的动态搜寻半径(McGrail,Humphreys,2014)
基于空间相互作用的方法	这类方法可以刻画距离衰减效应,主要有重力模型法、胡佛模型法(Huff,1964)、核密度法(Guagliardo,2004)等。但胡佛模型法、核密度法未考虑需求点规模。对重力模型法的改进也较丰富,如 Joseph 等将多个需求点对同一设施有限资源的竞争效应纳入重力模型法中

2. 村镇区域公共服务设施布局优化技术

效率和公平是公共服务设施布局规划两个主要的目标,设施区位分配模型也可分为效率最大化目标和公平最大化目标。自 1964 年 Hakimi 开创性工作以来,经典区位分配模型族有很大发展,其中,p-中位模型(p-Median Problem)、位置集合覆盖模型(Location Set Covering Problem,LSCP)、最大覆盖模型(Maximum Covering Location Problem,MCLP)和 p-中心模型(p-Center Problem)等主要关注效率,目标主要体现在出行成本最小化、设施数量最小化、覆盖的人口最大化、最大出行距离最小化等方面。随着求解能力的提高,近几年有研究开始关注公平问题的建模与求解,对多目标的公共服务设施布局优化模型也有很多研究,一般是在目标函数中加入权重参数来建模,这一参数更多是决策和规划的研究范畴,一般设定为外部变量。

根据村镇区域规划的实际需求,本书分别从效率和公平两个目标关注村镇区域公共服务设施的布局优化,效率目标的优化采用 LSCP、MCLP 和 p-中位模型,公平目标的优化采用公平最大化模型,为村镇区域公共服务设施的布局规划提供模型分析技术工具,以辅助布局决策,如表 5-8 所示。

表 5-8　村镇区域公共服务设施布局优化模型说明表

模型	模型解释	适用性	公式表达
p-中位模型（p-Median Problem）	确定 p 个设施的区位以使得所有需求点和设施之间的需求加权总出行距离最小	市场导向（系统最优）类设施：对距离不敏感，追求系统总效率最高（市场导向）。不适用于消防站或急救中心等对距离非常敏感的服务设施	Minimize $\sum_i \sum_j h_i d_{ij} Y_{ij}$ S.t. : $\sum_j X_j = p, \forall j$ $\sum_j Y_{ij} = 1, \forall i$ $Y_{ij} - X_j \leqslant 0, \forall i, j$ $X_j \in \{0,1\}, \forall j$ $Y_{ij} \in \{0,1\}, \forall i, j$
最大覆盖模型（MCLP）	布局 p 个设施，使得尽可能多的需求者位于有效服务半径之内	有限资源最优利用：服务范围存在一个最大半径，在这个范围内，需求点才被认为能享受到服务，即以有限的设施数量，追求最大限度地覆盖和服务人口	Maximize $\sum_i h_i Y_i$ S.t. : $Y_i \leqslant \sum_{j \in N_i} X_j, \forall i$ $N_i = \{j \mid d_{ij} \leqslant M\}, \forall i$ $\sum_j X_j \leqslant p, \forall j$ $X_j \in \{0,1\}, \forall j$ $Y_i \in \{0,1\}, \forall i$
位置集合覆盖模型（LSCP）	如何对最少的设施进行布局以覆盖整个区域	基本服务类设施：要求全覆盖，所有居民点均能享受一定的公共服务，适用于基本服务均等化的设施类型	Minimize $\sum_j X_j$ S.t. : $\sum_{j \in N_i} X_j \geqslant 1, \forall i$ $N_i = \{j \mid d_{ij} \leqslant m\}, \forall i$ $X_j \in \{0,1\}, \forall j$
公平最大化模型	各需求点到设施空间可达性与加权平均可达性的方差最小化	公平导向类设施：居民获取公共服务资源的机会差异相对最小	Minimize $\sum_{i=1}^m (A_i - a)^2$ $a = \sum_{i=1}^m \frac{D_i}{D} A_i = \frac{S}{D}$

　　说明：p 中位模型公式中，i 表示需求点；j 表示候选设施点；h_i 表示点 i 的需求量；d_{ij} 表示点 i,j 之间距离；p 表示设施数量；m 表示设施最大服务半径；决策变量为 X_j 和 Y_{ij}；若点 j 布局设施，则 $X_j=1$，否则为 0；当点 i 被设施覆盖时，$Y_i=1$；否则为 0。公平最大化模型公式中，a 是可达性加权平均；S 是总供给；D 是总需求。

　　在实际规划决策中，设施建设的数量与政府财政的投入力度相关，而设施服务半径与设施的服务特点以及规划对于设施建设水平的政策目标相关，设施的建设数量往往并不确定。针对这一情况，可以利用 MCLP 或 LSCP 模型计算不同的设施数量或服务半径设定下的优化情景，得到"服务设施数量—最大服务人口比例"曲线图、"服务半径—最大服务人口比例"曲线图、"服务半径—最少设施数量"曲线图,从而辅助设施建设的财政投入力度和建设水平目标的决策。

3. 村镇区域公共服务设施优化布局的决策支持系统开发

由于上述优化布局的模型方法较为复杂,需要较好的数学和计算机基础,数据准备和技术流程工作量也比较大,对于规划人员是一种挑战。为了促进技术应用,本书提出了村镇区域公共服务设施布局规划决策支持系统,将上述模型集成于应用软件之中,使得规划和研究人员能够通过软件界面化操作实现数据的编辑和管理、模型的求解和应用以及分析结果的制图等工作。该系统是在 Microsoft. NET 环境下,基于 ArcObjects SDK for. NET 10.0 工具进行的开发,以 MATLAB runtime 调用 MATLAB 最优化工具箱中的线性规划及二次规划函数,来求解公共服务设施布局优化模型。该系统集成了公共服务设施可达性评价模型和 4 个公共服务设施布局优化模型,具有较好的数据地图展示与管理功能、优化模型求解功能和分析结果制图功能,如图 5-5～图 5-7 所示。

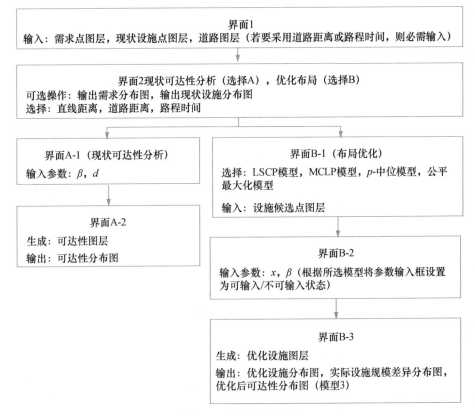

图 5-5　系统操作流程

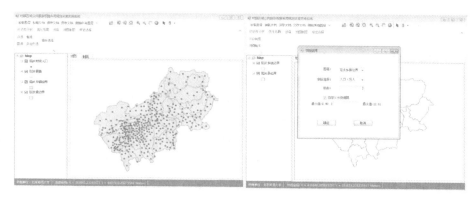

图 5-6 村镇区域公共服务设施布局规划决策支持系统软件界面

(a) LSCP模型 (b) MCLP模型

图 5-7 LSCP 模型和 MCLP 模型界面

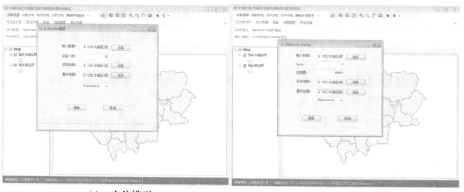

(a) p-中位模型 (b) 公平最大化模型

图 5-8 p-中位模型和公平最大化模型界面

5.3.3　农作区全覆盖的居民点选择技术

在本模块中完成的关键技术为对农业作业区覆盖的评价技术。该技术的目的是保证从居民点出发一定距离内能到达耕地、林地等农业作业区。为完成这一目的,需先转换面状土地图层为均匀分布的离散点,将问题转化为离散点的选择覆盖问题。不同类型农业作业区的半径有所不同,例如耕地的耕作半径相对较小,而林地、草地等可能较大,各类型作业区的半径留出接口供外部设置。

技术的难点在于模型求解,该问题是一个位置集合覆盖模型。将农业生产作业区转化为离散点数据时,间隔距离越小,则点数据对面数据的表达越准确,但点的数量越大,模型的求解难度也就越大。按泰森多边形法则估算我国乡镇的平均面积约为 500 km²,若间隔距离设为 500 m,也会生成约 2 000 个离散点,对于设施布局优化模型而言是非常庞大的。传统求解方法求解效率很低,本书提出一个效率较高的求解算法,算法结构如下:

(1) 设定各类农业生产作业区的生产半径,计算每个居民点到每个农业作业区离散点的直线距离;

(2) 针对每个居民点 j 和农业作业区离散点 i 的组合,判断两者间距离 d_{ij} 是否满足该农业作业区类型的生产半径 D_i:若是则认为居民点 j 覆盖离散点 i,覆盖系数 Y_{ij} 取值为 1;否则 Y_{ij} 取值为 0;得到覆盖系数矩阵 Y;

(3) 对覆盖系数矩阵 Y 按列求和,得到每个居民点 j 覆盖的农业作业区离散点数量 K_j,并按 K_j 数值升序排序,依次进行步骤(4)的处理;

(4) 按步骤(3)确定的先后顺序,依次对每个居民点 j 判断:居民点 j 覆盖的每一个农业作业区离散点 i,是否同时都被其他居民点覆盖,即对覆盖系数矩阵 Y 的 i 列求和并判断是否大于 1;如果是,则将该居民点 j 删除,并将覆盖系数矩阵 Y 中对应的第 j 列删除;否则,居民点 j 不做处理,继续对下一个居民点进行上述处理;

(5) 对每个居民点按顺序都完成步骤(2)后,最终可得到为满足生产半径的约束必须保留的 n 个居民点。

计算过程中,发现居民点的离散点覆盖数量 K_j 存在较多相同值的情况,而 K_j 的排序直接影响到判断居民点是否被删除。考虑到居民点的现状规模(这里用居民点面积 $Area_j$ 表示)也是其未来发展潜力的重要影响因素,因此对上述求解算法提出进一步改进,在步骤(3)对居民点进行排序时,对于覆盖数量相同的居民点,进一步按照居民点面积升序排序。实际计算中,可按照($K_j + a *$ $Area_j$)升序排序,a 为足够小的权重系数(本书中设为 $1 \times e^{-6}$),使得加权之后居民点面积的数值不会影响覆盖数量 K_j 的排序,但又能区分 K_j 相同的居民点,从而实现上述排序过程。求解算法结构如图 5-9 所示,在 MATLAB 软件中编程实现求解算法。该算法为覆盖排序算法。

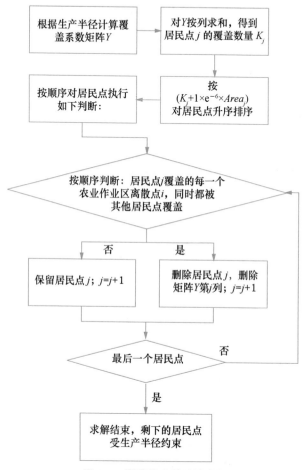

图 5-9 覆盖排序算法流程图

5.3.4 居民点体系优化布局的综合评价技术

村镇区域居民点体系优化布局的核心要素考虑 4 个方面:① 土地承载力;② 教育、医疗等公共服务设施布局;③ 居民点耕作半径对农业作业区的有效覆盖,以保障农业生产或林区防护等生产活动的便利性,让居民在一定耕作半径内能够到达作业地点;④ 其他需要考虑的要素,比如历史文化、村民习俗等。

在得到居民点对农业作业区覆盖评价结果后,结合土地承载力评价结果以及公共服务设施布局,进行居民点体系综合评价。综合评价可以采用两种技术路线:① 根据农业作业区覆盖评价结果将居民点分为必须保留居民点和可调整居民点两种类型,再结合其他要素分别对两类居民点进行综合评价;② 将农业作业区的评价结果作为一项评分,与其他要素共同进行综合加权求和,如图 5-10所示。

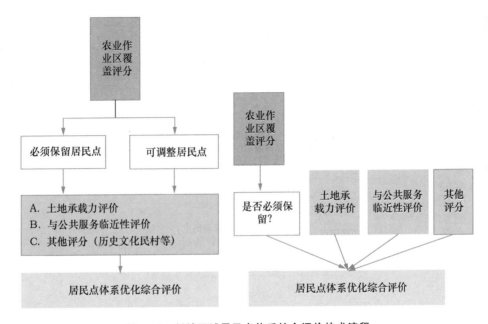

图 5-10　村镇区域居民点体系综合评价技术流程

5.3.5　居民点体系土地利用—交通选择—资源环境耦合技术

1. 既有的土地利用模块及模块间关系

土地利用、交通选择和资源环境是村镇区域发展和规划中的 3 个核心要素,且三者之间相互密切联系。土地利用是社会经济活动在空间上的体现,是交通产生的基础;而交通选择反过来也对土地利用有影响;交通的产生需要消耗能源,并产生尾气排放,从而作用于资源环境。采用不同情景(目标)的产业布局和公共服务设施布局,可以产生特定的土地利用情景和人口分布情景,进而形成特定的交通模式和资源环境影响,有助于从资源环境压力角度判断目标的合理性。本书构建的村镇区域居民点体系"交通选择—资源环境"耦合模型如图 5-11所示。

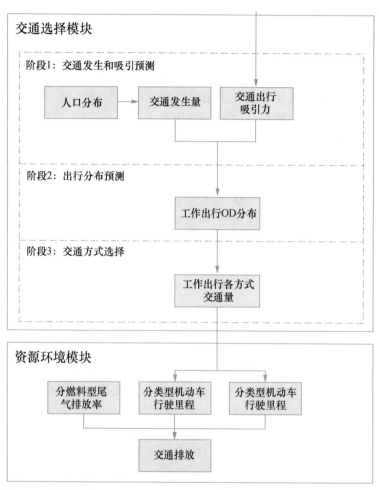

图 5-11　村镇区域居民点体系"交通选择—资源环境"耦合模型流程示意图

（1）土地利用模块：村镇区域的土地利用体现于产业及公共服务的分布，分别由产业布局规划模块和公共服务设施布局规划模块完成。产业分布决定人们的就业所在，公共服务决定人们日常所需服务的提供地所在。

（2）交通选择模块：借鉴交通规划的 4 阶段法，分步完成特定情景下的交通发生、出行分布、交通方式计算。交通选择由人口分布和土地利用共同决定。

（3）资源环境模块：用于测算特定情境下，按假定或测定的交通出行方式结构和交通技术水平，计算村镇区域总的交通出行能耗及排放强度。

2. 居民出行的交通选择技术

本书参考交通规划的 4 阶段法来进行村镇区域交通预测，借鉴了交通出行的发生和吸引、出行分布预测、交通方式选择 3 个阶段。交通出行发生和吸引，根据各区域人口预测交通出行的发生量，交通出行的吸引则由土地利用决定。交通出行分布基于交通出行的发生和吸引，采用重力模型计算交通出行的 OD 分布。交通方式选择的理论基础为随机效用理论，具体由 Logit 模型的标定和计算实现。各交通方式的分担比例由出行特征（距离、耗时等）、交通方式特征（速度、费用、舒适性、便捷性等）等共同决定。

（1）交通出行发生量和吸引力。根据各区域人口预测交通出行的发生量，交通出行的吸引力则由土地利用决定，主要包括由产业发展产生的就业机会引发的以工作为目的的出行以及以享受公共服务为目的的出行。交通出行发生预测的目的是各区域产生的出行量，这与区域的人口、社会经济条件等有关。出行吸引力是各区域吸引交通的能力，与交通出行目的的实现有关，如实现就业或获取服务等。

交通出行的发生量由区域内人口数量以及人均出行次数决定

$$T_i = P_i * AT_i \tag{5-5}$$

其中：T_i 表示 i 区的交通出行发生量，P_i 表示 i 区的人口数，AT_i 表示 i 区的人均出行次数，由调查和分区预测得到。

各个分区的到达总量根据交通出行吸引力进行分配。交通出行吸引力由各区域的就业机会数量和公共服务供给决定，前者根据规划期产业增长情况和区域产业发展潜力技术来确定，后者根据公共服务设施优化布局技术来确定。计算公式如下

$$A_j = k * (a * IP_j + b * PS_j) \tag{5-6}$$

其中，A_j 为 j 区的交通出行吸引力；IP_j 为 j 区的产业就业总量；PS_j 为 j 区的公共服务供给数量；a 和 b 为相应参数，默认均为 1；k 为折算系数，可根据区域的交通出行总量等于到达总量计算得到。

（2）交通出行分布。根据各区域交通出行发生量及交通出行吸引力，采用重力模型计算任意两个区域间交通出行分布的 OD 矩阵，某两个分区之间的交通流量由下式决定

$$T_{ij} = T_i * \frac{A_j * d_{ij}^{-\beta}}{\sum\limits_{1}^{K} A_k * d_{ik}^{-\beta}} \tag{5-7}$$

其中，T_{ij} 表示由区 i 到 j 的交通出行量，A 表示分区的吸引力，d_{ij} 表示区 i 到 j 的出行距离，β 为重力模型中的距离衰减参数，默认情况下为 2。

（3）交通方式选择。

① 采用效用模型法。在条件成熟时,可以按传统的效用模型法进行调研和计算交通出行方式选择比例,各交通出行方式的选样比例根据随机效用理论构建 Logit 模型进行预测。

$$P_{ij,m} = \frac{e^{V_{ij,m}}}{\sum_k^M V_{ij,k}}\tag{5-8}$$

其中,$P_{ij,m}$ 表示区域 i 与 j 间采用交通方式 m 分担率,$V_{ij,m}$ 表示区域 i 与 j 间采用交通方式 m 出行所获得的效用。

$$V_{ij,m} = \sum_k a_k * X_{ij,k} + \sum_p b_p * Y_{ij,m,p}\tag{5-9}$$

其中,$X_{ij,k}$ 表示区域 i 到 j 间出行的第 k 个属性,$Y_{ij,m,p}$ 表示区域 i 到 j 间交通方式 m 的第 p 个属性。各参数取值需根据交通出行调查进行标定。出行属性 $X_{ij,k}$ 包括出发地 i 区域和目的地 j 区域的人均收入,私家车拥有水平,公交覆盖水平(公交是否覆盖,或步行到最近公交站点的距离)。交通方式属性 $Y_{ij,m,p}$ 包括采用各交通方式的出行时间、出行费用、舒适度。

② 基于调查进行交通方式选择。考虑农村地区交通出行方式选择的交通工具较为特殊,包括农用车出行等方式,而相关的效用调查参数研究较少,可以简单地采用按出行距离获取各个交通方式的选择,本书在早期的延庆区示范区即是采用这一方法。

3. 交通出行能耗和排放计算技术

本部分主要针对村镇区域交通的资源环境影响评价,包括能耗和排放评价,但不包括产业发展带来的资源环境影响评价。这方面的计算要求的参数测定较多,但目前我国这方面较为薄弱,特别是村镇区域的参数测定还较不完善。针对这种情况,本书选取了参数较为简单、容易扩展的技术方法进行标定。这样,在参数测定较不完备、完全获取数据困难的地区,也可以进行初步的计算;在参数测定较为完备的地区,可以开展更精细的计算。

（1）村镇区域交通出行的能耗计算技术。一般地,可以按照客运周转量和货运周转量与 GDP 增长的历史关系,根据弹性系数法预测未来各交通部门的能耗强度。一般地,与区域交通能耗相关的主要指标有:机动车保有量、年均行驶里程、车辆技术水平(如百公里能耗)等。在微观层面,不同车种、不同速度,车辆的燃油消耗费用不同,而路段的长度和路段的交通流量影响着车辆的行驶速度,即交通流量间接影响车辆燃油消耗。

村镇区域在数据较少的情况下,结合既有研究和所获得的数据,可以采用基于车辆行驶里程及车辆能源消耗来计算。

$$E = D \times \sum_{i=1}^{n} (Q_i \times G_i \times L_i)/1000 \qquad (5\text{-}10)$$

其中，E 表示车辆总耗油量(吨)；i 表示车型分类，$i=1\sim n$ 分别代表不同的车型；Q_i 表示车型 i 拥有量(辆)，根据各居民点的出行总量及交通出行比例，获得每种交通方式的出行总量后；G_i 表示车型 i 平均百公里油耗(升/百公里)，为车辆技术参数，由用户输入；L_i 表示车型 i 年平均行驶里程(百公里)；D 表示燃油密度。

(2) 村镇区域交通出行排放计算技术。多数交通排放量的测算是通过在模型中输入需要的参数来测算的。常用的排放模型按照测算范围及功能可分为宏观排放模型、中观排放模型和微观排放模型，分别适用不同空间尺度如表 5-9 所示。许多模型已经有成熟的软件系统，使用较为方便，欧洲委员会推荐的 COPERT 模型和美国 MOBILE 模型的应用较为广泛。与 MOBILE 模型相比，COPERT 模型更适用于有着不同尾气排放标准和面积较小、交通数据资料较少的国家，可以兼容不同国家标准和参数变量，为欧洲国家所广泛应用。

表 5-9　交通出行排放模型分类及其特点

分类	技术特点
宏观排放模型	主要用于估算排放清单，确定排放污染物或一些其他排放物的贡献率并计算排放总量。宏观排放模型一般以基于平均速度的排放因子为基础，使用集计方法得到广域内的排放总量。一是根据统计部门提供的燃油消耗量并结合燃料种类的排放因子计算；另一种则根据实际行驶里程并结合排放因子计算；排放因子直接与行驶里程相关，可采用大量实验提供数据支持；也可以根据实际行驶里程推算燃油消耗量，结合燃料种类的排放因子计算
中观排放模型	主要用来测算某个交通区域的排放量，以便在复杂的交通运行状况下更准确地测算排放。中观排放模型中有时使用瞬时速度，有时也使用平均速度作为主要参数测算排放总量
微观排放模型	主要用于某一路段或交叉口的排放测算，一般在研究中常常将其与微观交通仿真模型相结合来测算排放，进而来评价或预测一些交通策略的实施效果。微观排放模型需要输入每一辆车的瞬间行驶工况参数，例如车辆瞬时的行驶速度和加速度等

但是，对我国村镇区域，COPERT 模型也包含了一些难以满足的项目，比如它将交通污染物排放分为尾气排放和燃料蒸发排放，尾气排放又分为发动机系统在正常运转温度下的热排放和发动机系统从较低温度下启动，即冷启动时的污染物排放；机动车在不同行驶条件下发动机运行状态差异对污染物排放的影响。

本书主要借鉴了 COPERT 模型的方法和一些参数,根据村镇区域的数据基础进行了简化,用总行驶里程与排放因子的乘积获得交通出行尾气排放量,未来参数测定完备后可以参考 COPERT 模型进一步扩展。

$$P_i = EF_i * L_i * Q_i \tag{5-11}$$

其中,P_i 为 i 类型车辆污染物排放总量(g),EF_i 位 i 类型车辆排放因子(g/km),L_i 为行驶里程(km),Q 为 i 类型汽车车辆数量(辆)。

5.4 村镇区域迁村并点技术规范研究

迁村并点可行性评估需要做的事项包括:对迁村并点所要例行的法律、规章制度和行政手续进行检查;对提交的有关迁入点的用地安全性文件进行核对;确定是一次性还是分步完成迁村与并点;对迁村并点进行成本—效益分析;迁村并点对相关区域发展的影响分析和评估;对迁村并点所需的政策和其他所需注意的事项提出建议。

5.4.1 法律法规、政府的指导性政策检查

应检查迁村并点计划中各个环节是否与国家和地方的法律法规、政府的指导性政策相抵触。对于有纰漏的地方,应该给予纠正;对于情况严重的应该重新编制计划。迁出和并入后的居民点之规模应与村镇居民点体系规划相一致。对于没有做村镇居民点体系规划的,在做迁村并点计划时应补做或对相关区域在居民点体系的发展趋势进行深入的论证,并报请县一级人民政府批准。

5.4.2 迁入点用地适宜性评价核对

对于需要做补救措施的地方,应提请当地政府邀请相关领域的专家进行会诊,提出解决方案,为建设规划和设计提供指导性意见,以确保迁入点的居住安全性控制在有关条例和规定的限定范围之内。

5.4.3 影响一次性还是分步搬迁的主要方面

经济和社会发展以及政府的政策预期下的可能搬迁户数变化趋势(可通过调查和分析来完成这项估计);搬迁成本和效益的预期是影响一次性搬迁还是分步搬迁的主要方面。

5.4.4 迁村并点的成本-效益分析

迁村并点的成本和效益计算范围应以它们实施所直接涉及的项目为基础,

可只限于居民的宅地和房屋,也可包括与农地整理所相关的成本和效益。成本-效益分析分财务和经济两类,财务的成本-效益分析对项目现实的收支进行估算,为激励参与者或制定迁村并点的政策提供基础;经济的成本-效益分析对整个社会而言,决定迁村并点项目是否合理。应同时做经济的和财务的成本-效益分析。

1. 成本的计算应包括迁村并点涉及的所有支出

具体步骤如下:

(1) 列出所需投入的项目、数量以及投入发生的时间,如表 5-10 所示。

表 5-10　迁村并点投入

投入的类别	举例描述
房屋拆除	劳动、拆除所用工具、动力、运输车辆等
土地复垦	设计和管理、劳动、工具、动力、材料
房屋建设	设计和管理、劳动、工具、动力、材料
道路修建	设计和管理、劳动、工具、动力、材料
基础设施提供	设计和管理、劳动、工具、动力、材料
拆迁补偿	旧房、青苗等
不可预见的成本	劳工、原材料和劳动力涨价等

(2) 对各项投入的单价进行估算。由于市场价格反映现实所要发生的代价,所以应尽量采用市场价格。

(3) 计算各项投入的金额以及发生的时间。用投入量乘以单价得到某项的成本,同时标记出这项成本的发生时间。

(4) 计算投入的总成本现值,计算公式如下

$$C_p = \sum_{t=0}^{N} \frac{C_t}{(1+r)^t} \tag{5-12}$$

其中,C_p 为总成本现值,t 代表时间序列,r 代表折现率,C_t 代表 t 时段的投入。对于私人或企业的投入,折现率应选用市场利率;对于政府的投入,折现率应选用国家规定的数字。

2. 效益的产出之差

效益指迁村并点投入前后的产出之差,它是一个增量,而不是迁村并点后的产出总和。效益分财务效益和经济效益,前者指现实中财务上的收入增量,后者包含前者,同时还要加上由于迁村并点投入引发的社会总产出的增加但在财务上并没有体现出来的那部分。换言之,财务效益仅为这些投入产生的在财务收入上表现出的增量,而经济效益为迁村并点投入产生的社会收入的增量。

效益计算的具体步骤如下：

（1）列出产出增加的项目、数量以及产出增加发生的时间。表 5-11 给出了一个简要的产出分类和描述。

表 5-11 迁村并点效益分类

效益的类别	举例描述
可用建设用地增加	集约利用建设用地，腾出可用作建设的空间
农用地用量	农田整理，可用耕作的土地增加
资产	住宅改善
粮食增产	农田整理，土地质量和耕作条件改善，粮食增产
农业其他产出增加	农田整理，土地质量或经营条件改善，产出增加
公共服务可接近性的改善	在医疗、教育和体育锻炼等方面
环境改善	环境污染减轻或防灾害能力加强，损失减少

（2）对于衡量财务效益而言，产出的单价应采用市场价格。而对于衡量经济效益而言，应采用能够代表对应产出的经济价值的价格。一般而言，应尽量采用市场价格衡量经济效益；对于过分违背其价值的市场价格可以进行相应的修正；而对于没有市场价格的产出来讲，应进行估算。

（3）计算各项产出增量的财务效益和经济效益以及它们发生的时间。用产出增量乘以单价得到其效益增量，同时标记出这项效益的发生时间。

（4）计算总财务效益和经济效益的现值，公式如下

$$V_p = \sum_{t=0}^{N} \frac{V_t}{(1+r)^t} \tag{5-13}$$

其中，V_p 为总效益现值，t 代表时间序列，r 代表折现率，V_t 代表 t 时段的产出价值增量。对于财务效益，折现率应选用市场利率；对于经济效益，折现率应选用国家规定的数字。

3. 比较成本和效益

一般有净现值法、效益-成本比率法和内部回报率法。

（1）净现值（Net Present Value）法的计算公式如下

$$NPV = V_p - C_p = \sum_{t=0}^{N} (V_t - C_t)/(1+r)^t \tag{5-14}$$

其中，NPV 代表净现值。对于经济评估，$NPV > 0$，项目可行，或在经济上是有效率的；$NPV \leqslant 0$，项目不可行，或在经济上缺乏效率。对于经济上可行的项目，但其财务分析的 $NPV \leqslant 0$，可考虑提出针对性的政策进行补救。

（2）效益-成本比率（Benefit-Cost Ratio）法的计算公式如下

$$BCR = \sum_{t=0}^{N} V_t (1+r)^{-t} \Big/ \sum_{t=0}^{N} C_t (1+r)^{-t} \qquad (5\text{-}15)$$

其中，BCR 代表效益-成本比率。BCR＞1，项目可行，或在经济上是有效率的；BCR≤1，该项目不可行，或在经济上缺乏效率。对于经济上可行的项目，但其财务分析的 BCR≤1，可考虑提出针对性的政策进行补救。

（3）内部回报率（Internal Rate of Return）法的计算公式如下

$$\sum_{t=0}^{N} (V_t - C)(1+\rho)^{-t} = 0 \qquad (5\text{-}16)$$

其中，ρ 为内部回报率。$\rho＞r$，项目可行，或在经济上是有效率的；$\rho≤r$，项目不可行，或在经济上缺乏效率。对于经济上可行的项目，但其财务分析的 $\rho≤r$，可考虑提出针对性的政策进行补救。

财务分析和经济分析在一些细节上还有差异，如表 5-12 所示。

表 5-12　财务分析和经济分析

	财务分析	经济分析
焦点	对筹措的资本、私人集团、个人的净回报	对社会的净回报
目的	作为激励采纳或实施的指标	说明政府的投资在经济上是否是有效率的
价格	接受或所付的价格来自市场或政府所实施的价格	可能是影子价格，因为有市场垄断、外部性、失业或低就业，或过高的现钞（通货）定价
税	生产成本	转移支付，并非经济成本
补贴	收入	转移支付，并非经济成本
利息或贷款偿还	财政成本，减少可用的资本资源	转移支付，并非经济成本
折现率	货币的边际成本、市场借贷率，厂商或个人资金的机会成本	社会资本的机会成本，社会的时间偏好率
收入分布	对单个生产要素，比如土地、劳动和资本的净回报，能够测量出来，但在财务分析中不包括	在经济效率分析中不考虑，但在多目标的单个效率分析中有时要求做这项分析

5.4.5　迁村并点对相关区域发展的影响分析和评估

迁村并点对相关区域发展的影响分析和评估主要包括：对相关区域就业的影响，对收入分配的影响，对公共服务提供和公平性的影响，对区域社会稳定性的影响。这些影响能够量化的,应尽量给出量化的分析结果;不能量化的,应列举出来并作相应的描述。

5.4.6 政策建议

迁村并点的政策建议主要从其规划、成本—效益分析和对相关区域发展的影响分析中得出,应具有针对性和可实施性;应遵守国家和地方的相关法律和规章制度来提出政策建议;对于特殊情况,应获得当地人民政府的授权。

5.5 典型村镇的应用示范

本书在珠海市斗门区选择了典型村镇进行应用示范。由于调研中各个地方政府提供数据的详细程度不同,研究获得的数据完备程度也不完全一样,故不是所有地区均进行了所有技术的示范工作。

5.5.1 空间边界控制技术在斗门镇的应用示范

边界划定技术针对的是特定的居民点,本书选择广东省珠海市斗门区斗门镇为研究应用示范区,斗门镇位于珠江三角洲南部,斗门区的西部,全镇面积10 577 hm²。根据《斗门中心镇总体规划总量》,斗门镇现有城镇和农村居民点建设用地总面积947.08 hm²,根据斗门镇土地利用总体规划给定的建设用地指标,到 2020 年斗门镇建设用地控制在1 870 hm² 以内,新增建设用地 922.92 hm²,本书边界划定技术设定基于新增建设用地总量进行边界划分示范。

1. 限制性边界划定技术

限制性边界划定所需数据为基本农田保护区、水源保护区、资源环境保护区(自然保护区、文化保护区)、生态脆弱区和地质灾害易发区。采用本书的边界划定技术,根据斗门镇调研结果和可获取数据,在得到分项的原则上,禁止建设的空间边界如图 5-12 所示。

(1) 基本农田保护区 2 600 hm²。根据《斗门中心镇总体规划(2006—2020年)》中的斗门镇规划用地分类统计,斗门镇共有基本农田 2 600 hm²,主要位于斗门镇的北部。

(2) 水域面积 389.76 hm²。根据斗门中心镇土地利用现状图,斗门镇有两处水源保护地,虎跳门水道和王保水库。按 2000 年国务院发布的《中华人民共和国水污染防治法实施细则》,我国水源保护地周边为一级保护区,应严格控制建设开发。本书划定水源保护地 300 m 距离内为禁止建设区。

(3) 生态保护区 1 931.28 hm²。主要有黄杨山生态保护区,位于珠海市斗门区中西部,是广东省 3A 级旅游景区,以湿地保护为主,生态敏感性强,在镇域规划中已经列为不准建设区。

（4）断层风险区面积 223.73 hm²。

上述禁止建设区域的空间并集,总面积达 5 079.12 hm²,占斗门镇行政总面积的 48.2%。

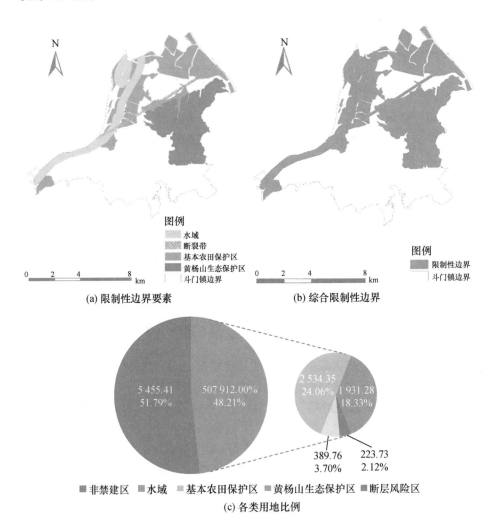

(a) 限制性边界要素　　　　(b) 综合限制性边界

(c) 各类用地比例

图 5-12　斗门镇限制性边界划定结果

2. 控制性边界划定技术

控制性边界的计算基于生态适宜性、区位适宜性、建设适宜性和灾害适宜性评价结果,范围包括单项适宜性评价结果范围并集部分。

生态适宜性评价所需的数据为基本农田分布数据、河流和湖泊分布以及生态保护区分布数据,斗门镇没有用作生态作用的湖泊,本书使用的数据包括基本农田分布数据、河流分布数据和生态保护区数据,对 3 种重要生态要素进行缓冲区分级,按照缓冲区的距离分别赋予属性 $1,2,\cdots,10$,并栅格化处理,再对各项基础数据要素栅格单元进行加权求和,按照适宜性评分取规模 Q。本示范研究权重的获取建议通过专家打分设定,设置缓冲区距离为 300 m,默认基本农田、生态区和河流的评价权重各取 1/3,距离要素越近生态适宜性评价值越小。

区位适宜性评价基于交通数据和市场距离数据计算,通过对距交通道路和镇中心距离计算缓冲区,方法同生态适宜性评价一致,本示范研究设置缓冲区距离为 300 m,距交通道路和镇中心距离的权重默认设置为等值。

建设适宜性评价通过高程、坡度数据进行示范,按高程、坡度值将本区域分类为 5 个级别,按照居民点建设坡度分级要求,将本区域坡度分为 $1°,5°,15°,25°$ 和 $25°$,将高程分为 4 m,15 m,30 m,100 m 和 100 m,按由大到小分别赋予属性值 $1,2,3,4,5$,坡度、高程权重默认设定为 0.5。

斗门镇内除了有一条断裂构造外,其余地质条件稳定,低山丘陵为花岗岩类,平原地区主要为松散沉积岩类,地基承载力较高,因此灾害适宜性评价基于断层数据,对断层数据进行缓冲区为 300 的分级处理,按距离由远到近分别赋予最适宜建设区、较适宜建设区、一般适宜建设区、较不适宜建设区和最不适宜建设区,如图 5-13 所示。

对每项分类适宜性评价,均由大到小分配到给定总量,得到各个分项下的建设用地边界。各项建设用地边界的空间并集为控制性用地边界,如图 5-14 和图 5-15 所示。

3. 引导性边界划定技术

由于各单项指标的交集较为零散,故本技术的示范采用了第二种技术,即连片式引导优化边界划定技术。这一技术要求居民点的现状边界具有外凸性质,因此选择满足条件的斗门区乾务镇南部新区为示范区域。根据遥感图像数据,该居民点(新区)面积由 2004 年的 21.74 hm²,增长为 2014 年的 46.12 hm²,增长了 112%,各个方向的扩展速度有所差异,但整体呈现出南北两个凸边形状,符合该技术要求(如图 5-16~图 5-18 所示)。

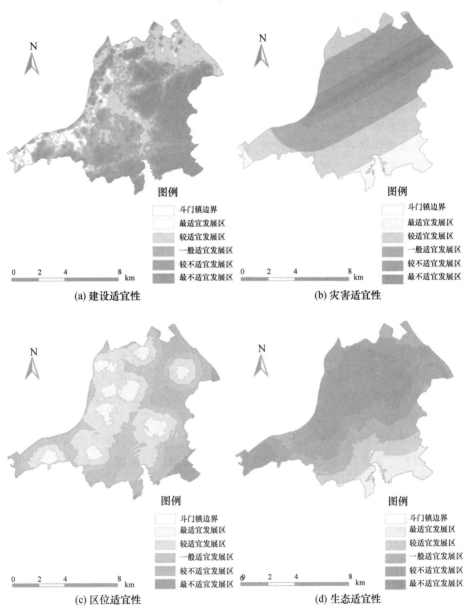

图 5-13 单项适宜性评价结果图

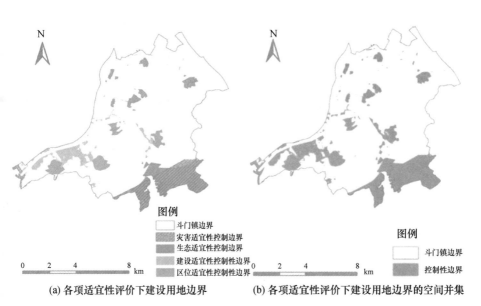

图例

斗门镇边界
灾害适宜性控制边界
生态适宜性控制边界
建设适宜性控制性边界
区位适宜性控制性边界

图例

斗门镇边界
控制性边界

0　2　4　　　　8 km

(a) 各项适宜性评价下建设用地边界　　(b) 各项适宜性评价下建设用地边界的空间并集

图 5-14　控制性边界划分图

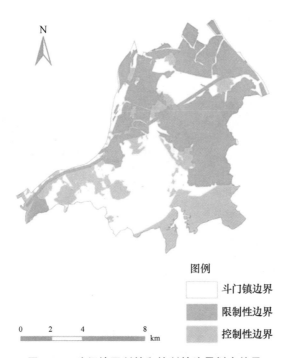

图例

斗门镇边界

限制性边界

控制性边界

0　2　4　　　　8 km

图 5-15　斗门镇限制性和控制性边界划定结果

通过将边界离散点增长率和边界区位因子相结合,实现建设用地扩张规模和空间布局的统一。通过分析边界扩张主要影响因素,引导未来城镇建设的边界划定,促进城镇合理有序扩张。在具体规划实践中,根据生态保护的具体要求,将生态红线作为"禁建区"划定的依据,本方案模拟的结果作为区位适宜性扩张边界划定的依据,使建设用地扩张边界划定达到生态保护优先与适宜性并重原则。

(a) 2004年的遥感影像　　　　　(b) 2014年的遥感影像

图 5-16　斗门区乾务镇南部新区遥感影像

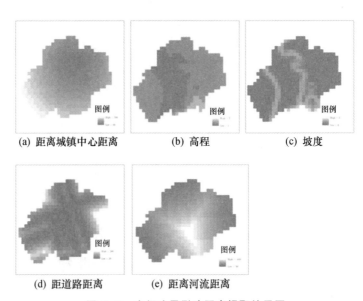

(a) 距离城镇中心距离　　(b) 高程　　(c) 坡度

(d) 距道路距离　　(e) 距离河流距离

图 5-17　空间边界影响因素提取结果图

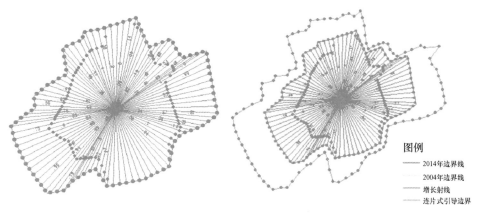

图 5-18　各方向增长率计算结果和连片式引导边界划分结果

5.5.2　居民点体系内部空间布局优化技术在斗门区的应用示范

1. 公共服务设施优化布局技术

公共服务设施主要包括医院、养老院、学校等,本书在斗门区选择了学校设施作为技术示范,其主要原因是,在村镇区域的调研中发现:居民对于到村级医疗站和镇级养老设施的距离相对较不敏感,而对就学距离较为关注。实际上,在重庆潼南示范区,存在相当部分居民因为就学而暂时改变居住地点进行租房的现象,即学校布局是有可能改变居民的区位选择,进而改变居民点体系结构的。在斗门区的本项技术示范,最终选取学校为代表。根据统计资料,2013 年珠海市斗门区共有村级人口统计单元 100 个,总人口为 22.38 万人,共有小学 40 所。

在本书研发的公共服务设施技术库中,目前共有 4 类优化布局模型。这里选择了 LSCP 模型、p-中位模型和公平最大化模型进行技术示范。

情景 1　LSCP 模型技术示范。

该情景计算在给定服务半径下,全覆盖所有需求点最少的设施数量和对应的分布情况,这里的需求点即为斗门各村。

(1) 数据与参数准备。

① 学校服务半径参数。国际上一般采用的标准设定小学上学半径为 5 km。

② 斗门区各村之间的公路行驶距离矩阵,如图 5-19 所示。根据村庄分布和交通路网图可以分析得到。

③ 各个村的学生人数。由于未能获取村级学生数量,这里根据全国第六次人口普查的年龄结构数据(小学学龄人口为 7～14 岁,占人口比例是 6%),在已获取的 2013 年各村总人口数据的基础上,推断了 2013 年斗门区各村的学生人

数,得到学生总人数为 13 425 人。

图 5-19　斗门区示范的交通路网与村庄分布

（2）计算结果。通过本书研发的软件系统,输入上述参数和数据,可以得到对应的计算结果。斗门区在满足学生上学 5 km 的基本距离要求下,只需要 22 所学校。这里采用学生上学里程的总和来度量这一情景的效率,用对应的方差来度量情景的公平性。根据计算结果,各村到学校的上学总里程为 2 702 km,平均值是 2.70 km,方差为 1.66 km;所有学生上学总里程为 16 216 km,上学平均距离为 1.21 km,方差为 0.27 km。

计算结果表明,斗门区在满足基本上学距离（即最远不超过 5 km）的条件下,可以优化 45.0%（减少 18 所）的学校,从而提高学校规模和办学效益,学校平均规模将从 336 人提高到 610 人。一般情况下,学校数量减少会有助于改善财政压力。

情景 2 *p*-中位模型技术示范。

按 LSCP 模型结果,取学校数量 *p* 为 22,根据模型可以计算得到斗门区上学总距离最小化时的结果如图 5-20 所示。根据计算结果,各村到学校的上学总里程为 266 km,平均值是 1.96 km,方差为 1.96 km;所有学生上学总里程为 15 916 km,上学平均距离为 1.18 km,方差为 0.29 km。

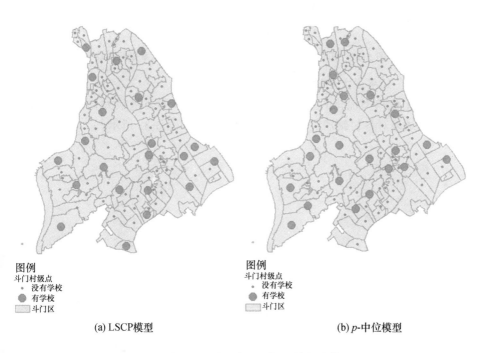

(a) LSCP 模型　　　　　　　　　　(b) *p*-中位模型

图 5-20　斗门区公共服务(小学)多情景计算结果

从两种优化结果的小学空间分布图可以看出,LSCP 模型的优化结果,小学较为分散,而 *p*-中位模型的优化结果则显示小学布局较为集中,两者共同点为小学布局均围绕斗门区中心分配。与两种结果的小学空间分布图相似,可以看出 LSCP 模型总出行距离较高,但是方差较小如图 5-21 所示,说明 LSCP 模型优化结果学校布局分散但较为公平,*p*-中位模型优化结果则效率较高。村镇区域可以根据该地区对公平和效率的偏好,选择相应的优化模型来对该地区公共服务设施布局进行优化。

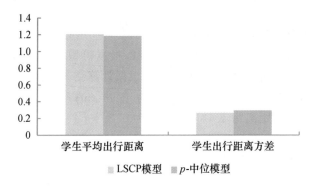

图 5-21 不同优化情景的计算结果的公平与效率指标对比

情景 3 公平最大化模型技术示范。

在 p-中位模型优化的基础上,本书对结果进行了公平最大化模型优化,并根据优化结果对各村级居民点进行可达性评价,如图 5-22 所示。

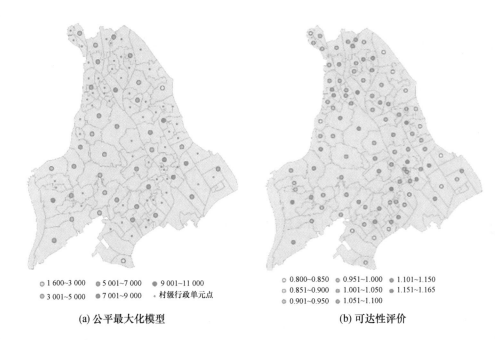

(a) 公平最大化模型   (b) 可达性评价

图 5-22 公平最大化模型优化后设施服务规模和各村可达性评价得分

2. 居民点体系土地利用–交通选择–资源环境耦合技术

在前面公共服务设施布局情景的基础上,本书对土地利用–交通选择–资源环境耦合技术技术进行了示范。这里按步骤给予说明和介绍。

（1）农作区全覆盖条件下的居民点选择技术应用示范。采用农作区全覆盖技术和对应的软件，计算了必要农作点的分布，如图 5-23 所示。斗门区尚未完成。这里采用延庆区示范。延庆区共 397 个村级居民点，以 500 m 为间隔的划分农作区离散点。根据专家评定，耕地半径设定 2.5 km，林地、草地半径 5 km。评价结果为必须保留 152 个居民点。

图 5-23　农作区全覆盖居民点选择技术计算结果（北京市延庆示范区）

（2）计算居民点优化布局综合得分。采用居民点体系优化布局的综合评价技术，对公共服务结果、农作区全覆盖居民点识别结果、土地适应性评价结果进行综合打分，得到居民点的优化指数。参数采用系数默认的均等化处理，在实际应用中，各地应根据地方情况采用专家打分或其他方法获得权重。这里对于缺省项目，赋值为 0 或 1，最终得到结果如图 5-24 所示。

斗门区尚未完成，这里采用延庆示范区。延庆示范区采用第一种技术流程。由于耕地的半径较小，得到必须保留的居民点间隔较小。根据优化结果可以看出必须要保留的居民点集中于延庆区中心，可保留的居民点则主要分布于林地。优化布局结果符合现实情况。由于经济等其他因素的影响，林地也存在一些必须要保留的居民点。

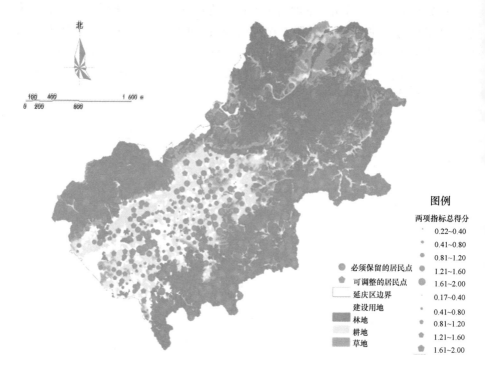

北

图例
两项指标总得分
· 0.22~0.40
· 0.41~0.80
· 0.81~1.20
● 必须保留的居民点
⬟ 可调整的居民点
▢ 延庆区边界
建设用地
林地
耕地
草地

· 1.21~1.60
· 1.61~2.00
· 0.17~0.40
● 0.41~0.80
● 0.81~1.20
⬟ 1.21~1.60
⬟ 1.61~2.00

图 5-24　延庆示范区居民点体系布局优化综合评价技术计算结果

（3）交通出行生成。根据珠海交通调查获得斗门人均出行次数为 2.16 次，结合斗门各个村的人口数可以得出斗门区每个村子的交通出行量。

交通吸引量与交通出行量相等，利用总的交通出行量可以获得总的交通吸引量。根据每个村的公共服务、产业规模、土地适宜性可以获得每个地区的交通出行吸引力，根据交通出行吸引力和斗门区各村距离矩阵可以模拟出各个村的交通吸引量。

（4）交通出行分布。根据交通模块的交通出行分布计算功能，可以得到斗门区各村之间的交通出行总量。需要输入前面得到的各村交通出行发生总量和到达总量以及村与村之间的公路距离。这些数据在前面的技术中，已经获取。距离衰减参数采用默认值 2。

（5）交通选择。采用效用函数法要求的调查成本较高，根据北京延庆区村镇区域调研得到的分距离居民出行交通方式选择比例（如表 5-13 所示），对斗门居民的交通出行进行了计算。

表 5-13　延庆区交通出行方式调研结果

车辆类型	在县城内	小于 2 km	2～5 km	5～10 km	10～20 km
公交车	19％	26％	30％	27％	29％
农用车	0％	4％	1％	7％	17％
摩托车	0％	9％	6％	6％	14％
自行车	35％	33％	34％	34％	16％
三轮车	8％	11％	5％	8％	2％
步行	15％	9％	4％	2％	1％
小汽车	23％	9％	21％	16％	22％

　　（6）交通出行的能耗与排放。通过上述技术已经获取各村之间交通出行距离和交通出行方式的基础上，参考既有研究得到的排放因子如表 5-14 所示和本书设定的计算技术，可以得到对应情景的区域交通能耗和排放的总量及分布。最终计算得到各污染物排放量如表 5-15 所示，总交通能耗为 3 602 t 燃油，村级的空间分布如图 5-25 所示。

　　从各村的能耗和排放空间分布图可以看出，能耗和排放空间分布的相似程度很高。LSCP 模型优化结果的能耗和排放在斗门区西南较高，如图 5-25 所示，p-中位模型优化结果的交通能耗和排放则在斗门区中心比较高，如图 5-26 所示。

表 5-14　斗门区应用示范所采用的各类型汽车排放因子*

车辆类型	排放因子 EF/(g/km)								
	CO	NMVOC	NOx	PM10	CO_2	SO_2	N_2O	NH_3	CH_4
公交车	0.3	0.03	6.4	0.1	1 073	0.3	0.01	0.003	0.005
摩托车	0.8	0.8	0.2	0.02	47.2	0	0	0.002	0.01
小汽车	1.4	1.5	0.1	0.02	322	0.01	0.01	0.003	0.05

表 5-15　斗门区交通排放计算结果

车辆类型	排放量/g								
	CO	NMVOC	NOX	PM10	CO_2	SO_2	N_2O	NH_3	CH_4
公交车	0.69	0.07	14.67	0.23	2 459.58	0.69	0.02	0.01	0.01
摩托车	33.00	33.00	8.25	0.83	1 947.10	0.00	0.08	0.08	0.41
小汽车	15.79	16.92	1.13	0.23	3 632.73	0.11	0.11	0.03	0.56

---

*　蔡皓,谢绍东. 中国不同排放标准机动车排放因子的确定. 北京大学学报,2010.

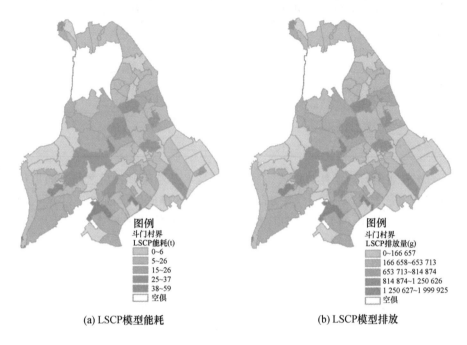

（a）LSCP模型能耗　　　　　　　　　　　（b）LSCP模型排放

图 5-25　情景 1（LSCP 模型）各村交通能耗和排放分布图

（7）多情景的方案综合比选。在本技术的应用中,公共服务设施布局是引导居民点体系优化的重要因素,根据不同的布局导向,可以得到不同的公共服务设施布局情景。最终,可以汇总得到不同情景公共服务设施布局在效率和公平方面的表现以及由此带来居民点体系在交通出行方面的资源环境压力响应,从而对规划方案进行综合比选。

在斗门区的示范中,本书选取了全区居民到公共服务设施出行距离的平均值来表征设施布局效率,用方差来表征设施布局的公平性,用对应交通出行的总出行能耗和出行排放来表征资源环境压力,最后得到图 5-27,可以供决策者和规划师进行方案比选。按 LSCP 模型优化结果为 1 进行标准化,做出柱状图进行对比可以发现 p-中位模型相比 LSCP 模型方差较高,其他两项指标均低于 LSCP 模型。说明 p-中位模型公平性较差但是效率较高,且对应的资源环境压力也较小。

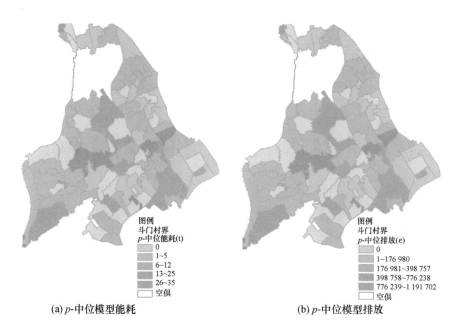

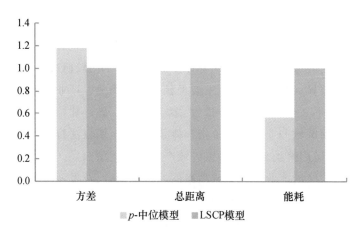

图 5-26 情景 2(p-中位模型)各村交通能耗和排放

图 5-27 不同情景下布局方案的比较
(方差代表公平,总距离代表效率,能耗代表资源环境压力)

6

村镇区域产业结构优化与空间布局技术研究

　　针对快速城市化背景下,村镇区域产业发展研究不足、村镇区域产业发展中存在的结构问题以及空间问题,结合土地利用集约节约化倡导和城乡统筹等促进农村发展的政策,提出科学合理的村镇区域产业结构优化与空间布局技术,以指导村镇区域产业的健康快速发展,提高村镇居民的收入水平。研究内容分为3大模块进行:

　　(1)产业发展综合评价:主要是进行村镇区域产业发展优势与限制性分析技术研究。深入剖析村镇区域产业发展现状是优化村镇区域产业结构和空间布局的基础。村镇区域的产业发展综合评价的目的在于比较研究区内村镇产业发展空间类型的差异,明确村镇产业发展现状。通过构建以产业集聚程度、景观格局、经济发展水平3个层面的区位指数、多样化指数、破碎化指数、发展水平指数等指标构建村镇区域产业发展评价指标体系,并运用熵权法打分,评价村镇区域产业发展状况,运用聚类分析将村镇区域产业发展类型归类。发展较好、得分高的村镇即是村镇区域产业发展的成功案例,通过对其产业发展特征的总结,分析其对其余村镇产业发展的指导作用。

　　(2)产业结构优化:主要是进行村镇区域产业结构优化技术研究及基于村镇区域的村镇产业结构演进模拟技术研究。产业结构优化部分的核心技术就是主导产业选择体系。以产业结构现状、经济发展水平、环境保护、发展优势、联动效应等必选和可选指标作为主导产业选择指标体系,根据区域发展的不同目标对各项指标赋予权重,得出各个产业的综合评价值,以选出村镇区域产业发展的主导产业,通过主导产业选择村镇区域发展的关联产业。产业的选择过程实质上也是村镇区域产业结构的演进过程,通过对不同发展目标的追求从而选择出不同的主导产业,影响整个村镇区域的产业结构、就业和居住分布。

(3)产业空间布局优化:主要是进行村镇区域产业发展模式选择技术研究及村镇区域产业布局优化模型与标准技术研究。企业作为产业的一种表现形式,必须落实到一定的地理空间上。受中心地理论启发,本书认为高级的中心地应具备高级的区域产业,则可通过区域的中心性来得出产业的中心性。通过考察区域的规模、结构、可达性、信息化与通信能力、现代服务提供能力等指标进行中心地等级划分,汇总各级中心地的产业,将产业所出现的最高等级中心地的中心性作为产业中心性,以此得出产业的中心性。高等级的中心地应分布中心性较高的产业,进行产业的空间布局优化,划分产业功能分区。

6.1 村镇区域产业发展优势评价与限制性分析技术研究

6.1.1 村镇区域产业发展评价因子的选择

在过去单一的传统农村产业结构时期,一个村镇地区的产业发展水平在很大程度上就取决于其自然资源禀赋条件。但是随着科学技术的进步,经济发展水平的提升以及城市的迅速扩展,区位优势以及社会经济特征的重要性也日益突出。在经济全球化的背景下,生产逐步趋于规模化、集约化、标准化,规模经济已经成为提高生产力、促进经济发展的重要手段,产业集聚程度也已经成为衡量一个地区产业发展水平乃至经济综合实力的重要因素。产业规模化有利于充分发挥农村人力资源的效能,实现农村劳动力本地就业,同时通过关联产业的联动效应实现规模经济,带动整个村镇区域的经济发展。衡量一个地区的产业发展水平除了产业规模这一总量因素之外还应该考虑产业的景观格局即产业内部结构的多元化和整合性。产业结构的适度多元和均衡发展有利于增强对外围环境变化的适应能力和对风险的抵御能力,同时产业空间布局的整合统一有助于促进村镇区域的集约式发展,实现村镇区域的高收益、低消耗的精明增长。此外,产业的经济发展水平也是村镇区域产业发展重要的考量因素,与农村经济的发展水平密切相关,直接关系到农民的生活收入水平。因此,本书将从产业的集聚程度、景观格局、经济发展水平3个层面分别选取区位指数、多样化指数、破碎化指数、发展水平指数来构建村镇区域产业发展评价指标体系。

1. 集聚程度

区位指数(又称区位熵)是分析用地集聚程度特征的重要指标,通常用于分析城市某产业部门在全国该产业部门中的地位和优势。该指数在衡量某一区域要素的空间分布情况,反映该区域某一产业部门在更高一级区域的地位和作用等方面,具有重要意义。本书用该指数可以反映各行政村农村产业用地相对于研究区域范围内的农村产业用地的聚集程度。区位指数的计算公式如下

$$LQ_{ij} = \left[\frac{q_{ij}}{\sum_{i=1}^{n} q_{ij}} \right] \Big/ \left[\frac{s_i}{\sum_{i=1}^{n} s_i} \right] \qquad (6-1)$$

其中,LQ_{ij} 为某村 j 内所分布的第 i 类产业用地相对于研究区范围内的区位指数,q_{ij} 为某村 j 内所分布的第 i 类产业用地面积,s_i 为研究区范围内第 i 类产业用地面积总和,n 为农村产业用地的类型,本书将区位指数大于 1 设定为判断产业用地优势类型的临界条件。

2. 景观格局

景观格局是景观空间异质性的具体表征,也是各种生态过程在不同空间尺度上作用的效果。通过景观格局指数描述景观格局特征具有数据量化、比较分析不同空间尺度的景观和能够高度反映景观格局信息等优点,在地理学、景观生态学、土地资源管理学等方面应用广泛。

本书拟从众多景观格局指数中选取斑块种类(A_i)和平均斑块面积(MPZ)指数,用于分析村镇区域产业用地类型的多样化和斑块的破碎化,其中斑块种类(A_i)可直接在 ArcGIS 中进行分类统计,平均斑块面积的计算公式如下

$$MPZ_i = \frac{s_i}{p_i} \qquad (6-2)$$

其中,s_i 为研究区范围内第 i 类产业用地的斑块总面积,p_i 为研究区范围内第 i 种产业用地的斑块总数量。

3. 经济发展水平

本书拟从两个方面对村镇区域产业经济发展水平进行定量化测度:① 对能够明确获取产业用地详细统计数据,通过测度产业用地的经济效益来表征这部分产业的发展水平;② 对难以获取产业用地详细统计数据的产业用地(为外来人口提供住房服务的住宅用地),用外来流动人口占常住总人口的比重来近似表征该部分产业的发展水平。

本书中产业用地的经济效益的测度用各产业用地占行政村产业用地总面积的比重与相应产业的平均经济效益水平相乘,得出行政村各产业的经济效益,然后加以汇总,得到各行政村产业经济总效益,计算公式如下

$$U_i = \frac{F_i}{S_i} \qquad (6\text{-}3)$$

其中,U_i 为农村产业类型 i 的用地经济效益平均水平,S_i 为农村产业类型 i 的用地总面积,F_i 为农村产业类型 i 的总产值。

通过产业下行业细分过程,可以将每个村的产业用地分解到更加细化的行业分类上,以便对广州市各行政村产业经济效益进行测算。用各产业(行业)用地占行政村产业用地总面积的比重与相应产业(行业)的平均经济效益水平相乘,得出行政村各产业(行业)的经济效益,然后加以汇总,得到各行政村产业经济总效益,计算公式如下

$$E = \sum_{i=1}^{n} \left(\frac{H_i}{H_j} * B_i \right) \qquad (6\text{-}4)$$

其中,E 为行政村产业经济总效益,H_i 为行政村第 i 类产业(行业)用地面积,H_j 为行政村第 j 类产业(行业)用地面积,B_i 为行政村第 i 类产业(行业)的经济效益平均水平。

6.1.2   村镇区域产业发展评价指标体系构建

基于以上原则,本书构建的村镇区域产业空间综合评价指标体系包括 3 个目标层:集聚程度、景观格局和经济发展水平,共计 8 个具体指标,如表 6-1 所示:第一产业区位指数,第二、三产业区位指数;第一产业平均斑块面积,第二、三产业平均斑块面积;第一产业种类,第二、三产业种类;产业经济效益,外来人口/总人口。其中,集聚程度目标层包含两个具体指标:第一产业区位指数,表征各行政村第一产业用地在研究区范围内的比较优势;第二、三产业区位指数,表征各行政村第二、三产业用地在研究区范围内的比较优势。景观格局目标层包括四个具体指标:第一产业种类,表征各行政村第一产业用地类型的多样化;第二、三产业种类,表征各行政村第二、三产业用地类型的多样化;第一产业平均斑块面积,表征各行政村第一产业用地的破碎程度;第二、三产业平均斑块面积,表征各行政村第二、三产业用地的破碎程度。经济发展水平目标层包含两个具体指标:产业经济效益,表征各行政村可根据研究区各产业经济效益平均水平进行测算的产业经济总效益;外来人口/总人口,表征各行政村难以统计和测算部分的产业经济效益。指标体系如表 6-1 所示。

表 6-1 村镇区域产业发展评价指标体系

目标层	指数	指标
集聚程度	区位指数	第一产业区位指数
		第二、三产业区位指数
景观格局	多样化指数	第一产业种类
		第二、三产业种类
	破碎化指数	第一产业平均斑块面积
		第二、三产业平均斑块面积
经济发展水平	发展水平指数	产业经济效益
		外来人口/总人口

6.1.3 综合评价计算方法

综合评价的目的在于从多个方面评价一个地区产业发展的综合情况,用不同的权重将多个指标信息的重要程度予以区分,运用综合指数定量地评价分析某现象。综合评价的方法有很多,最常用的评价指标权重的确定方法有专家打分法、层次分析法、主成分分析法和熵权法等。考虑到本书权重的客观性和指标的可操作性,本书采用熵权法对表 6-1 构建的农村产业发展综合评价体系中的 8 个二级指标客观赋权,然后计算出各村产业发展综合得分。另外为对研究区域的各个子研究对象类型进行分类,采用系统聚类的方法进行聚类分析,根据研究者需求将研究样本分类,并根据各类各项指标的平均值定性分析各类村镇产业发展的特点。

1. 熵权法

在信息论中,熵是对不确定性的一种度量。信息量越大,不确定性就越小,熵也就越小;信息量越小,不确定性越大,熵也越大。根据熵的特性,我们可以通过计算熵值来判断一个事件的随机性及无序程度,也可以用熵值来判断某个指标的离散程度,指标的离散程度越大,该指标对综合评价的影响越大。本书中利用熵权法对各个指标进行赋权,计算各个村镇产业发展的综合得分。基于熵权法的综合评价主要分为 6 个步骤:

(1)原始数据的标准化。由于 8 个二级指标均为正向指标,故采用正向的标准化公式

$$x'_{ij} = \frac{x_{ij} - \min_j\{x_{ij}\}}{\max_j\{x_{ij}\} - \min_j\{x_{ij}\}} \tag{6-5}$$

式中,x_{ij} 为第 i 个样本 j 项指标的原始数据,x'_{ij} 为标准化后的指标值,$\min_j\{x_{ij}\}$ 和 $\max_j\{x_{ij}\}$ 分别为第 j 项指标的最小值和最大值。

（2）计算第 j 项指标下第 i 个样本指标值的比重 p_{ij}。

$$p_{ij} = \frac{x'_{ij}}{\sum\limits_{1}^{n} x'_{ij}} \quad (i = 1,2,\cdots,n; \ j = 1,2,\cdots,m) \tag{6-6}$$

式中，n 为样本个数，m 为指标个数。

（3）计算第 j 项指标熵值 e_j。

$$e_j = -k \sum\limits_{1}^{n} p_{ij} \ln(p_{ij}) \tag{6-7}$$

式中，$k = 1/\ln n$，$e_j \geqslant 0$。

（4）计算第 j 项指标的差异系数 g_j。

$$g_j = 1 - e_j \tag{6-8}$$

（5）计算第 j 项指标的权重 w_j。

$$w_j = \frac{g_j}{\sum\limits_{1}^{m} g_j} \quad (j = 1,2,\cdots,m) \tag{6-9}$$

（6）计算第 i 村的产业发展综合得分 Q_i。

$$Q_i = \sum\limits_{j}^{m} w_j p_{ij} \tag{6-10}$$

根据上述计算步骤，可对研究对象的指标数据进行处理，计算出各指标权重和广州市农村产业发展综合得分。

2. 聚类分析

聚类分析是一组将研究对象分为相对同质的群组的统计分析技术。传统的统计聚类分析方法包括系统聚类法、分解法、加入法、动态聚类法、有序样品聚类、有重叠聚类和模糊聚类等。每种算法都有各自的优点和限制条件，需要根据实际情况选择不同的聚类方法。本书根据村镇产业发展评价指标体系，考虑到数据具有样本量大、离散程度大等特点，采用 K-means 聚类算法，以欧氏距离计算类间距，根据研究需要设置村镇产业类型分类数，将具有相同或相似指标值的村镇聚类，以分析产业发展类型的特征。

K-means 聚类算法是一种处理大样本数据聚类分析的常用方法，算法简单、速度较快。K-means 聚类算法是基于划分的聚类方法，采用聚类误差平方和函数作为聚类准则函数

$$E = \sum\limits_{i=1}^{k} \sum\limits_{j=1}^{n_i} \| x_{ij} - m_i \|^2$$

其中，x_{ij} 是第 i 类第 j 个样本，m_i 是第 i 类的聚类中心或称质心，n_i 是第 i 类样

本个数。K-means 聚类算法实质就是通过反复迭代寻找 k 个最佳的聚类中心，将全体 n 个样本点分配到离它最近的聚类中心，使聚类误差平方和 E 最小。具体操作步骤如下：

（1）原始数据的标准化。由于 8 个 2 级指标均为正向指标，故采用正向的标准化公式

$$x'_{ij} = \frac{x_{ij} - \min_j\{x_{ij}\}}{\max_j\{x_{ij}\} - \min_j\{x_{ij}\}} \tag{6-11}$$

式中，x_{ij} 为第 i 个样本 j 项指标的原始数据，x'_{ij} 为标准化后的指标值，$\min_j\{x_{ij}\}$ 和 $\max_j\{x_{ij}\}$ 分别为第 j 项指标的最小值和最大值。

（2）初始化。随机指定 k 个聚类中心 $(m_1, m_2, \cdots, m_k)$。

（3）分配 x_i。对每一个样本 x_i，找到离它最近的聚类中心，并将其分配到该类。

（4）修正簇中心。重新计算各簇中心

$$m_i = \frac{1}{N_i}\sum_{j=1}^{N_i} x_{ij} \tag{6-12}$$

其中，N_i 是第 i 簇当前样本数。

（5）计算偏差。

$$E = \sum_{i=1}^{k}\sum_{j=1}^{n_i} \| x_{ij} - m_i \|^2 \tag{6-13}$$

（6）收敛判断。如果 E 值收敛，则 return$(m_1, m_2, \cdots, m_k)$，算法终止；否则，重复第（3）步。

根据聚类过程得出聚类谱系图和类型划分结果，计算各类型村镇产业发展综合评价指标的平均值，分析每一类型村镇产业现状特点。

6.2 村镇区域产业结构优化技术研究

6.2.1 村镇区域主导产业评价指标体系的构建

根据产业结构现状、经济发展水平、环境保护、发展优势、联动效应 5 个主导产业识别原则，如图 6-1 所示，以产业结构现状为基础，根据研究区域的不同发展目标对评价指标赋予权重，建立主导产业多目标评价体系，综合筛选研究区域的主导产业，如表 6-2 所示。

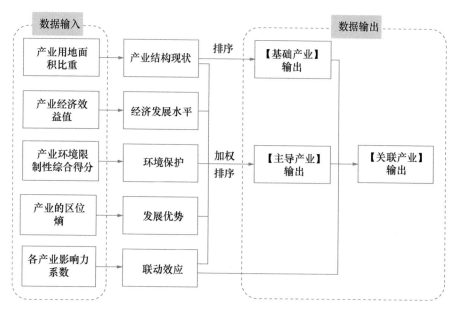

图 6-1　主导产业选择框架图

表 6-2　主导产业评价指标体系

目标层	指标	备注
产业结构现状	产业用地面积比重	① 各项指标权重根据研究区域的不同发展目标由研究者设定 ② 如果缺乏数据,则用研究区上级区域的数据替代
经济发展水平	产业经济效益值	
环境保护	产业环境限制性综合得分	
发展优势	产业区位熵	
联动效应	产业影响力系数	

1. 产业结构现状

主导产业是具有一定规模的产业,因此村镇主导产业是该地区具备发展条件并且已经发展到一定水平的产业。根据产业用地分类,计算村镇各产业用地面积占该区域产业用地面积比重,计算公式如下

$$L_i = \frac{S_i}{N} \tag{6-14}$$

其中,L_i 为产业类型 i 的用地面积比重,S_i 为产业类型 i 的用地面积,N 为研究区域产业用地总面积。

将产业用地面积比重前十的产业作为村镇主导产业的备选产业。

2. 经济发展水平

用产业经济效益值来衡量产业的经济发展水平。各产业的经济效益值采用

以下公式计算

$$U_i = \frac{F_i}{S_i} \qquad (6-15)$$

其中,U_i 为农村产业类型 i 的经济效益,S_i 为农村产业类型 i 的用地面积;F_i 为农村产业类型 i 的总产值。如果缺乏数据,可用研究区上级区域的数据替代。

3. 环境保护

本书拟从耗能强度、耗水强度、单位产值废水排放量、单位产值废气排放量和单位产值固体废弃物排放量 5 个指标计算各产业的环境限制性得分,以综合得分的分值来衡量产业的环境限制性强度。产业环境限制性综合得分计算步骤主要包括以下 3 步:

(1)各指标的计算:

① 耗能强度=某行业消耗能源量/某行业总产值;

② 耗水强度=某行业消耗水资源量/某行业总产值;

③ 单位产值废水排放量=某行业废水排放量/某行业总产值;

④ 单位产值废气排放量=某行业废气排放量/某行业总产值;

⑤ 单位产值固体废弃物排放量=某行业固体废弃物排放量/某行业总产值。

(2)对耗能强度、耗水强度、单位产值废水排放量、单位产值废气排放量、单位产值固体废弃物排放量 5 个指标进行标准差标准化。标准差标准化公式为

$$z_{ij} = \frac{y_{ij} - y_j'}{s_j} \qquad (6-16)$$

式中,z_{ij} 为标准差标准化后的值,y_{ij} 为第 i 行对应的 j 指标的数值,y_j' 为第 j 指标的平均值,s_j 为第 j 指标的标准差。

$$s_j = \sqrt{\frac{\sum_{i=1}^{n}(y_{ij} - y_j')^2}{n-1}} \qquad (6-17)$$

(3)对各指标标准化后的数值 Z_{ij} 相加,得到一个环境限制性综合得分 P_i。

$$P_i = \sum_{j=1}^{5} Z_{ij} \qquad (6-18)$$

以最后计算得出的环境限制性综合得分值作为环境保护的指标值。

4. 发展优势

本书采用区位熵来衡量研究区域产业的发展优势。区位熵可以反映各行政村(镇)农村产业用地相对于研究区域范围内的农村产业用地的相对聚集程度,区位熵越大说明相对于其他区域产业发展越集中,发展优势越明显。区位熵的

计算公式如下

$$LQ_{ij} = \left[\frac{q_{ij}}{\sum\limits_{i=1}^{n} q_{ij}} \right] \middle/ \left[\frac{s_i}{\sum\limits_{i=1}^{n} s_i} \right] \qquad (6-19)$$

其中，LQ_{ij} 为某村（镇）j 所分布的第 i 类产业用地相对于上级区域的区位熵；q_{ij} 为某村（镇）内所分布的第 i 类产业用地面积；s_i 为上级区域内第 i 类产业用地面积。

5. 联动效应

区域产业系统是一个相互关联、相互依存的复杂的大系统，不同产业由于产品生产方式和技术复杂程度不同，与其他产业之间的关联程度也就不同，从而对区域经济的推动力和拉动力有相当大的差别。选择关联度高的产业作为主导产业，可以在很大程度上带动或推动区域内其他产业的发展。

本书用影响力系数来反映一个产业的联动效应。影响力系数是反映国民经济某一部门增加一个单位并最终使用时，对国民经济各部门所产生的需求波及程度。当某一部门影响力系数大于（小于）1 时，表示该部门的生产对其他部门所产生的波及影响程度高于（低于）社会平均影响水平。影响力系数越大，该部门对其他部门的拉动作用越大。影响力系数计算过程如下：

（1）根据研究区上级区域的投入产出表中各产业部门的总投入和生产经营中各产业部门直接消耗的货物或服务的价值量，计算出直接消耗系数矩阵

$$A = \begin{bmatrix} a_{11} & \cdots & a_{1n} \\ \vdots & \ddots & \vdots \\ a_{n1} & \cdots & a_{nn} \end{bmatrix}$$

$$a_{ij} = \frac{x_{ij}}{X_j} \quad (i,j = 1,2,\cdots,n) \qquad (6-20)$$

其中，x_{ij} 为 j 行业生产经营中所直接消耗的第 i 产品部门的货物或服务的价值量；X_j 为第 j 产业部门的总投入。

（2）计算完全消耗系数矩阵

$$B = (I-A)-1-I$$

其中，A 为直接消耗系数矩阵，I 为单位矩阵。

（3）计算行业 j 的影响力系数

$$F_j = \frac{\sum\limits_{i=1}^{n} b_{ij}}{\frac{1}{n}\sum\limits_{i=1}^{n}\sum\limits_{j=1}^{n} b_{ij}} \qquad (6-21)$$

其中，b_{ij} 是第 j 产业对第 i 产业的完全消耗系数。

6. 主导产业选择综合得分

研究者根据研究区域的发展目标从产业结构现状、经济发展水平、环境保护、发展优势以及联动效应 5 个指标中任意组合指标进行加权计算综合得分，每项指标的权重由用户自己设定，如 0.1，0.35 等，但所选的各指标权重之和为 1。主导产业选择综合得分计算过程如下：

(1) 将用户选择的指标进行标准差标准化，标准化公式为

$$Q_i = \frac{y_{ij} - y_j'}{s_j} \tag{6-22}$$

其中，Q_i 为标准差标准化后的指标值，y_{ij} 为第 i 行业对应的 j 指标的数值，y_j' 为第 j 指标的平均值，s_j 为第 j 指标的标准差。

$$s_j = \sqrt{\frac{\sum_{i=1}^{n} (y_{ij} - y_j')^2}{n-1}} \tag{6-23}$$

(2) 计算综合得分，其中环境限制综合得分是负向指标，其他指标为正向的。计算公式如下：

综合得分＝各产业用地面积比重×W_1＋各产业经济效益值×W_2＋各产业环境限制性综合得分×W_3＋各产业区位熵×W_4＋各产业影响力系数×W_5

最后根据综合得分对备选产业进行排序，位于前 3 位的即为主导产业。

6.2.2 村镇区域产业关联体系建立

区域产业结构直接影响着地区的经济发展水平和整体质量，各产业之间相互依存、相互制约的关联结构直接影响区域产业结构的现状特征及其演化过程。产业关联是指产业间以各种投入和产出为纽带的技术经济联系，包括产业之间的纵向（前、后向）和横向（侧向）联系。关联性好的产业结构网络可以带动整个地区的产业经济发展。发展与主导产业具有有效联系的关联产业，有利于构建良好的产业网络结构，达到规模效益。

1. 关联产业选取标准

产业的关联效应和程度主要体现在各产业的投入和产出的数量和比例关系上，因此对于产业关联的分析也被称为投入产出分析。投入产出分析中，通常根据投入产出表来计算表征产业关联强弱的指标，再根据指标对各产业部门分等定级，其中最常用的两个指标是影响力系数和感应度系数。本书采用完全消耗系数来衡量产业之间的关联性，根据投入产出表以及主导产业选择排序结果，以排序前 3 名的产业作为主导产业，以主导产业为基础选取 3 类产业作为关联产

业:① 第 1 类关联产业,与主导产业关联性最强且在备选产业中;② 第 2 类关联产业,在备选产业前列但是未能成为主导产业;③ 第 3 类关联产业,不在备选产业中但是和主导产业高度相关。

2. 关联产业选取

① 第 1 类关联产业:采用完全消耗系数来衡量产业之间的关联性,将主导产业选择时第 4~10 个备选产业对主导产业的完全消耗系数进行排序,位于前 3 名取为第 1 类关联产业。② 第 2 类关联产业:将主导产业选择时的排名为第 4 和第 5 的产业选择为关联产业。③ 第 3 类关联产业:将备选产业之外的产业对主导产业的完全消耗系数排序,位于排序前两位的产业选择为第 3 类关联产业。

6.2.3　村镇区域产业结构的多目标优化系统

村镇区域产业结构多目标优化是在产业发展现状、环境保护及产业发展联动效应、规划发展目标基础上,通过进程指标组合和权重调整实现的。根据主导产业选择的多目标性进行产业结构优化。如以环境保护为首要目标的村镇,在主导产业选择指标体系中对环境保护赋予较高权重。权重的不同直接影响主导产业的选择,影响关联产业的选择,从而决定整个村镇区域的产业结构。若村镇发展追求多个目标,则在主导产业的选择时按侧重不同给各项指标分配权重,筛选主导产业。不同的目标决定不同的权重体系,构建多目标优化系统:

(1) 产业结构分析。综合分析正向指标,选择此项指标,表明综合分析选择主导产业时考虑被研究村镇区域现有产业规模。对主导产业选择的影响大小即权重,由研究者决定。

(2) 发展水平分析。综合分析正向指标,选择此项指标,表明综合分析选择主导产业时考虑被研究村镇区域各产业现有的经济发展水平,即产业的平均产出大小,考量发展该产业是否符合土地的集约、节约化利用,经济效益情况等问题。对主导产业选择的影响大小即权重,由研究者决定。

(3) 环境保护分析。综合分析负向指标,选择此项指标,表明综合分析选择主导产业时考虑被研究村镇区域各个产业发展的环境限制性问题,考量发展该产业是否易对环境造成污染,单位产值能耗大小等问题。对主导产业选择的影响大小即权重,由研究者决定。

(4) 发展优势分析。综合分析正向指标,选择此项指标,表明综合分析选择主导产业时考虑被研究村镇区域各个产业相对于整体来说的集聚程度。对主导产业选择的影响大小即权重,由研究者决定。

(5) 联动效应分析。综合分析正向指标,选择此项指标,表明综合分析选择主导产业时考虑被研究村镇区域各产业的联动作用对于区域经济的影响力大小。对主导产业选择的影响大小即权重,由研究者决定。

6.3　村镇区域产业布局优化技术研究

6.3.1　产业功能区划定

产业功能区是村镇产业区域生产功能的载体。产业功能分区应当按功能要求将各种物质要素,如工厂、仓库、住宅等合理布置,组成一个互相联系的有机整体,形成功能分区组团,为地区的各项活动创造良好的环境和条件。即使是在村镇区域也应该做好产业功能分区,确保村镇产业的良好发展,提高土地的集约、节约利用度。根据不同的产业功能特性以及村镇发展情况,聚类各村镇的产业发展特征,构建村镇区域产业发展的空间格局与骨架,促进村镇区域经济合理有序发展。

6.3.2　产业中心性多层次空间配置

本书从空间配置角度,基于村镇尺度来判断村镇产业中心性的多层次空间配置。产业的中心性是地点中心性的重要组成,基于"理性人"假设,受中心地理论启发,认为产业的中心性和地域空间的中心性重合,高级中心地拥有中心性等级高的产业。故本书先通过确定中心地等级,再根据中心地等级的产业确定产业的中心性,实现产业中心性多层次空间配置研究。

1. 中心地等级评价指标

中心地作为向周围地区的居民提供货物和服务的地方,故本书选取规模、结构、可达性、信息化与通信能力及现代服务提供能力作为中心地等级评价指标。考虑到部分村镇数据不完全以及所有指标的重要程度,将指标分为必选指标和可选指标,必选指标为评价中心地等级必要的指标,而可选指标作为中心地评价的辅助指标,可不作为评价的原始数据。中心地等级评价指标体系如表6-3所示。

表 6-3　中心地等级评价指标体系

1级指标	2级指标	重要程度
规模指标	行政区人口数/人	必选
	GDP/万元	可选
	地方财政预算收入/万元	必选
	规模以上工业总产值/万元	可选
	城镇固定资产投资完成额/万元	可选

（续表）

1级指标	2级指标	重要程度
结构指标	城镇化率/(%)	必选
	第二产业占 GDP 比重/(%)	可选
	第三产业占 GDP 比重/(%)	可选
	第二产业从业人数比例/(%)	必选
	第三产业从业人数比例/(%)	必选
可达性指标	路网密度/(km/km²)	必选
	到其他地区平均距离/km	必选
	交通运输和仓储、邮政人员/人	可选
信息化与通信能力指标	本地电话覆盖率/(%)	若覆盖率均为100%,则不选该指标,否则必选
	互联网覆盖率/(%)	若覆盖率均为100%,则不选该指标,否则必选
	信息传输、计算机和软件服务人员/人	可选
现代服务提供能力指标	医院、卫生院总数/所	必选
	学校(或普通中小学)总数/所	必选
	教育从业人员/人	可选
	批发和零售业从业人员/人	可选
	金融业从业人员/人	可选
	房地产业从业人员/人	可选
	租赁和商务服务业/人	可选
	水利、环境和公共设施管理业/人	可选
	科学研究、技术服务与地质勘查业从业人员/人	可选

2. 区域中心性等级构建

区域中心性等级是基于其规模、结构、可达性、信息化与通信能力以及现代服务提供能力 5 项指标进行评定的,综合 5 项指标采用熵值法给各村镇的中心性定级。具体过程如下:

（1）对数据进行标准化处理。正向指标和负向指标的处理方法不同,本书中,除去"到其他地区的平均距离"这一指标为负向指标,数值越小越好外,其余指标均为正向指标,数值越大越好。

正向指标的标准化处理,采用

$$x'_{ij} = \frac{x_j - x_{\min}}{x_{\max} - x_{\min}} \tag{6-24}$$

负向指标的标准化处理,采用

$$x'_{ij} = \frac{x_{\max} - x_j}{x_{\max} - x_{\min}} \tag{6-25}$$

式(6-24)与式(6-25)中，x_j 为第 j 项指标值，$x_{\max}$ 为第 j 项指标的最大值，$x_{\min}$ 为第 j 项指标的最小值，x'_{ij} 为标准化值。

（2）为消除标准化带来的影响，进行坐标平移。

$$x'' = 1 + x' \tag{6-26}$$

（3）计算第 j 项指标下第 i 个城市指标值的比重 y_{ij}

$$y_{ij} = \frac{x'_{ij}}{\sum x''_{ij}} \tag{6-27}$$

由此可以建立数据的比重矩阵 $Y = \{y_{ij}\}_{m \times n}$。

（4）计算第 j 项指标的信息熵值。

$$e_j = -K \sum_{i=1}^{m} y_{ij} \ln y_{ij} \tag{6-28}$$

式中，K 为常数，$K = \dfrac{1}{\ln m}$，其中 m 为区域的个数。

（5）某项指标的信息效用价值取决于该指标的信息熵 e_j 与 1 之间的差值，它的值直接影响权重的大小，信息效用值越大，对评价的重要性就越大，权重也就越大。

$$d_j = 1 - e_j \tag{6-29}$$

（6）计算评价指标权重。第 j 项指标的权重。

$$w_j = \frac{d_j}{\sum_{i=1}^{m} d_j} \tag{6-30}$$

（7）计算样本的评价值。采用加权求和公式计算样本的综合评价值

$$U_i = \sum_{i=1}^{n} w_j y_{ij} \times 100 \tag{6-31}$$

式中，U_i 为综合评价值，n 为指标个数，w_j 为第 j 个指标的权重。U_i 越大，样本效果越好。

根据各村镇中心性得分在 ArcGIS 中进行分级，在进行分级时设置动态分类标准，在此假定分为 m 级。中心性得分最高的为 1 级中心地，其次为 2 级中心地，以此类推。

3. 产业中心性等级构建

本书认为高级中心地拥有中心性较高的产业。将中心地产业定义为：若该产业在某一级别的区域出现，则也会在所有比该区域级别高的区域出现。若某

产业只在 1 级中心地产业出现,则称为 1 级中心地产业;若在 1 级和 2 级中心地产业同时出现,则称为 2 级中心地产业;以此类推,若在 1 级到 m 级中心地同时出现,则称为 m 级中心地产业。

首先将区域企业数据汇总,按三位数的行业代码将企业数据处理成"在某区域中某一类产业有多少家企业",然后根据《国民经济行业分类与代码》(GB T4754—2002),对处理的数据进行校正,获得各个产业在区域空间上的分布状况,如表 6-4 所示。

表 6-4 产业分布信息汇总表

三位数行业代码	区域 1	区域 2	区域 3	……	区域 n
011					
012					
013					
014					
021					
…					
980					

以产业出现的最低中心性等级对产业进行分类,即可获得产业中心性多层次的空间配置,如表 6-5 所示。

表 6-5 中心地产业等级分类

中心性产业等级	出现的中心地等级
1 级中心地产业	1 级中心地
2 级中心地产业	1 级和 2 级中心地同时出现
……	……
m 级中心地产业	$\leq m$ 级中心地同时出现

6.4 重庆市潼南区村镇区域产业结构优化分析

6.4.1 潼南区概况

重庆市辖区面积 $8.24 \times 10^4 \text{ km}^2$,辖 38 个区县(自治县),其中主城建成区面积为 547.68 km²。户籍人口 3 375 万人,常住人口 2 991 万人,常住人口城镇化率 59.6%。本书选取重庆市潼南区作为研究示范区。

潼南区位于重庆市西北部,东邻合川、南接大足、西连安岳、北靠遂宁,辖区面积 1 585 km²,辖 20 个镇、2 个街道,人口 103 万人,是全国现代农业示范区、川渝合作示范区、重庆城市发展新区。规划建设 25 km² 工业"一园三区",形成清洁能源、电子信息、机械制造、精细化工和消费品工业"4+1"产业集群,千亿级新型工业基地初具规模;"一江两岸三大片"40 km² 山水园林城市格局;培育新老城区两大核心商圈,形成西南地区最大灯具批发市场,是省级区域性边贸中心;蔬菜、粮油、柠檬种植面积和产量全市第一,建有全市最大的蔬菜博览园、现代农业展览馆和玫瑰、桑葚等休闲观光基地,是国家农业科技园区、国家级生态原产地产品保护示范区。

6.4.2 潼南区村镇区域产业结构现状

2014 年,潼南区第一产业(农林牧渔)生产总值 401.68 亿元,第二产业(工业和建筑业)446.75 亿元,第三产业(旅游、社会消费品、商业销售等)98.37 亿元。伴随产业结构不断优化,三种产业同期结构由 21.4∶45.9∶32.7 调整到 18.5∶52.2∶29.3,第二产业占比首次超过 50%。第二产业中工业占比由 2013 年同期的 59.0% 提高到 63.1%。2014 年产业运行特点:

(1) 农业生产保持平稳,农林牧渔业总产值 62.52 亿元,同比增长 4.8%。

(2) 工业经济实现加速发展。"4+1"产业集群不断壮大,产业发展有所突破,电子信息产业逐渐取代化工、纺织等传统产业,成为新的支柱产业。从轻工业和重工业来看,轻工业稳步发展,实现总产值 62.1 亿元,增长 1.5%,重、轻工业比为 73.2∶26.8;重工业保持较快增长,实现总产值 169.5 亿元,增长 84.9%;从行业来看,该区覆盖的 28 个大行业中,有 12 个行业总产值出现下降,其中包括化工、纺织、汽车制造等传统行业;从经济增长贡献看,该区实现工业增加值 77.05 亿元,增长 18.7%,占 GDP 比重的 32.9%,拉动 GDP 增长 5.2 个百分点,对 GDP 增长贡献率为 38.7%。

(3) 商贸流通领域稳中有升。总额增速逐季加快,2014 年实现总额 70.86 亿元,增长 14.1%,比 2013 年同期上升 0.2 个百分点,增速略高于全市水平。

(4) 固定资产投资快速增长,固定资产投资完成 264.97 亿元,增长 43.7%,增幅居全市第一。

6.4.3 潼南区村镇区域产业布局优化

1. 中心性计算与中心地等级划分

根据潼南区统计数据的可得性和本书设计的中心性评价方法,选择表 6-6 所示的指标进行中心性计算。计算结果如表 6-7 所示,本书根据中心性得分将中心地分为 3 级:中心性得分最高的为 1 级中心地,数量设置为 1 个;其次为 2 级中心地,数量设置为 2 个;剩余的研究区域均列入 3 级中心地。各乡镇的中心性空间分布如图 6-2 所示,等级划分结果如图 6-3 所示。

表 6-6　潼南区各乡镇中心性指标及其权重

目标层	准则层	指标层	权重
中心性	服务能力	城镇建成区总人口	0.063 3
		GDP	0.068 7
		非农从业人员	0.070 2
		公共财政收入	0.069 8
		城镇建成区面积	0.066 6
		第二、三产业比重	0.086 6
		社会消费品零售总额	0.068 0
		金融网点个数	0.068 4
		大型超市个数	0.089 5
		住宿餐饮企业个数	0.067 3
		小学专任教师数	0.069 1
		医疗卫生机构床位数	0.066 2
		执业(助理)医师数	0.066 3
	服务可达性	到其他乡镇的最短路径之和	0.079 9

表 6-7　潼南区中心性得分与级别

乡镇/街道	中心性得分	中心地等级
区直属街道	0.904 898	1 级
双江镇	0.234 171	2 级
塘坝镇	0.219 555	2 级
柏梓镇	0.210 089	3 级
古溪镇	0.204 305	3 级
太安镇	0.165 541	3 级
小渡镇	0.157 142	3 级
玉溪镇	0.136 001	3 级
田家镇	0.132 89	3 级

（续表）

乡镇/街道	中心性	中心地等级
上和镇	0.127 023	3 级
龙形镇	0.123 598	3 级
宝龙镇	0.121 493	3 级
卧佛镇	0.118 793	3 级
崇龛镇	0.103 591	3 级
新胜镇	0.100 876	3 级
群力镇	0.096 841	3 级
花岩镇	0.084 206	3 级
寿桥镇	0.075 445	3 级
米心镇	0.074 485	3 级
别口镇	0.074 02	3 级
五桂镇	0.053 745	3 级

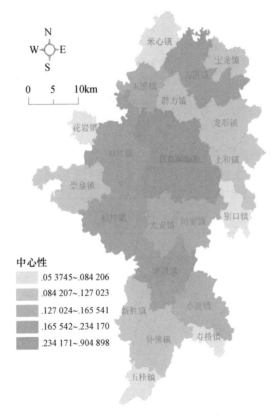

图 6-2　潼南区中心性的空间分布

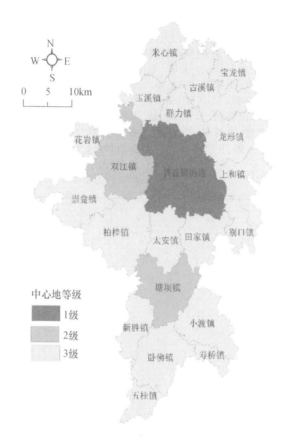

图 6-3　中心地等级划分结果

2. 基于中心地等级的潼南区产业配置

根据本书设定的参照产业目录,基于不同的中心地等级确定各乡镇服务业发展的配置结果,如表 6-8 所示。鉴于潼南区各乡镇第三产业发展基础的相关数据暂不明确,本书对第三产业的配置暂不考虑产业基础。

表 6-8　基于中心地等级的潼南区产业配置结果

中心地级别	乡镇	行业门类
1级中心地	区直属街道	软件业、保险业、其他金融活动、新闻出版业
2级中心地	双江镇、塘坝镇	广播、电视、电影和音像业

（续表）

中心地级别	乡镇	行业门类
3 级中心地	古溪镇、柏梓镇、小渡镇、太安镇、玉溪镇、上和镇、田家镇、宝龙镇、龙形镇、卧佛镇、新胜镇、花岩镇、群力镇、崇龛镇、寿桥镇、别口镇、米心镇、五桂镇	道路运输业、仓储业、邮政业、电信和其他信息传输服务业、计算机服务业、批发业、零售业、住宿业、餐饮业、银行业、房地产业、租赁业、商务服务业、专业技术服务业、科技交流和推广服务业、环境管理业、公共设施管理业、居民服务业、教育、卫生、社会保障业、社会福利业、文化艺术业、体育、娱乐业、党政机关、人民团体、社会团体和宗教组织、基层群众性自治组织

7

村镇区域规划基础设施配置技术研究

7.1 村镇区域规划基础设施人均配置标准研究概述

7.1.1 国内相关研究与实践

1. 我国关于基础设施配置技术的研究进展

目前国内关于基础设施配置的研究主要集中在城市基础设施领域,而对村镇区域,尤其是农村基础设施领域的研究相对较少,针对村镇区域基础设施配置的内容和相关技术方面的讨论也鲜有出现。因此现有的村镇区域基础设施配置技术与方法,多借助于城市基础设施配置的研究成果,再针对城市和农村区域的差别加以区分和修正。

1990 年的《中国城市基础设施的建设与发展》是我国最早系统和深入研究这一问题的著作,在关于不同类型城市设施等级和水平划分方面进行了探索。1997 年的《现代化国际性城市基础设施综合评价方法研究》提出了对城市基础设施的数量性指标和舒适性指标的区分。2000 年的《我国城市基础设施水平评价方法研究》是第一个来自规划学科的研究,提出了设施及服务水平评价的概念,提出了基础设施建设超前性和超前度的概念。2004 年的《浙江省城市基础设施现代化指标体系研究》借鉴了国内数个城市的规划研究案例和国内外城市数据,对指标的取值提出了推荐。2005 年的《城市基础设施建设评价方法研究》提出了建设水平、投入产出、供需适度性、发展速度 4 个评价维度的概念。彭文英等(2009)以北京市为例,利用 2006 年北京市第二次全国农业普查数据,结合实地调研和访谈,采用指标综合评价法,全面评价了北京市农村基础设施建设水平,揭示了需要加大投资和建设的基础设施项目和地区,指出了基础设施的建设质量与利用问题,为北京市新农村建设成效评估、农村基础设施配置的投入与管理提供理论依据。王俊岭等(2006)进行了北京农村基础设施配置标准研究,对农村基础设施配置提出了一套标准体系,给新农村基础设施建设提供了有益的参考。李志军(2008)分析了中国农村基础设施配置的影响因素和变化机制,综合评价了中国农村基础设施配置水平,提出了优化农村基础设施配置的对策。

另一方面,目前国内许多关于村镇区域基础设施配置的研究只是针对小区域或城市作为研究范围,而在我国的东部、中部、西部地区以及省域层面的空间单元的农村基础设施配置研究十分欠缺,尤其缺乏具有代表性、典型性的较大尺度和区域的基础设施配置的实证研究。

2. 国内村镇区域基础设施配置实践案例

张家港南丰镇农村(建农村为村名)非常重视乡村基础设施和公共服务设施的投入。村里自来水入户率达100%,生活饮用水水质达标;污水管网覆盖率达92%~95%;垃圾收运设施配套到位,生活垃圾日产日清,并及时转运;村里道路基本实现灰黑化;行政村的公共服务设施按照"10个1"进行标配,同时,在配置村民体育健身设施方面,充分听取村民意见,灵活配置;大型商业设施、教育设施(包括幼儿园、小学、中学)、休闲娱乐设施集中设置于镇。宁波北区港小港街道积极编制村庄建设规划,按照规划进行村庄规划与整治;村庄建设参考统一标准——《浙江省美丽乡村建设行动计划(2011—2015年)》。村庄建筑的改造、污水管道敷设、给水管道敷设等基础性设施由政府投资建设,垃圾回收、电信电缆敷设等部分基础设施建设引入市场机制,由市场化运营。

7.1.2　国外相关研究与经验借鉴

1. 国外关于村镇区域基础设施配置的研究

国外关于村镇区域基础设施配置和建设的研究,主要集中在基础设施和村镇区域经济发展、投融资模式等经济学领域。例如Górz和Kurek(1999)以波兰为例,指出由于外界就业岗位的有限性,农村多样化发展带来的剩余劳动力需要农村内部解决,这种非农就业很大程度上依赖私营企业,间接需要技术基础设施的发展,比如给排水系统、电信系统等,同时他还呼吁政府投入基础设施援助,尤其在边远地区,这不仅有助于重塑农村经济结构,还能够培育商业技能,间接提供更多的非农雇佣机会,为农产品提供更多的市场。Puga(2002)认为在落后地区增加基础设施的供给类似于给这些地区带来资金支持,可以提高当地企业的生产力以及吸引更多的企业入驻,从而帮助这些地区更好地向发达地区迈进。

Ahn(2005)在新农村建设背景下讨论耕作农业的发展,他指出灌溉系统对于乡村农业经济的发展具有举足轻重的作用,自动化服务和检测系统不仅有助于减少水资源的浪费,还可以减少劳动力成本和对环境的危害,提高灌溉系统有助于乡村经济持续健康地发展。

2. 世界各地村镇基础设施配置经验借鉴

(1)案例1:韩国的"新村运动"。20世纪70年代初,韩国农村面临着贫困落后、粮食自给不足、劳动力老龄化、弱质化等严重问题,部分地区农业濒临崩溃的边缘。为解决农村社会问题,韩国政府在1970年4月提出"新村运动"的计划,由政府出资给全国所有村庄购买一定数量的基础建设所需物资,主要用于植树造林、修建道路和水库、修整河岸和村庄周围环境等10项基础性设施的建设,具体改造项目由各村庄根据实际需要自我拟定,由村民通过民主程序最终确定。这些措施激发了农民自主建设新农村的积极性、创造性,大大改善了农村的基本面貌。

"新村运动"增加了政府改造农村的信心。在此基础上,建立了领导全国"新村运动"的中央协议会,协调中央各部门并负责新村培养运动的政策制定。从中央和地方各级机关中抽调大批干部派往农村,直接指导农村改造。在计划开始之初,韩国政府把全部农村按发展程度分为基础村(落后的,18 415个)、自助村(发展中的,13 943个)和自立村(先进的,2 307个)3类,按各类村庄的实际情况规定建设目标。为了引导村与村之间的竞争,政府采取了"拣选支援"的战略,政府只给自助村和自立村分配支援物质,并侧重于自立村,而将基础村除外,主要目的是刺激基础村兴办自助产业,2/3的基础村主动依靠自身力量参加"新村运动"。从1973年到1978年,短短6年时间,基础村基本消失,约有2/3的基础村升级为自立村。随着政府主导作用的强化、农业生产基础设施的完善、改善农村生活环境等政策的实施,资金来源逐渐转变为政府为主,民间企业提供的资金与物质支持为辅,基础设施建设资金主要通过建立农村合作组织,成立农协银行等方式筹措,向农民提供比商业银行低息的贷款,从而建立起完善的农村金融体系。通过几年时间的努力,迅速扭转了韩国农村贫穷落后的局面,对推动韩国农村20世纪80年代以来的快速发展起到很大的支撑和促进作用。

(2)案例2:日本新农村基础设施建设经验。1955年12月,日本农林水产大臣河野一郎针对农民收入低、生活水平差、农村基础设施落后和农村青年对未来的农业和农村失去信心等问题,提出了"新农村建设"构想,并得到国会赞同。此后日本政府开始注重对农村基础设施的投资,使得在生产与生活的基础设施方面,农村与城市没有任何差别。

日本政府对农业的支持力度和保护程度是发达国家中最高的。政府通过各种渠道用于农业的投资高达农业总产值的 15 倍之多,主要用于土地改良、农业基础设施建设和发展农业科学技术等农村公共产品方面。在日本,农户主要通过申请向市政管理部门要求配备市政设施。对于部分呈散居化的农村地区,管线到户则必然涉及超额的铺设成本,在一般日本农户家中,仅配套了水、电等基础设施,煤气则使用液化天然气。值得称道的是农村地区的公建基础设施,尤其是污水、固废处置设施非常完备,日本的 3 000 多个市町村基本上都配备了相应的污水、固废处置设施,这为农村的环境和生态建设提供了切实保障。近几年来,日本政府的财政支出大量投资于农村道路和农田水利设施建设,每年的投资金额都在 11 000 亿日元以上,农业基础设施的改善,适应了土地规模经营的潮流,加强了城乡之间的物质和信息联系,为农业生产率的提高发挥了积极作用。

日本政府对农业农村的投入主要是通过实行补助金农政。所谓补助金农政是指日本政府把推行农业政策所必需的经费(人员经费、材料费、补助费、委托费等)列入财政预算,交付给执行政策的地方公共团体、法人、个人或者其他团体,以求农业政策的落实。补助金农政包括两个部分内容,一是无偿的财政性投入,二是有偿的政策性融资。无法回收项目投入靠财政,能够回收的靠政策性金融。政策性金融是由政府出资组建的金融机构,向政府希望发展,但在商业性金融市场上难以筹集资金的产业部门融资,该种融资期限比较长,可达 20 年甚至是 30 年以上,利息低甚至可由财政贴息,靠这种政策彻底解决了农业发展资金不足的问题。

(3)案例3:欧洲发达国家农村基础设施建设经验。欧盟促进农村等落后地区的经济社会发展的最主要的经验就是设立基金,其主要的金融手段是欧洲投资银行提供政策性贷款支持农村地区的发展。近几年来,欧洲投资银行对欧盟内部农村的贷款占其对欧盟总贷款额的 70% 左右。

① 德国巴伐利亚州乡村革新。德国巴伐利亚州拥有德国最大的牧区,人口1 200 多万人,面积 7 万平方千米,80% 的国土用于农林业。巴伐利亚州的农村发展成就令人瞩目,在解决农村、农民问题方面取得了独特的成功经验,因而被欧盟当作现代化农村建设的一个标本。

20 世纪 60 年代,巴伐利亚州政府提出要在农村创造与城市"等值"的生活条件,最有效地保证农村人口安居的要求,采用"分散式"发展模式,在大城市和乡村之间建立众多的小城市,作为地区性中心,带动广大农村地区的发展。主要举措包括:首先,通过财政平衡政策,投入大量资金和人力在农村地区兴建交通和能源基础设施;其次,动员企业到农村地区办厂;第三,在农村地区兴办各类教育基地。实践证明,工业企业及配套基础设施的兴建,不仅使许多农民可以"离土不离乡",当地就业,有效遏制农村人口外流,而且促使了落后地区的振兴,对巴伐利亚州经济的平衡发展起到重要作用。

②法国的振兴农业农村行动。法国自 1960 年以来制定并贯彻实施一系列有利于农村可持续发展、农业生产条件改善和农民生活水平提高的法规政策。第一,促进农村资源合理开发利用。政府加大对农村电力设施建设的投入,使电网覆盖全法国的各个村庄;通过对农业的各项补助,保证农民用得起电。同时支持农村发展生物能源,扩大能源型作物种植,既解决农业种植面积过剩问题,又实现能源来源多样化。第二,促进农业持续发展。法国 1960 年颁布《农业指导法案》,加大了对农业的补贴,不仅为农民购买农田和农业机械提供各种优惠的贷款,而且还在农产品价格上给予丰厚的补贴。第三,依靠科技进步提高农业生产率。法国在全国建立了一批农业科研机构和农业高等院校,在每个省建立了农业中学。

(4)案例 4:美国村镇基础设施建设经验。美国政府尤其重视小城镇基础设施建设,建设前编制了详细规划。美国小城镇建设资金由联邦政府、地方政府和开发商共同承担,联邦政府负责投资建设连接城镇间的高速公路;而州和小城镇政府负责筹资建设小城镇的供水厂、污水处理厂、垃圾处理厂等;开发商则负责小城镇社区内的交通、水电、通信等生活配套设施的建设资金。

美国同时还重视都市型村庄发展,以城市的配套与发展要求村庄的规划布置。目前美国呈现城乡一体化发展的景象,现有的乡村不再发展为传统的城市,在保留乡村某些特征的同时,在生产、生活方式上已经和城市没有什么差别,城乡进入了协调发展的良性循环。

7.1.3　现行村镇基础设施的相关规范与标准体系

1. 国家层面

我国目前村镇区域基础设施的相关规范主要可分为以村镇为对象的综合性规范和标准以及各专项的行业规范和标准。其中以村镇为对象的综合性规范包括《镇规划标准》(GB 50188—2007)、《村庄整治技术规范》(GB 50445—2008)、《村镇规划编制办法(试行)》(建村〔2000〕36 号)以及各地结合当地村镇实际情况自行制定的地方性技术标准和规范,各专项的行业规范则包括明确各类基础设施具体配置要求的相关规范和标准,如表 7-1 和表 7-2 所示。

表 7-1　以村镇为对象的综合性规范和标准

规范、标准	适用范围	涵盖内容
《镇规划标准》(GB 50188—2007)	全国县级人民政府驻地以外的镇规划,乡规划	道路交通、给水、排水、供电、通信、燃气、供热、工程管线综合
《村庄整治技术规范》(GB 50445—2008)	全国现有的村庄整治	给水设施、垃圾收集与处理、粪便处理、排水设施和生活用能、道路桥梁与交通安全设施
《村镇规划编制办法(试行)》(建村〔2000〕36号)	村庄、集镇,县城以外的建制镇	供水、排水、供热、供电、电信、燃气等设施
各地制定的地方性技术标准和规范	各地辖区范围内的镇、乡、村	道路交通、市政公用设施等

表 7-2　各专项的行业规范和标准

专项	规范、标准	备注
道路交通设施	《城市道路交通规划设计规范》(GB 50220—95)《城市道路工程设计规范》(CJJ 37—2012)	无相关的村镇道路交通规范,参照执行
给水工程	《镇(乡)村给水工程技术规程》(CJJ 123—2008)《村镇供水工程技术规范》(SL 310—2004)《城镇供水厂运行、维护及安全技术规程》(CJJ 58—2009)《生活饮用水卫生标准》(GB 5749—2006)《农村给水设计规范》(CECS 82:96)《室外给水设计规范》(GB 50013—2006)《建筑给水排水设计规范》(GB 50015—2003)《给水排水构筑物工程施工及验收规范》(GB 50141—2008)	
排水工程	《镇(乡)村排水工程技术规程》(CJJ 1242008)《室外排水设计规范》(GB 50014—2006)《建筑给水排水设计规范》(GB 50015—2003)《污水综合排放标准》(GB 8978—1996)《城镇污水处理厂污染物排放标准》(GB 18918—2002)《水污染物综合排放标准》(DB 11/307—2013)《污水再生利用工程设计规范》(GB/T 50335—2002)《城市污水再生利用景观环境用水水质标准》(GB/T 18921—2002)	
电力工程	《农村低压电力技术规程》(DL/T 499—2001)《城市电力规划规范》(GB 50293—1999)《10 kV及以下变电所设计规范》(GB 50053—94)	
燃气工程	《城镇燃气设计规范》(GB 50028—2006)	无相关的村镇燃气工程规范,参照执行

（续表）

专项	规范、标准	备注
沼气工程	《沼气工程技术规范》(NY/T 1220.1—2006) 《家用沼气灶》(GB 3606—83) 《农村家用水压式沼气池质量检查验收标准》(GB 4751—84) 《农村家用沼气管路设计规范》(GB 7636—87) 《农村家用沼气发酵工艺工程》(GB 9958—88) 《平板型太阳能集热器热性能试验方法》(GB 4271—84) 《被动式太阳房技术条件和热性能试验方法》(GB/T 15405—94) 《聚光型太阳灶》(NY 219—92)	
供热工程	《城市热力网设计规范》(CJJ 34—2002) 《采暖通风与空气调节设计规范》(GB 50019—2003) 《公共建筑节能设计标准》(GB 50189—2005) 《民用建筑节能设计标准(采暖居住建筑部分)》(JGJ 26—95) 《地源热泵系统工程技术规范》(GB 50366—2005) 《太阳能供热采暖工程技术规范》(GB 50495—2009)	无相关的村镇供热规范,参照执行
通信工程	《城市通信工程规划规范》(GB/T 50853—2013)	无相关的村镇通信规范,参照执行
环卫工程	《村镇规划卫生规范》(GB 18055—2012) 《环境卫生设施设置标准》(CJJ 27—2012)	
管线综合	《城市工程管线综合规划规范(GB 50289—98)》	无相关的村镇管线综合规范,参照执行

2. 地方层面

我国地域面积广阔,结合各省市、地区不同的区位条件、经济发展条件、村镇实际发展阶段和发展规模的差异,在各地村镇规划编制过程中,在国家标准的基础上,分别制定了适合当地村镇现实发展情况的地方性规范或技术标准,具有更强的针对性。例如广东省制定了《广东省村镇规划指引》(GDPG—002)(试行)、《广东省中心镇规划指引》(GDPG—005)(试行),与广东省有关城镇规划建设管理的政策密切结合,对全省村镇发展建设和规划管理具有较强的指导作用;成都市制定了城乡统筹背景下的村镇规划标准《成都市村镇规划建设技术导则》;佛山市制定了适应本市村镇体系的《佛山市城市规划管理技术规定》;等等。

一般来说,这些地方性规范或技术标准,对当地村镇的基础设施配置规定的内容更为具体详细,是各地村镇规划和基础设施建设实际操作中的直接指导性文件。以《佛山市城市规划管理技术规定》为例,对村镇社会停车场(库)、公交站场、公路汽车站场、公共加油站等道路交通设施的建设规模、服务半径、用地和建筑面积、出入口及选址设置,都有详细的规定;对村镇水厂、给水加压站、污水处理站(厂)、排水泵站、消防站、邮政支局、邮政所、电信枢纽中心、电信母局(端局)、变电站、调压站、垃圾转运(压缩、填埋)站场等市政公用设施,也做了非常详细的配置规定。

表 7-3　地方村镇规划建设参考标准(广东省珠三角地区)*

地区名称	地方村镇规划建设参考标准
广东省	《广东省村镇规划指引》(GDPG—002) 《广东省中心镇规划指引》(GDPG—005)
广州市	《广州市村镇建设管理规定》2001 年 《广州市村庄规划管理规定》2001 年 《广州市农村村民住宅建设用地管理规定》2001 年
佛山市	《佛山市城市规划管理技术规定》
珠海市	《珠海市村居规划建设指引》2013 年
中山市	《中山市村庄整治规划编制导则》2006 年
惠州市	《惠州市社会主义新农村建设》2013 年
肇庆市	《肇庆市创建宜居城乡规划(2010—2020)》 《肇庆市开展宜居城镇宜居村庄创建工作计划》

7.1.4　现行相关规范与条例中的基础设施配置的问题评述

1. 国家标准对地区差异考虑不够全面

我国地域广阔,不但城乡差距较大,而且不同地区的村镇发展规模、发展水平也具有较大差距,但是现行的相关规范与技术标准对于全国不同区位的地区(如南方与北方,沿海与山区,经济发达与落后地区)以及不同行政级别(镇、乡、村)的地区在基础设施规划和配置标准上没有明确的区分。例如《镇规划标准》(GB 50188—2007)中只有用水量指标是按照《建筑气候区划标准》(GB 50178—93)进行大致的分区分级预测,其他如道路交通设施和公用工程设施,均按照同一套标准进行统一规定,这使得各地的村镇规划很难体现基础设施配置的针对性和差异性。

2. 各地标准差异较大,缺乏统一信息标准化

针对村镇实际建设情况,部分地区分别制定了相应的指导村镇区域基础设施配置的地方性规范或技术标准,这是在国家标准的基础上进行的地方性创新,对国家标准是一个有效的补充,对各地村镇实际规划与建设管理具有很强的指导作用。但另一方面,由于这些地方性规范或技术标准的制定缺乏统筹安排和整体考虑,且制定和实施的时间不一,使得各地自行制定的标准在基础设施的分

---

* 资料来源:各地政府网站。

类、配置方法、配置规模等方面具有较大的差异。例如《佛山市城市规划管理技术规定》将市政公用设施列为 6 大类公共服务设施项目中的一类,划分为中心镇、一般镇、中心村、基层村 4 级,根据每处设施的服务人口规模进行布局设置;而《重庆市村镇规划编制技术导则》基本按照《镇规划标准》(GB 50188—2007)对公用工程设施进行分类,划分为集镇、中心村、基层村 3 级,以各类设施的人均用地指标进行设置。

3. 配置要求深度有限,对具体地区指导性较弱

由于《镇规划标准》(GB 50188—2007)属于全国性技术标准,因此对于村镇基础设施的规划和配置要求较为笼统。例如对公用工程设施的配置要求,只规定了给水量、排水量、供电负荷等预测值的计算标准,却缺少对具体项目设施的服务半径、服务人口、规模等级、建筑和用地面积等配置要求。这样的要求深度,使得各地在镇规划的实际编制工作和基础设施建设过程中,具有较大的灵活性,而降低了《标准》的指导性、实用性和操作性。另一方面,现行的规范和技术标准一般缺少基础设施配套在镇域整体上的考虑和布局分析,容易造成基础设施在整体布局上的缺失、漏项和重复建设,影响大区域基础设施系统与村镇基础设施的衔接。

4. 村镇区域,尤其是农村地区的部分基础设施配置缺少专项的行业标准,仍需参照城市标准执行

现行的国家标准《镇规划标准》(GB 50188—2007)只重点规定了道路交通和公用工程设施规划用地标准、选址要求及设施配置等级等内容,而对于各类单项设施的具体配置内容、配置方法缺少详细规定。在国家的规划规范和技术标准体系中也缺少对村镇各类基础设施的专项规范和技术标准,因此,不少镇在实际的规划过程中,还需参考相应专项的城市标准来配置相应的基础设施。例如村镇道路交通设施需按《城市道路交通设施设计规范》(GB 50688—2011)执行,村镇电力工程需按《城市电力规划规范》(GB 50293—1999)执行,村镇通信工程需按《城市通信工程规划规范》(GB/T 50853—2013)执行,工程管线综合规划需按《城市工程管线综合规划规范》(GB 50289—98)的有关规定执行等。这就导致镇的基础设施规划缺少具有针对性的指导标准,部分地区的村镇基础设施配置照搬了城市的模式,进行城乡无差别化的基础设施系统配置,未能充分尊重地方特色,因地制宜利用当地资源。而参考城市标准进行镇的建设,容易带来配置过高、资源浪费等问题。

5. 综合性规范和标准重点关注镇区设施配套,对镇域乡村地区的关注较少

我国现行的与村镇规划相关的规范与技术标准,如《镇规划标准》(GB 50188—2007)、《村庄整治技术规范》(GB 50445—2008),均是在《中华人民共和

国城乡规划法》(2008)颁布之前出台的,未体现出《中华人民共和国城乡规划法》中对城乡统筹和镇、乡、村规划体系的要求的变化。以《镇规划标准》(GB 50188—2007)为例,其中重点关注的仍是镇区的相关基础设施的配置标准,很少甚至基本没有提及镇域各类基础设施的配置要求,这对统筹镇域城乡一体化发展,统筹全域基础设施建设带来诸多不便。

7.2 村镇区域规划基础设施人均配置标准研究

7.2.1 村镇居民基础设施配比关系

根据住建部调查统计,至 2010 年,全国 200 人以下的村庄占比(占全国村庄总数的比例,下同)为 48%,201~600 人的村庄占比为 33%,601~1 000 人的村庄占比为 13%,超过 1 000 人的村庄占比为 6%。也就是说,全国超过 80%的村庄人口在 600 人以下。

根据村庄人口规模情况,基础设施配置尽量考虑能够覆盖大部分村庄人口,为此,按照村庄规模等级,建立村镇居民基础设施配比关系,如表 7-4 所示。

表 7-4　村镇分级与基础设施配比关系

村庄级别	第 1 级	第 2 级	第 3 级	第 4 级
村庄规模	200 人及以下	201~600 人	601~1 000 人	超过 1 000 人
硬底化道路	○	◎	◎	◎
公交	×	○	○	○
自来水	×	○	○	○
电力	◎	◎	◎	◎
沼气	○	○	○	○
管道燃气	×	○	○	○
电话	○	○	◎	◎
有线电视	×	○	○	◎
互联网	×	○	○	◎
垃圾收集点	○	◎	◎	◎
小型垃圾转运点	×	○	○	◎
污水处理设施	×	○	○	◎

注:○表示可以有;◎表示必须有;×表示可以没有。

7.2.2　道路交通基础设施人均配置标准

1. 国家或地方规范、标准的情况

根据《城市道路交通规划设计规范》(GB 50220—95),道路用地面积宜为 6.0～13.5 m²/人,广场面积宜为 0.2～0.5 m²/人,公共停车场面积宜为 0.8～ 1.0 m²/人。小城市各类道路的规划指标如表 7-5 所示。

表 7-5　小城市道路网规划指标

项　目	城市人口(万人)	干路	支路
机动车设计速度 /(km/h)	>5	40	20
	1～5	40	20
	<1	40	20
道路网密度 /(km/km²)	>5	3～4	3～5
	1～5	4～5	4～6
	<1	5～6	6～8
道路中机动车车道条数 /条	>5	2～4	2
	1～5	2～4	2
	<1	2～3	2
道路宽度/m	>5	25～35	12～15
	1～5	25～35	12～15
	<1	25～30	12～15

根据《镇规划标准》(GB 50188—2007),镇区各级道路规划技术指标如表 7-6 所示。

表 7-6　镇区道路规划技术指标

规划技术指标	道路级别			
	主干路	干路	支路	巷路
计算行车速度/(km/h)	40	30	20	—
道路红线宽度/m	24～36	16～24	10～14	—
车行道宽度/m	14～24	10～14	6～7	3.5
每侧人行道宽度/m	4～6	3～5	0～3	0
道路间距/m	≥500	250～500	120～300	60～150

根据《高标准基本农田建设标准》(TD/T 1033—2012),农田间道的路面宽度宜为 3～6 m,生产路的路面宽度宜为 3 m 以下。在大型机械化作业区,田间道的路面宽度可适当放宽,田间道路通达度指集中连片田块中,田间道路直接通达的田块数占田块总数的比例。平原区应达到 100%,丘陵区不应低于 90%。

根据《公路工程技术标准》(JTG B01—2014),车道宽度如表 7-7 所示。

表 7-7 车道宽度

设计速度/(km/h)	120	100	80	60	40	30	20
车道宽度/m	3.75	3.75	3.75	3.50	3.50	3.25	3.00

① 八车道及以上公路在内侧车道(内侧第1,2车道)仅限小客车通行时,其车道宽度可采用 3.5 m。② 以通行中、小型客运车辆为主且设计速度为 80 km/h 及以上的公路,经论证车道宽度可采用 3.5 m;③ 四级公路采用单车道时,车道宽度应采用 3.5 m;④ 设置慢车道的二级公路,慢车道宽度应采用 3.5 m;⑤ 需要设置非机动车道和人行道的公路,非机动车道和人行道等的宽度,宜视实际情况确定。

各级公路车道数应符合表 7-8 规定。高速公路和一级公路各路段车道数应根据设计交通量、设计通行能力确定,当车道数为双车道以上时应按双数增加。

表 7-8 各级公路车道数

公路等级	高速、一级公路	二级公路	三级公路	四级公路
车道数	≥4	2	2	2(1)

注:四级公路应采用双车道,交通量小或困难路段可采用单车道。

2. 案例参考

(1)农村公路现状。农村公路绝大部分是 20 世纪 80 年代由乡镇组织村民自行修建的,公路等级低,路面窄,弯急坡度陡,无路面结构,多是等级外公路,通行能力极低。以重庆市潼南区农村公路为例,938.673 km 村道公路中能晴雨通行的只有 210.536 km,占村道公路总数的 22.43%,其余的 728.137 km 均晴通雨阻。以该案例深入分析,农村公路主要有以下 3 方面特点:

① 公路等级低、路面窄、路面结构低:938.673 km 村道中有三级公路 17.15 km,占 1.83%;四级公路 205.095 km,占 21.85%;等级外公路 715.528 km,占 76.23%。有铺装路面 18.05 km,占 1.9%;无铺装路面 920.623 km,占 98.1%。

② 路网布局不太合理:以涪江为划分线,江南公路密度相对较大,国道 319 线、省道 205 线交叉贯穿整个地区,大部分行政村有村道连接,但等级太低;而江北公路密度很小,只有王兴公路一条干线公路,从而形成潼南江北交通相对落后的格局。

③ 农村公路缺乏建设、管养规划:以前的村道建设基本上是农民随意而建,没有进行较为科学的线路规划,没有技术指导和设计,或没按设计施工,因而造成建成的村道公路数量上不小,但实际能使用的、起作用的很少。

④ 出境公路多,与周边地区联系密切:潼南区是渝西地区的窗口,与遂宁市、武胜县、安岳县、蓬溪县、合川区、铜梁区、大足区相邻,经济发展与周边地区

密切相关,但目前经济水平落后于遂宁市、安岳县等几个周边区市县。

(2) 规划设想。应当按照因地制宜、实事求是的原则,合理确定农村公路的建设标准。县道和乡道一般应当按照等级公路建设标准建设;村道的建设标准,特别是路基、路面宽度,应当根据当地实际需要和经济条件确定。对于工程艰巨、地质复杂路段,在确保安全的前提下,平纵指标可适当降低,路基宽度可适当减窄。桥涵工程应当采用经济适用、施工方便的结构形式。路面应当选择能够就地取材、易于施工、有利于后期养护的结构。参考重庆市《潼南县县域新农村总体规划》,对乡道规划和村道规划做出如下安排:

① 乡道规划:为了合理布置新农村公路网,使得各乡镇交通联系畅通,适当增加乡与乡之间的连接,乡道按四级公路及以上标准建设。对原有乡道进行升级改造,全县改建通乡公路全部油化或硬化,实现 100% 的乡镇通油(水泥)路。

② 村道规划:到 2010 年,实现所有乡镇到行政村公路、乡到行政村公路消灭无路面状况,建设公路 1 263.829 km,其中通畅工程建设 1 193.929 km。实现 100% 的村通达。改建行政村的通村公路(油化、硬化),到 2010 年实现 50% 的村通油(水泥)路,到规划末期实现 100% 的行政村通油(水泥)路,实现 100% 的行政村公路通畅,中心村的公路必须达到四级或四级以上标准,形成快捷方便的农村公路网络。

3. 综合确定

村镇区域所辖范围内的道路可划分为公路、村镇道路以及田间道路 3 大类,各类道路基础设施均不按人均标准配置,结合相关的规范标准以及案例参考,形成以下标准。

(1) 公路。公路是联系村镇与城市、村镇与村镇、村镇与乡村之间的道路。它们部分具有村镇道路的功能作用,因此与村镇总体规划、乡镇规划有着密切的关系。

(2) 村镇道路。村镇道路是村镇中各组成部分的联系网络。可根据人口规模将村镇地区分为以下 4 类,如表 7-9 所示。村镇道路在规划设计时应根据具体村镇的层次、规模、经济水平、交通运输等方面的特点综合考虑,合理构建,切忌生搬硬套,并应注意远近相结合,留有拓展余地,如图 7-10 所示。

表 7-9　规划人口规模分级/人

规划人口规模分级	镇区	村庄
特大型	>50 000	>1 000
大型	30 001~50 000	601~1 000
中型	10 001~30 000	201~600
小型	≤10 000	≤200

表 7-10 村镇道路系统组成

村镇层次	规划规模分级	道路级别			
		主干路	干路	支路	巷路
镇区	特大型	●	●	●	●
	中型	○	●	●	●
	小型	—	●	●	●
村庄	特大型	—	○	●	●
	中型	—	—	●	●
	小型	—	—	●	●

注：●应设的项目，○可设的项目。

（3）田间道路。田间道路指为满足农业物资运输、农业耕作和其他农业生产活动而形成的道路，包括田间道和生产路。田间道的路面宽度宜为 3～6 m，生产路的路面宽度宜为 3 m 以下。

7.2.3 给水基础设施人均配置标准

1. 国家和地方规范或标准情况

综合性规划规范标准中，《镇规划标准》（GB 50188—2007）考虑了全国各地区的气候差异，按照不同的建筑气候区划，根据人均用水量指标方法提出了给水工程的配置标准。《村庄整治技术规范》（GB 50445—2008）只提出了整治后人均生活饮用水水量的最低指标，为 40～60 L/（人·d）。而《村镇规划编制办法（试行）》（建村〔2000〕36 号）对给水工程规划的要求与《镇规划标准》（GB 50188—2007）基本一致。地方性标准中，《广东省村镇规划指引》（GDPG—002）（试行）对村镇的自来水普及率提出了要求，并且规定了村镇最低人均日给水量标准为 200 L/（人·d）。

2. 专项规划标准情况

针对村镇供水工程，国家先后出台了《农村给水设计规范》（CECS 82∶96）、《镇（乡）村给水工程技术规程》（CJJ 123—2008）和《村镇供水工程技术规范》（SL 310—2014）3 项规范；生活饮用水质量参照《生活饮用水卫生标准》（GB 5749—2006）；管网及给水排水构筑物建设基本参照《室外给水设计规范》（GB 50013—2006）、《建筑给水排水设计规范》（GB 50015—2003）和《给水排水构筑物工程施工及验收规范》（GB 50141—2008）；管理则参照《城镇供水厂运行、维护及安全技术规程》（CJJ 58—2009）执行。

其中,《村镇供水工程技术规范》(SL 310—2014)根据不同的气候分区,针对不同的供水模式提出了相应的人均标准,供水标准划分较细致,涵盖范围较全面,最具有参考价值。而《镇(乡)村给水工程技术规程》(CJJ 123—2008)和《农村给水设计规范》(CECS 82:96)根据不同的供水模式,提出镇(乡)区和农村的人均最高生活用水定额标准。《建筑给水排水设计规范》(GB 50015—2003)和《室外给水设计规范》(GB 50013—2006)主要针对城市居民制定给水标准,对村镇区域来说标准过高,可参考性不强。其他专项规划对人均用水量等并未明确,只是提出原则性要求。

3. 综合确定

目前国家对于村镇区域的供水基础设施人均配置标准已有明确的要求,其中,《村镇供水工程技术规范》(SL 310—2014)是近年国家发布的对村镇区域供水标准有较全面的划分的规范,因此建议按该规范进行落实。

(1) 集中式供水工程。集中式供水工程的供水规模(即最高日供水量)包括居民生活用水量、公共建筑用水量、饲养畜禽用水量、企业用水量、浇洒道路和绿地用水量、消防用水量、管网漏失水量和未预见用水量,应根据当地实际用水需求列项,按最高日用水量进行计算。

(2) 分散式供水系统。只能建造分散式供水工程时,应根据水源条件选择工程形式。有水质良好的泉水或地下水时,应优先建造引泉供水工程或分散式供水井;水资源缺乏,但有水质较好的灌溉供水时,应建造引蓄灌溉水供水工程;淡水资源缺乏,但多年平均降雨量大于 250 mm 时,可建造雨水集蓄供水工程。分散式供水工程应满足农民干旱季节生活用水量需要,还应为发展养殖业等庭院经济提供水源保护。水源位置宜离用水户近。供生活饮用水的水源及蓄水构筑物的周边 10 m 范围内,要求无污染源,有条件宜设防护栏保护。

7.2.4　电力设施人均配置标准

1. 国家和地方规范或标准情况

根据《城市电力规划规范》(GB 50293—1999),当采用人均用电指标法或横向比较法预测城市总用电量时,其规划人均综合用电量指标宜符合表 7-11 的规定;而当采用人均用电指标法或横向比较法预测居民生活用电量时,其规划人均居民生活用电量指标宜符合表 7-12 规定。

表 7-11　规划人均综合用电量指标

城市用电水平分类	人均综合用电量[kW·h/(人·a)]	
	现状	规划
用电水平较高城市	4 501～6 000	8 000～10 000
用电水平中上城市	3 001～4 500	5 000～8 000
用电水平中等城市	1 501～3 000	3 000～5 000
用电水平较低城市	701～1 500	1 500～3 000

注:当城市人均综合用电量现状水平高于或低于表中规定的现状指标最高或最低限值的城市,其规划人均综合用电量指标的选取,应视其城市具体情况因地制宜确定。

表 7-12　规划人均居民生活用电量指标

城市用电水平分类	人均居民生活用电量[kW·h/(人·a)]	
	现状	规划
用电水平较高城市	1 501～2 500	2 000～3 000
用电水平中上城市	801～1 500	1 000～2 000
用电水平中等城市	401～800	600～1 000
用电水平较低城市	201～400	400～800

注:当城市人均居民生活用电量现状水平高于或低于表中规定的现状指标最高或最低限值的城市,其规划人均居民生活用电量指标的选取,应视其城市具体情况因地制宜确定。

2. 案例参考

参考重庆市《潼南县县域新农村总体规划》,以人均综合用电指标法进行负荷预测。根据综合分析,区域人均用电量取 400 kW·h/(人·a),最大负荷利用小时数为 4 200 h,预测潼南区域远期用电量为 66.0×10^8 kW·h,用电最大负荷为 146.7×10^4 kW。

根据南方电网提供材料显示,广东农网地区居民年总用电量水平为 3 323 kW·h/(人·a),人均生活年用电量水平为 632 kW·h/(人·a),达到富裕小康社会居民用电水平;农网地区居民供电可靠性达到 99.85%,用户端电压合格率达到 99.85%,综合线损率降为 4.8%,户均变电容量为 2.3 kV·A,农村供电线路自动化覆盖率不低于 90%,农村居民供电可靠性、综合电压合格率与城市差距日益缩小。

3. 综合确定

(1) 负荷预测。村镇地区用电主要为居民生活用电,其用电负荷预测可参考规范中的人均居民生活用电预测。用电水平应该与城市用电水平分类中的较低用电水平城市接近,故规划用电负荷按 400~800[kW·h/(人·a)]计算。

（2）供电半径。参考现行标准及相关案例,供电半径推荐值如表 7-13 和表 7-14 所示,其中,110 kV 和 66 kV 高压配电网的供电半径不宜大于 120 km 和 80 km;35 kV 高压配电网合理供电半径推荐值如表 7-13 所示;中压配电网的合理供电半径推荐值如表 7-14 所示。

表 7-13　高压配电网(35 kV)合理供电半径推荐值

负荷密度 /(kW/km²)	10	30	50	100	250	500	1 000 及以上
供电半径 /km	28	20	16	12	8.5	7	5

表 7-14　中压配电网合理供电半径推荐值

变电层次	下列负荷密度/(kW/km²)时合理供电半径/km						
	10	30	50	100	300	500	1 000 及以上
110 kV/10 kV/66 kV/10 kV	16	12	10	8~9	6	5	≤4.0
110 kV/35 kV/10 kV	11	8	7	5	4	3	≤2.5
110 kV/20 kV/66 kV/20 kV	23	16	14	11	7	5.5	≤4.5

（3）电力线路导线截面。综合相关规范及案例参考,村镇各级电压送电线路导线截面的选用,村镇高、低压配电线路导线截面的选用以及村镇各级电压电缆截面参考表如表 7-15~ 7-17 所示。

表 7-15　各级电压送电线路导线截面参考表

电压/kV	导线截面面积(按钢芯铝绞线考虑)/mm²			
35	185	150	120	95
66	300	240	185	150
110	300	240	185	150
220	400	300	240	—

表 7-16　高、低压配电线路导线截面参考表

电压等级		导线截面面积(按钢芯铝绞线考虑)/mm²		
380 V/220 V(主干线)		150	120	95
10 kV	主干线	240	185	150
	次干线	150	120	95
	分支线	不小于 50	—	—

表 7-17　各级电压电缆截面参考表

电压/kV	导线截面面积（按钢芯铝绞线考虑）/mm²			
380 V/220 V	240	185	150	120
10 kV	300	240	185	150
35 kV	300	240	185	150

7.2.5　通信基础设施人均配置标准

1. 电信用户预测

村镇区域电信用户预测以《城市通信工程规划规范》（GB/T 50853—2013）中小城市用户预测指标下限值为基准，结合全国各示范村镇建设经验，以 60％作为折减系数，预测指标如表 7-18 所示。

表 7-18　村镇区域电信用户普及率预测指标

固定电话用户（线/百人）	移动电话用户（卡号数/百人）	宽带用户（户/百人）
24	57	16

2. 电信局站

村镇区域应建设一级电信局站，包括电信接入机房以及移动通信基站，建设标准参考《城市通信工程规划规范》（GB/T 50853—2013）。

3. 无线通信与无线广播传输设施

各类无线发射台、站的设置应符合现行国家标准《电磁环境控制限值》（GB 8702—2014），远离人口稠密地区。

4. 有线电视网络前端

村镇区域有线电视网络用户预测采用综合指标法，预测指标参考《城市通信工程规划规范》（GB/T 50853—2013），按一个用户 3.5 人，平均每个用户两个端口测算。镇一级应建设有线电视网络分前端，村一级应建设有线广播电视网络一级机房，建设标准参考《城市通信工程规划规范》（GB/T 50853—2013）。

5. 宽带网络

参考工信部印发的《"宽带中国"战略及实施方案》（国发〔2013〕31 号），到 2020 年，实现全国超过 98％的行政村通宽带。宽带用户数参考村镇区域宽带用户普及率预测，应达每百人 16 户。

6. 通信管道

村镇区域通信管道建设应满足电信局站和有线电视网络前端的建设要求，建设标准参考《城市通信工程规划规范》（GB/T 50853—2013）。

7. 邮政通信设施

对村镇区域邮政通信设施建设不做强制性要求,可结合实际邮政业务需求建设邮政支局,建设标准参考《城市通信工程规划规范》(GB/T 50853—2013)。

7.2.6　环境基础设施人均配置标准

1. 水污染处理设施

(1) 国家或地方规范或标准情况。在国家现有的规范和标准中,除了《广东省村镇规划指引》(GDPG—002)(试行)只提出了原则性的要求外,《镇规划标准》(GB 50188—2007)、《村镇规划编制办法(试行)》(建村〔2000〕36号)与《村庄整治技术规范》(GB 50445—2008)都对污水量提出了明确的指标要求,镇的污水排放量应为其用水量的75%~85%,村的污水排放量应为其用水量的75%~90%。

(2) 专项规划标准情况。专项规划标准中,《县(市)域城乡污水统筹治理导则(试行)》《镇(乡)村排水工程技术规程》(CJJ 124—2008)和污水处理厂参照《城市污水处理工程项目建设标准》(CJJ 77—2001)设置较具有参考价值。其中,《城市污水处理工程项目建设标准》(CJJ 77—2001)主要针对污水处理厂的规模和等级设置标准,《县(市)域城乡污水统筹治理导则(试行)》综合考虑了村庄的区域、经济条件、环境要求等,针对村组处理和分户处理的各类污水处理适宜技术,并对不同的污水处理设施提出了适用规模;《镇(乡)村排水工程技术规程》(CJJ 124—2008)则只针对镇(乡)区排水量提出按用水定额的60%~90%采用,但对村排水量并未提出明确指标标准。

其他专项规划只提出原则性要求,或只针对排水水质提出标准,不涉及人均配置指标,不具备参考性。

(3) 文献研究。《我国农村生活污水排水现状分析》中指出,村镇区域按9.2亿人口计算,人均生活污水排放量为21.74L/d,农村生活污水的数量、污染物浓度与居民的生活习惯、生活水平和水资源的享有状况有关。通过现状调查,得到2010年我国农村生活污水排放量的情况如表7-19所示。

表7-19　我国主要地方生活污水排放与排放方式

地点	人均生活污水排放量(L/d)	主要排放方式
天津市农村	42	明沟排放、暗沟排放
江苏省农村	25~35	—
四川省农村	70~110	—
广东省农村	71	—
云南省农村	村镇100,东部50~60	利用市政道路排水、沟渠、直接排入洱海

《城乡统筹规划中的给排水基础设施配置方法研究》中,基于设施投资效益估算的经济性比较的基础设施配置方法,对不同规模的村镇集中配置给排水技术设施的经济性适宜距离,其中,污水处理厂主要根据人口规模分为特大型、大型、中型和小型。

(4)综合确定。根据国家规范,排水工程规划应包括确定排水量、排水体制、排放标准、排水系统布置、污水处理设施。涉及配置标准的主要包括排水量、排水体制和污水处理设施。涉及人均配置指标的为污水排放量。

排水量的确定参照国家现有的规范和标准落实。其中,根据《镇规划标准》(GB 50188—2007),镇的污水排放量应为其用水量的75%～85%;根据《村庄整治技术规范》(GB 50445—2008),村的污水排放量应为其用水量的75%～90%。

2. 垃圾处理设施

(1)国家或地方规范或标准情况。《村庄整治技术规范》(GB 50445—2008)和《广东省村镇规划指引》(GDPG—002)(试行)对垃圾处理设施只提出了原则性要求,并未提出相关人均指标,不具备可参考性。

《镇规划标准》(GB 50188—2007)对生活垃圾日产量、环卫站提出了相应的人均指标,并对垃圾收集容器(垃圾箱)提出了服务半径要求,具备一定的参考价值。其中,要求生活垃圾日产量按人均 1.0～1.2 kg 计算,环卫站规划用地面积按规划人口每万人 0.10～0.15 hm² 计算,同时要求镇区设置垃圾收集容器(垃圾箱),每一个收集容器(垃圾箱)的服务半径宜为 50～80 m。

但《镇规划标准》(GB 50188—2007)主要针对镇区范围,对村庄地区缺乏考虑,而且对垃圾收集点、垃圾收集站、垃圾转运站的个数、规模等缺乏明确的指引和规范。

(2)专项规划标准情况。《生活垃圾收集站技术规程》(CJJ 179—2012)对垃圾收集站的人均设置标准提出了明确的要求,同时细化了垃圾收集点的设置标准,提出每个垃圾收集点应设置 2～10 个垃圾桶。但是该规范主要针对城镇地区,对村庄地区的垃圾收集点只具有一定的参考作用。

《环境卫生设施设置标准》(CJJ 27—2012)分类考虑了镇(乡)区与农村地区使用人口和服务范围的差异,提出了不同情况下的服务半径标准。例如:标准要求镇(乡)建成区垃圾收集点的服务半径不宜超过 100 m,村庄垃圾收集点的服务半径不宜超过 200 m;使用人口超过 5 000 人时,应设置垃圾收集站,使用人力收集时服务半径应控制在 1 km 以内,采用小型机动车收集时,服务半径不超过 2 km;垃圾转运站则根据不同的设计转运量确定规模。

(3)文献研究。通过相关文献统计得到,我国农村生活垃圾的人均产生量为 0.76 kg/d,由于不同地区的人均收入、消费结构、人口数量及从业的状况等存在明显的差异,导致垃圾产生特征区域性差别较大。我国南方地区垃圾人均产生量为 0.66 kg/d,低于北方地区的 1.01 kg/d,这可能与不同地区的经济水平和人口分布情况等因素有关。我国南方地区农村生活垃圾主要以厨余为主,占垃圾总量的 43.56%,其次是渣土,占垃圾总量的 26.56%;北方主要以渣土为主,占垃圾总量的 64.52%,其次是厨余,占垃圾总量的 25.69%。

(4)综合确定。综上所述,垃圾处理设施配置标准主要包含垃圾处理模式、垃圾收集点、垃圾收集站、垃圾转运站等指标。其中涉及人均配置指标的为生活垃圾日产量。在国家规范标准要求指引下,参考文献研究,本书建议村镇地区垃圾按照《镇规划标准》(GB 50188—2007)的要求,镇(乡)区生活垃圾日产量按人均 1.0~1.2 kg 计算。农村地区则在现有研究(岳波等,2014)统计的全国人均生活垃圾产生量的基础上(0.76 kg/d),结合现在农村居民日益增长的物质需求情况进行适当增加,按人均 0.8~1.0 kg 计算。

3. 公共厕所

(1)国家或地方规范或标准情况。国家规范或标准中,《镇规划标准》(GB 50188—2007)和《村庄整治技术规范》(GB 50445—2008)都只对公共厕所的设置提出了原则性的要求,但并未对人均配置提出要求。

相对而言,《广东省村镇规划指引》(GDPG—002)(试行)较有参考价值,指引要求村镇公共厕所必须全部达到"卫生厕所"标准,同时对公共厕所的服务半径提出了相应的指标,要求在流动人口高密度区,其服务半径不大于 150 m,一般地区不大于 300 m。

(2)专项规划标准情况。专项规划标准中,《环境卫生设施设置标准》(CJJ27—2012)较具有参考性,对公共厕所设置密度提出了明确的指标。其中,要求镇区在建成区内每隔 400~500 m 设置 1 座公共厕所,农村地区每村在公共活动区设置 1 座公共厕所。

相比之下《村镇规划卫生规范》(GB 18055—2012)和《公共厕所建设标准》(DBJ/T 190—2003)只具有一定的参考性。《村镇规划卫生规范》(GB 18055—2012)只对公共厕所的数量提出了原则性的要求,并对公共厕所提出了不少于 25 m 的防护距离标准。《公共厕所建设标准》(DB11/T 190—2003)提出了具体的服务半径和建筑面积千人指标,但其主要针对的是城镇地区的公共厕所设置标准,对农村地区公共厕所设置标准的指导意义有限。

（3）综合确定。

① 个数设置及服务半径要求。《环境卫生设施设置标准》(CJJ27—2012)对公共厕所设置密度提出了明确的指标,其中,要求镇区在建成区内每隔400～500 m设置1座公共厕所,农村地区每村在公共活动区设置1座公共厕所。

② 人均建筑面积。镇(乡)区公共厕所千人建筑面积指标为5～10 m²,农村公共厕所千人建筑面积指标为3～5 m²。

7.2.7　防洪排涝设施配置标准

1. 国家或地方规范或标准的情况

根据《防洪标准》(GB 50201—2014),乡村防护区的防护等级和防洪标准如表7-20。

表 7-20　乡村防护区的防护等级和防洪标准

防护等级	人口/万人	耕地面积/万亩	防洪标准/(重现期/年)
Ⅰ	≥150	≥300	100～50
Ⅱ	<150,≥50	<300,≥100	50～30
Ⅲ	<50,≥20	<100,≥30	30～20
Ⅳ	<20	<30	20～10

2. 案例参考

参考重庆市《潼南县县域新农村总体规划》的防洪规划:根据县域内主要河流及其支流沿岸的具体情况,全面规划,因地制宜,因害设防,综合治理,以防为主,防治结合,尽量做到兴利除害,获得最大的社会经济效益。近期完成潼南小电站,防洪调度指挥中心,涪江城区堤防二期工程,涪江沿岸米心、玉溪、双江、桂林、上和、别口防洪护岸工程;琼江沿岸,崇龛、太安、柏梓、塘坝、卧佛防洪保安工程。涪江城区堤防三期工程将这些城镇的防洪标准提高到20年一遇。远期完成塘坝镇护岸工程、柏梓镇护岸工程、小渡镇压护岸工程、卧佛镇护岸工程、古溪镇护岸工程、新胜镇护岸工程;将这些场镇的防洪标准提高到20年一遇。

3. 综合确定

村镇地区的防护等级和防洪标准划分应严格参照国家规定,即《防洪标准》(GB 50201—2014),主要以第四等级为主。具体的的防洪规划应建立在分析了不同地区的洪水成灾原因、特性和规律,调查掌握主要河道及现有防洪工程的状况和防洪、泄洪能力的基础上，根据洪水灾害严重程度，不同地区的地理条件和社会经济发展状况，来确定不同的防护对象并按现行标准规范执行。

对于人口密集、乡镇企业较发达或农作物高产的乡村防护区，其防洪标准可适当提高，地广人稀或淹没损失较小的乡村防护区，其防洪标准可适当降低；邻近大型工矿企业、交通运输设施、水利水电工程、动力通信设施、文物古迹和风景区等防护对象的村镇，当不能分别进行防护时，应将其各自的防洪标准与乡村的做比较，根据"就高不就低"的原则，按现行标准执行；还应根据需要与可能对超标准洪水做出必要的考虑。

位于蓄、滞洪区内的村镇，除应根据批准的江河流域规划的要求外，还应符合现行的国家标准《蓄滞洪区建筑工程技术规范》(GB 50181—93)的有关规定，确定防洪标准相关的抗洪设计方法和计算参数等。

对于需要修筑或邻近水利水电工程的村镇可参照《水利水电工程等级划分及洪水标准》(SL 252—2000)与《水利水电工程设计洪水计算规范》(SL 44—2006)来确定水利水电工程的等级、建筑物的级别和洪水标准，为合理处理局部与整体、近期与远景、上游与下游、左岸与右岸的关系带来帮助。

7.3   基础设施服务空间均等化配置标准与模拟技术研究

7.3.1   基础设施均等化的衡量标准——普及率或覆盖率

基础设施均等化的目标是为了实现最大多数人的幸福，衡量居民消费（使用）基础设施的难易程度，最基本的就是基础设施的"普及率"或者"覆盖率"。这些"普及率"或者"覆盖率"指标，在不同的基础设施中表现为不同的形式如表7-21所示。

表 7-21   基础设施均等化的衡量标准

序号	基础设施类型	均等化指标
1	交通	公路通达率、公路密度、公交区域覆盖率、公交运营时间覆盖率
2	给水	自来水普及率、安全饮水人口比率
3	能源	公共电网覆盖率、洁净能源使用率
4	通信	电话普及率、有线电视普及率、互联网普及率
5	环境	污水处理率、生活垃圾无害化处理率、粪便处理率

7.3.2 村镇空间布局模式与基础设施服务空间均等化配置标准

1. 村镇空间布局模式

根据村镇地区居民点的居住模式,可以将村庄空间布局模式归纳为:集聚布局、线性布局、散点布局。其中集聚布局为 20 户以上集聚在一个连片的区域;线性布局为沿着道路、河流等两侧布局居住的形式,一般不向道路或河流两侧延伸;散点布局主要是农村居民点呈现不规则的分散分布,在山地地区受地形限制的区域分布较多,如图 7-1 所示。

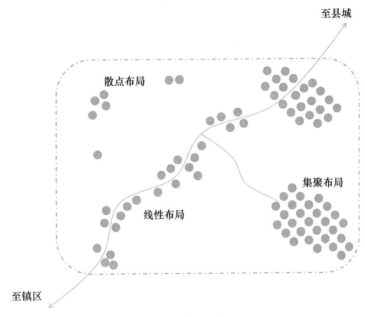

图 7-1　村镇空间布局模式示意图

2. 基础设施服务空间均等化配置标准

按照村镇不同空间布局模式及其集聚度,提出基础设施的配置标准,如表 7-22 所示。农村居民集中于中心村或乡镇,形成一定规模的集聚居民点,可以使得相应集约配置的基础设施以更少的成本发挥更大的作用。

表 7-22　基础设施服务空间均等化配置标准

		村庄布局类型		
		集聚布局	线性布局	散点布局
交通	公路通达率	100%	100%	50%
	公共交通覆盖率			
	公交运营时间覆盖率			
给水	自来水普及率	100%	80%	—
	安全饮水的人口比率	100%	100%	100%
能源	公共电网覆盖率	100%	100%	100%
	洁净能源使用率			
通信	电话普及率	100%	100%	80%
	网络普及率	100%	100%	80%
	有线电视普及率	100%	100%	80%
环境	污水生态化处理率			—
	生活垃圾无害化处理率			
	粪便处理率			

7.3.3　村镇区域基础设施均等化配置模拟技术

1. 工作目标与模型构建

对基础设施各异的建设规模、利用方式与空间服务范围进行分析,评估各类基础设施的空间服务效益;依托情景分析技术,结合各地区的社会经济发展水平,开发基础设施服务空间均等化配置模型架构如图 7-2 所示。模型工作目标为:① 基于空间公平的村镇区域基础设施均等化配置技术及其模拟互动模型。模型强调均等化与互动性,均等化应包括财政能力均等化和服务水平均等化两部分,财政能力均等化是指政府按照实际情况为各个村镇提供均等化的财政预算,服务水平均等化是指某一基础设施达到的服务结果均等,或者按照某一共同标准提供服务。互动性是指基础设施的配置模型可以根据未来人口、经济等要素变动进行调整,继而通过配置模型的反馈结果影响人口、经济等要素。② 城乡一体化的村镇区域基础设施网络化空间配置技术。村镇区域基础设施配置模型以运筹学为指导思想,将空间配置问题转化为线性规划问题或动态规划问题。比如某县域需要新建若干医院,满足各个村民医疗需求,在空间上应如何配置?该问题可以抽象为一个数学模型,目标函数为

$$U = f(x_i, y_i, \xi_k) \tag{7-1}$$

$$g(x_i, y_i, \xi_k) \geqslant 0 \tag{7-2}$$

其中,x_i 为可控变量,即医院的空间配置,y_i 为已知参数,包括拟定设施到各需

求点的距离矩阵,各需求点的人口分布等,ξ_k 表示随机因素。(7-1)式为优化目标,(7-2)式为约束条件。

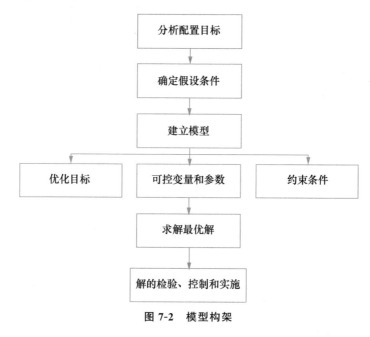

图 7-2　模型构架

2. 基础设施配置模拟技术应用:以珠海市村镇区域客运站选址为例

(1) 模型假设。假设条件:各个行政村在不考虑人口的条件下是均质的,空间配置目标仅从方便村民到达客运站距离尽可能短的角度考虑,未考虑客运站承担的其他职能(如中转、接驳等)。

模型配置目标在已有 6 个客运站的基础上,新增若干客运站,使各个行政村按照人口分布沿着村镇道路网络到达最近的客运站总距离最小。优化目标为

$$\min \sum_j \sum_i p_i d_{ij} Y_{ij} \tag{7-3}$$

$$\sum_j X_j = P \tag{7-4}$$

$$Y_{ij} - X_j \leqslant 0 \tag{7-5}$$

$$\sum_P Y_{ij} = 1 \tag{7-6}$$

$$X_j , Y_{ij} \in \{0,1\} \tag{7-7}$$

其中 i 表示第 i 个行政村,j 表示第 j 个客运站,p_i 表示第 i 个行政村的人口,d_{ij} 表示行政村 i 沿着给定路网到拟定客运站 j 的距离。X_j 和 Y_{ij} 为决策变量,P 表

示需要配置的客运站的数量,若在潜在的客运站 j 配置设施,则 $X_j=1$;否则 $X_j=0$。若行政村 i 被客运站 j 覆盖,则 $Y_{ij}=1$;否则 $Y_{ij}=0$。

目标函数(7-3)式要求各个行政村的人口到达最近的客运站的总成本最小;(7-4)式表示新建客运站数量为 P 所;(7-5)式判断行政村 i 是否被设施点 j 的设施覆盖;(7-6)式确保每个行政村都被设施覆盖;(7-7)式表示 X_j 和 Y_{ij} 为 0~1 的变量。

(2) 数据准备。

① 行政村几何中心:假设行政村内部是均质的,研究利用各行政村的几何中心代替行政村,共计 145 个行政村。属性值包括各行政村的现状总人口和规划人口,现状人口来自《珠海市幸福村居城乡(空间)统筹发展规划》,规划人口根据《珠海市综合交通运输体系规划》计算得到。

② 行政村底图:属性值包括基于现状人口选址分析和规划人口密度如图7-3(a)和(b)所示。

③ 道路网络图层:计算各行政村到各设施之间的可达性。

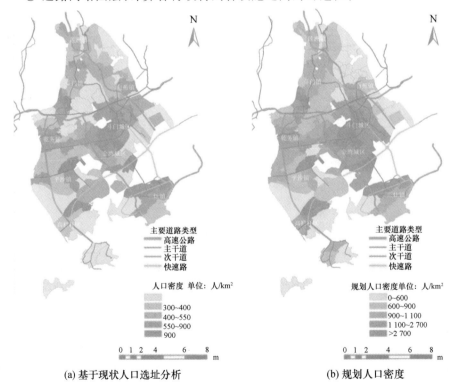

(a) 基于现状人口选址分析　　　　(b) 规划人口密度

图 7-3　珠海市村镇人口密度

④ 已有客运站位置：参考《珠海市幸福村居城乡（空间）统筹发展规划》标注。

⑤ 拟建客运站位置：本书将拟建位置限制在高速公路、快速路、主干道、次干道两侧 0.5 km 范围内，共 285 个拟建点。

（3）基于现状人口选址分析。按照上文模型，利用现状人口数据，首先新增 1 个客运站，如图 7-4(a)三角符号所示。由图可见，新增的客运站位于镇域北部，虽然该区域人口密度较低，但由于北部目前还没有客运站，村民出行距离较长，因此在镇域北部建设客运站效率最高，最能体现均等化原则。图 7-4(b)深色区域为新建客运站的影响范围，共有 39 个村镇，大约 62 801 人受到影响。

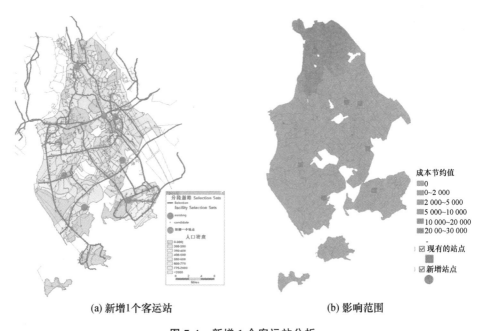

(a) 新增1个客运站   (b) 影响范围

图 7-4 新增 1 个客运站分析

图 7-5(a)～(d)为新增站点数量从 2 个变为 5 个时，新增站点位置的变化情况以及覆盖范围。第 2 个站点的位置位于镇域人口最密集的地区，新增客运站后，有 21 个行政村，超过 11 万人的出行受到影响；第 3 个站点位于镇域西部，新增客运站后，有 11 个行政村，超过 5.5 万人的出行受到影响，其影响规模相较于新增两处客运站已经有所减少；新增的第 4 个客运站位于三灶镇珠海机场附近，新增客运站后仅会影响 4 个村的出行，其影响范围已经十分有限；当增加第 5 个客运站后，会打破原有新增客运站的格局，将西部新增的 1 个客运站拆成两个独立的客运站，其影响范围已经微乎其微。

随着新增客运站数量增加,其带来的福利也随之变化,如图 7-6(a)所示,实线表示在最佳位置每配置一个客运站每个人节约的出行千米数,图 7-6(b)是每新增一个客运站带来的边际福利变化。当新增客运站数量超过 3 个时,边际福利会大幅度降低,而新增 5 个客运站与 4 个客运站相比,带来的福利差异已经非常微小。

(4)基于规划人口的选址分析。模型的互动性强调基础设施的配置可以根据未来人口、经济等要素的变动进行调整,图 7-7 对比了利用现状人口和规划人口,客运站配置变化情况,底图中颜色的深浅表示现状人口到规划人口增长速度的大小,其中斗门区中心和高栏港经济区人口增长最快,北部地区人口增长稍慢。黑圆点表示采用现状人口,客运站配置情况,灰圆点则为采用规划人口,客运站配置情况。当新增 1 个客运站时,规划人口条件下首选位置是斗门区中心,现状人口则考虑莲洲镇。变化原因是未来斗门城区人口增长迅速,对客运站需求程度超过北部镇域。如果新增 2 个客运站,在现状人口条件下,新增第 2 个站

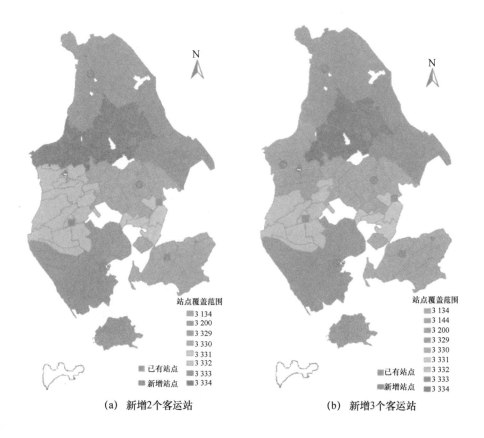

(a) 新增2个客运站　　　　　　　　(b) 新增3个客运站

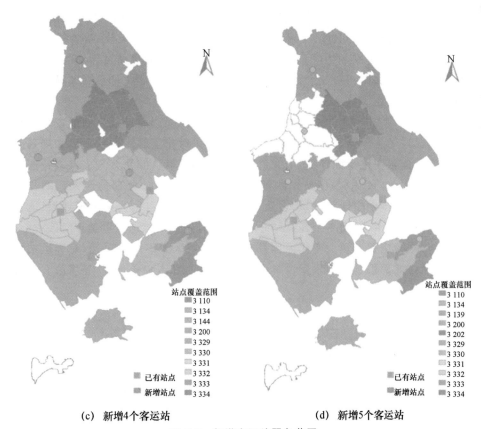

站点覆盖范围
3 110
3 134
3 144
3 200
3 329
3 330
3 331
3 332
3 333
3 334

已有站点
新增站点

站点覆盖范围
3 110
3 134
3 139
3 200
3 202
3 329
3 330
3 331
3 332
3 333
3 334

已有站点
新增站点

(c) 新增4个客运站 　　　　　　　　 (d) 新增5个客运站

图 7-5　新增客运站服务范围

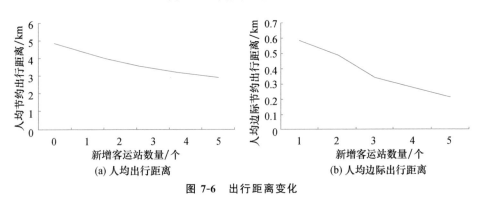

(a) 人均出行距离 　　　　　　　　 (b) 人均边际出行距离

图 7-6　出行距离变化

点位置放在斗门区中心,而在规划人口新增的第 2 个站点位置位于镇域北部,相对于之前现状人口选址,该客运站会更靠近中部地区,原因是受到中部人口的吸引。当新增第 3 个客运站时,无论是在规划人口条件还是在现状人口条件下,都

(a) 新增第1个客运站　　　　　　　　　(b) 新增第2个客运站

(c) 新增第3个客运站　　　　　　　　　(d) 新增第4个客运站

图 7-7　规划人口选址

将新增客运站选址配置在镇域西部,不同的是规划人口条件下客运站会更容易向东靠拢,即向未来人口更密集的斗门城区靠近。若增加第 4 个客运站,现状人口会考虑配置在机场附近,至于规划人口,由于金湾区未来人口增长十分迅速,即使该地区已有客运站,第 4 个客运站还是配置在该区域,以满足迅速增长的客运需求。

基于均等化和互动性的客运站空间配置要求各个行政村按照人口分布沿着村镇道路网络到达最近的客运站总距离最小,即客运站修建成后,每个村民所节约的出行距离达到最优。除此之外,该模型分别考虑了现状人口和规划人口条件下空间配置的差异,体现了模型的互动性,提供了多种参考方案。总之,该模型从交通路网和村民出行角度配置客运站,为基础设施空间配置方法提供了新的角度。

3. 基础设施配置模拟技术应用:以珠海市村镇区域消防站选址为例

(1) 多目标配置模型。多目标模型基于 p-中位模型和 LSCP 模型,两者均是基础设施配置的经典模型。p-中位模型强调节约加权距离成本,以效率最优为目标。LSCP 模型则强调优化设施数量,以成本最优为目标,在村镇消防站空间配置中,我们基于多目标:① 用最少数量的消防站覆盖所有村镇区域,以达到成本最优的目的;② 以火灾事故发生的概率作为距离权重影响消防站位置,使消防站更接近火灾频发地区,以达到加权距离最优的目的。目标函数为

$$一级目标:\min \sum_j X_j \tag{7-8}$$

$$N_i = \{j \mid d_{ij} \leqslant D\} \tag{7-9}$$

$$\sum_{j \in N_i} X_j = 1 \tag{7-10}$$

$$X_j \in \{0,1\} \tag{7-11}$$

其中,i 表示行政村,j 表示拟建的消防站位置;d_{ij} 表示行政村 i 与消防站 j 之间的距离;D 表示消防站的最大服务半径,X_j 为决策变量,若在拟建位置 j 配置消防站,则 $X_j=1$,否则 $X_j=0$。目标函数(7-8)式最小化消防站数量。限制条件(7-9)式定义了任意村 i 的可供服务的消防站的集合,(7-10)式确保任意村都有一个消防站可以为其提供服务,(7-11)式规定了 X_j 为 0~1 变量。

求解一级目标模型,可以求得需要配置的消防站数目 p 以及可行的位置方案集合,用集合表示为 $Q=\{(X_1,X_2,\cdots,X_p)\mid(X_1,X_2,\cdots,X_p)$ 为可行解$\}$。二级目标模型相当于在可行集 Q 中进行筛选,人口加权距离最小的可行解为最优解。

$$二级目标:\min \sum_i \sum_j p_i d_{ij} Y_{ij} \tag{7-12}$$

$$(X_1, X_2, \cdots, X_p) \in Q \tag{7-13}$$

$$X_j, Y_{ij} \in \{0,1\} \tag{7-14}$$

其中，p_i 表示村 i 人口；Q 为目标 1 模型计算得到的可行选址集；X_j，Y_{ij} 为决策变量，如果最终在可行位置 j 配置消防站，则 $X_j = 1$，否则 $X_j = 0$；如果村 i 被消防站 j 覆盖，则 $Y_{ij} = 1$，否则 $Y_{ij} = 0$。目标函数(7-12)式表示人口加权后的总出行距离最小，(7-13)式表示消防站位置必须满足一级目标，是一级目标的可行解，(7-14)式规定了 X_j, Y_{ij} 为 0～1 变量。

（2）多目标配置模型选址。基于多目标配置模型，分别得到响应时间在 6 min，5.5 min，5 min，4.5 min，4 min 条件下的消防站点空间配置，如图 7-8(a)～(d)所示。图中黑色圆点表示拟建消防站位置，不同颜色表示辖区范围。图 7-9 是消防站数量和辖区范围随响应时间变化的折线图。6 min 响应时间下消防站均匀分布在镇域范围内，以保证均等化，人口因素对空间配置影响较小；响应时间降为 5.5 min 时，增加了 2 个消防站，位于斗门城区，这是因为斗门城区为镇域人口最密集的区域，因此该处配置消防站效率最高；当响应时间降为 5 min 时，同样新增 2 个消防站，选址依旧选在人口密集较高的地区(三灶镇北部和高栏杆区北部)；若响应时间降为 4.5 min，则新增 3 个消防站，说明边际成本提高；若响应时间降为 4 min，则需要再新增 4 个消防站，此时需要投入更高的边际成

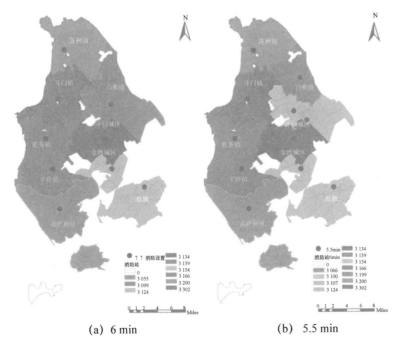

(a)　6 min　　　　　　　　(b)　5.5 min

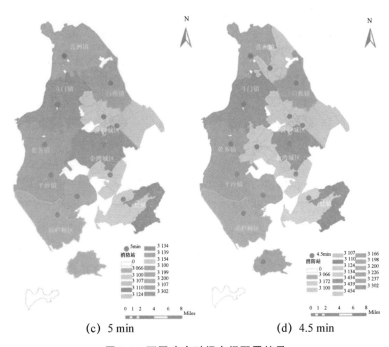

(c) 5 min　　　　　(d) 4.5 min

图 7-8　不同响应时间空间配置结果

本才能换来出动时间的提升。如图 7-9 所示辖区面积变化也表明,随着响应时间变短,边际辖区面积也越来越小,边际消防站数量却越来越多,在考虑建设维修成本条件下,需慎重考虑消防站点设置数量。

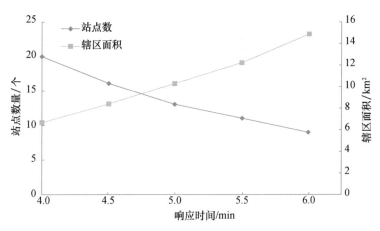

图 7-9　消防站数量和辖区范围折线图

（3）动态配置模型与模拟。动态配置模型将人口变化考虑到空间选址中，各种公共设施的建设既要满足近期居民的需求，也要满足远期的规划要求。动态配置模型按照人口变化、道路网络等要素的变化情况将选址工作分成若干阶段，按照每一阶段的最优目标求解，同时上一阶段的配置结果会影响下一阶段的配置方案。

如果将消防站空间配置分为两个阶段：近期规划和远期规划，则近期规划应保证所有消防站在最大服务半径 D 下覆盖至少 $P\%$ 的行政村数量，同时选址尽量接近现状人口密集地区；远期规划在近期规划基础上再新增若干消防站，使所有的消防站覆盖全部镇域，新增消防站应尽量接近规划人口密集地区。

① 近期规划模型。近期规划模型基于 MCLP 模型，MCLP 模型解决了固定消防站数目下如何进行空间配置是覆盖人口最大的问题。如果以消防站数目 x 为自变量，村覆盖率 $P\%$（非人口覆盖率）为因变量，通过 MCLP 模型求解不同 x 条件下 $P\%$ 的值，我们可以做出 P 随 x 变化的离散函数，进而找到目标覆盖率下新建消防站的数量以及最优配置方式。MCLP 模型目标函数为

$$\max \sum_i p_i Y_i \tag{7-15}$$

$$N_i = \{j \mid d_{ij} \leqslant D\} \tag{7-16}$$

$$Y_i \leqslant \sum_{j \in N_i} X_j \tag{7-17}$$

$$\sum_j X_j = x \tag{7-18}$$

$$Y_i, X_j \in \{0,1\} \tag{7-19}$$

其中，i 表示行政村，j 表示拟建的消防站位置；d_{ij} 表示行政村 i 与消防站 j 之间的距离；D 表示设施的最大服务半径；x 表示要配置的设施数量。决策变量为 X_j 和 Y_i。若在潜在的设施点 j 配置消防站，则 $X_j = 1$；否则 $X_j = 0$；行政村 i 被某一消防站覆盖时，Y_i 取值为 1；否则 $Y_i = 0$。目标函数（7-15）式表示消防站覆盖的人口最优；（7-16）式定义了覆盖行政村 i 的消防站集合；（7-17）式决定行政村是否在有效服务半径内被消防站覆盖；（7-18）式对消防站数量进行了约束；（7-19）式定义了 Y_i, X_j 为 0～1 变量。

随着 x 不断增加，$p\%$ 也不断增加，当 $p\%$ 超过规定覆盖率 $P_0\%$ 时，对应的 X_0 即为需要建设的消防站数量，对应的 X_j 为消防站建设的位置。

② 远期规划模型。远期规划模型与多目标规划模型十分接近，唯一不同的是加入已建消防站的影响。同样分为两级目标，一级目标保证规划年达到 100%覆盖率，目标函数为

$$\text{一级目标：} \min \sum_k Z_k \tag{7-20}$$

$$N_i = \{j \mid d_{ij} \leqslant D\} \tag{7-21}$$

$$\sum_{k,j \in N_i} (X_j + Z_k) = 1 \tag{7-22}$$

$$X_j \neq Z_k \tag{7-23}$$

$$Z_k \in \{0,1\} \tag{7-24}$$

其中，X_j 表示在一阶段已经建设的消防站；Z_k 为决策变量，若在位置 k 配置消防站，则 $Z_k=1$，否则 $Z_k=0$。目标函数(7-20)式规定了新建消防站数量尽可能少；(7-21)式定义了任意村 i 的可供服务的消防站的集合；(7-22)式表示新建消防站和已有消防站必须覆盖所有村镇；(7-23)式表示新建消防站不能在已有消防站上建设；(7-24)式定义 Z_k 为 $0\sim1$ 变量。

一级目标求解后会得到新建消防站的数量 p 以及一系列可行解，每个可行解由原有消防站位置 X_j 和新建消防站可行位置 Z_k 组成，用集合表示为

$$Q = \{(X_1, X_2, \cdots, X_{X_0}, Z_1, Z_1, \cdots, Z_k) \mid$$
$$(X_1, X_2, \cdots, X_{X_0}, Z_1, Z_1, \cdots, Z_k) \text{ 为可行解}\} \tag{7-25}$$

二级目标在可行解中进一步筛选，选择规划人口加权距离最小的配置方式，二级目标函数为

$$\text{二级目标：} \min \sum_i \sum_j q_i d_{ij} Y_{ij} + \sum_i \sum_j \sum_k q_i d_{ij} Y_{ik} \tag{7-26}$$

$$(Z_k, X_j) \in Q \tag{7-27}$$

$$Z_k, Y_{ij}, Y_{ik} \in \{0,1\} \tag{7-28}$$

目标函数(7-26)式表示规划人口加权后的总出行距离最小；(7-27)式表示新建消防站位置必须满足一级目标；(7-28)式规定了 Z_k, Y_{ij}, Y_{ik} 为 $0\sim1$ 变量。

（4）动态配置模型选址。动态配置模型的近期目标需要保证近期消防站能覆盖 50% 的行政村，选址接近现状人口；远期目标要保证近期和远期消防站覆盖所有行政村，远期消防站接近规划人口。

首先为了达到 50% 覆盖率，需要了解站点设置数量与行政村覆盖率的变化关系，如图 7-10 所示，当消防站数量至少为 6 座时，覆盖率超过 50%，因此近期需要新建 6 座消防站。MLCP 模型给出了 6 座消防站的空间位置，如图 7-11(a) 所示，6 座消防站主要位于现状人口集中的地区。因此虽然行政村覆盖率只有 53.7%，但人口覆盖率却达到 72%。

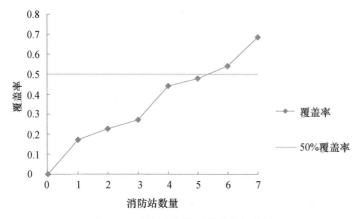

图 7-10　消防站数量—覆盖率折线图

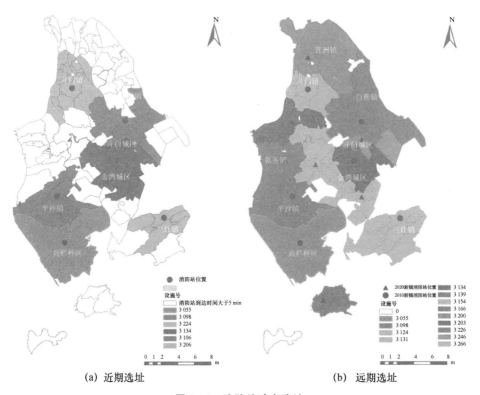

(a) 近期选址　　　　　　　　　　(b) 远期选址

图 7-11　消防站动态选址

其次新建 7 座消防站,如图 7-11(b)三角图标。近期消防站和远期消防站共 13 座消防站,数量与 5 min 响应时间条件下多目标模型配置的消防站数量相同。

通过对比图 7-11(a)和图 7-11(b)发现,两种模型的侧重点有所不同,动态配置模型将新增的消防站位置放在规划人口密集的地区,例如高栏杆区和金湾区,而基于现状人口则会优先考虑平沙镇和三灶镇,由此可见未来人口变化对消防站空间配置带来的影响。

7.4 村镇区域基础设施配置关键技术研究

7.4.1 基于土地利用结构变化的基础设施空间均等化配置技术

1. 土地利用结构变化态势

村镇区域基础设施配置与村镇区域自身的土地利用结构息息相关,不同类型的土地利用结构对基础设施的需求差异巨大,而基础设施的配置还应充分考虑到村镇区域的土地利用结构在未来可能发生的变化,从而保留适度超前的弹性。本书重点针对 3 类村镇区域的土地利用结构及其发展趋势,探讨相应的基础设施配置需求。3 类村镇区域分别为:处在快速城镇化进程中的村镇区域、正在集聚发展的新型农村社区、因旅游业等产业发展而出现大量异质空间的村镇区域。

2. 土地利用结构变化对村镇区域基础设施配置影响

根据以上分析,可以得到村镇区域土地利用结构和基础设施配置之间关系的模型,如图 7-12 所示。

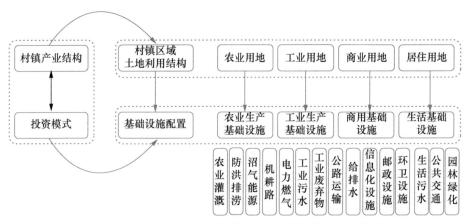

图 7-12　村镇区域土地利用结构和基础设施配置之间关系模型

村镇区域土地利用结构与基础设施配置存在对应关系。村镇区域主要的土地利用方式大致有农业用地、工业用地、商业用地和居住用地,其中,居住用地可能是集体属性,也可能是国有属性。各类用地分别承载不同功能,因此也对基础设施有不同的需求,其中,农业用地主要承担农业生产功能,农业灌溉、防洪排涝、沼气能源、机耕路等与农业活动密切相关的基础设施;工业用地上的工业生产活动,需要电力燃气、工业污水和废弃物处理、国道甚至高速公路等公路运输设施等基础设施;商业用地和居住用地则对生活必需的公共基础设施有更多需求,包括给排水、电力、信息化、邮政、环卫、生活污水处理、公共交通、园林绿化等市政设施。

这些基础设施并非一成不变,而是随着村镇区域各类用地的此消彼长而发生替代变化,如在快速城镇化过程中通常发生的农业用地消减而工商业用地阶段性增加的现象,就会导致农业类基础设施的配置需求下降,而工商类基础设施的配置需求上升,从而推动村镇区域基础设施网络不断丰富。

村镇区域土地利用结构受到村镇产业结构的影响,而影响产业结构变化的因素既有城镇化、工业化这种整体上的改变,也有旅游业这种对特定区域的影响。此外,投资模式的变化也会影响基础设施的配置,当前大多数村镇区域的基础设施投资均由地方政府负担,往往受到地方政府财力限制,导致基础设施配置不到位、标准低、欠账多,且缺乏后续的持续运营,随着政府和社会资本合作(Public-Private Partnership, PPP)等新的投资模式逐步推广普及,村镇区域的基础设施配置也越来越灵活,效能不断提高,能真正发挥应有作用。

7.4.2　基于土地利用结构变化的基础设施空间均等化配置技术

在上述模型框架下,根据村镇区域的不同类型,确定相应的基础设施配置技术。

1. 复合型村镇区域的基础设施配置:适度超前,对接城镇

快速城镇化中的复合型村镇区域,其土地利用结构具有农业用地快速下降、工业和商业用地阶段性上升的趋势,实际上意味着村镇区域的整体环境建设和基础设施配置都在向城镇区域的标准看齐。农业用地的减少表明农业活动正逐渐退出该区域,原有的农业生产基础设施还将在一段时期内保留,而一旦出现开发机会,这些设施将很快被改造为城镇生产生活所需的设施类型,如农业灌溉系统被替换为城镇给排水系统,机耕路被改造为车行公路。

因此,复合型村镇区域的基础设施配置应适度超前,按照城镇区域的基础设施配置标准进行配置,并在城镇化水平跨越一定门槛后全面纳入城镇基础设施网络体系。

2. 集聚型村镇区域的基础设施配置:集中投资,集约建设

农民集中居住的集聚型村镇区域对农村基础设施建设有影响,是因为推进

农民集中居住,必然会推进农村闲置宅基地的综合利用,盘活农村现存的大量闲置宅基地,能进一步集约利用农村土地;同时实施农村土地流转集中后,有利于吸引政府资金集中用于农村土地规整、水利设施建设、农业技术推广等,同时也能吸引社会资金用于农业生产基地建设和农产品流通基地建设等,有利于全方面推动农村经济基础建设。

农民集中居住不是农民单方面的迁移行为,这其中需要政府扮演引导员的角色,并为集中居住后的农村基础设施的建设提供资金支持,否则农民集中居住的意义不大。政府投入一部分资金,同时有限度的、有条件的引入民间资本投入农村基础设施的建设。一方面建设公共基础设施,修建道路、学校、医院,敷设水电气管道线路,整理闲置的宅基地,逐渐改变农村的面貌。另一方面,通过投资建设农业基础设施,包括水利工程建设、零散耕地的规整、农产品物流体系的建立、农业科技站等设施的建设,加强发展的基础建设。通过这两方面的共同协作,美化农村面貌,提高经济的发展水平,最终实现乡村空间结构向现代化乡村演变,而发展的乡村经济又必然反哺乡村基础设施的建设。

3. 异质型村镇区域的基础设施配置

因旅游等产业发展形成的异质型村镇区域,其土地利用结构中的农业生产部分在很大程度上得以保持原状,农业生产用地可在继续进行农业生产活动的同时,作为观光农业旅游项目吸引游客,因此这类地区的基础设施配置也在整体上基本保持原样。而另一方面,当资本进入农村地区后所开发的面向城镇游客的旅游景点,则需要结合项目选址、类型、规模等,单独引入较高标准的基础设施网络,甚至在部分高端景区,设施配置标准高于一般城镇标准。景区的基础设施配置投资有很大一部分可由景区开发主体负担,政府应首先确保这些异质型项目配置满足游客接待要求;同时可借助旅游开发契机,逐步推动高标准基础设施向周边乡村地区延伸,逐步将乡村地区的给排水、垃圾处理、电力、通信电缆、道路等纳入高标准基础设施范围。

7.4.3　基于城乡一体化发展的基础设施网络化布局技术

1. 城乡一体化发展对村镇区域基础设施的影响

(1) 打破城乡割据,以城乡一体的理念统筹规划。在城乡一体化改革中,从经济社会发展的全局考虑,将城市和村镇区域作为一个整体,以城乡一体的理念指导规划建设活动,将城乡各项资源重新整合,优化配置。以城乡一体的基础设施规划作为龙头,在编制各项规划时,打破城乡界限,把整个市域作为一个整体来规划。从总体规划、控制性详细规划,到各类专项规划,都体现城乡一体的理念和标准,确保基础设施向农村延伸,使农民生活与城市接轨。

（2）"三集中"为基础设施一体化创造条件、提高了效益。"三集中"是指工业企业向园区集中、农业用地向适度规模经营集中、农户向城镇或新型社区集中。"三集中"一改各村镇各自为政的局面,树立了相互合作共生的意识;相反如果村庄空间格局分散,一方面会分散基础设施建设的财力、增加基础设施建设成本,另一方面会导致基础设施运转无法产生规模效益,往往会亏本经营,不可持续发展。譬如为村庄架设供水供电供气管网、建设道路桥梁、开通公交线路时,对比有 10 户人家和 1 000 户人家的村庄的投入产出,显而易见集中提高了效益。

（3）多元筹资为一体化建设提供资金保障。资金是开展各项社会事业和从事社会活动的关键,因此资金的筹措对基础设施的城乡一体化建设来说至关重要。按照城乡一体化发展思路,城市全域按照"政府引导、市场运作、多元投资、共同开发"的城乡基础设施建设投融资机制。譬如,在农村公路养护方面,按照"县乡自筹、省市补助、多元筹资"的原则,明确县道以及乡、村道的管理养护资金分别由县级市(区)、镇人民政府纳入财政预算,各县(市)区政府出台的《意见》或《办法》都应明确辖区内农村公路相应的配套补贴标准,从制度上落实资金支出渠道和增长机制。

（4）制定相关标准为一体化提供技术支撑。标准具有先进性、规范性、实用性和指导性。在基础设施建设中高度重视相关标准的制定,通过统一的标准为农村基础设施建设提供技术支撑,保障城乡基础设施实现一体化。譬如,在农村信息化建设方面,充分运用国家、地方省标准的基础上,逐步完善支撑全市信息化建设的标准体系(该标准体系涵盖通用基础标准、应用标准、信息资源标准、应用支撑标准、网络标准、信息安全标准、管理标准等)。在乡村污水处理设施建设方面,积极探索排放标准、设计方式、治理模式和工艺设计、排放水量等"五个统一"规范。

（5）构建完善的一体化建设和管理机制。机制是按一定的方式把系统的各个部分组织起来,良好的机制可以使一个系统正常运作、不断优化。以城乡一体化垃圾处置为例,通过建立城乡环境卫生的长效管理机制,城市管理行政执法局是生活垃圾焚烧处理工作的主管部门,由其牵头,财政局、环保局、安监局、供电局、物价局、卫生局、爱卫办、开发区、各镇以及垃圾发电有限公司组成协调机构,负责生活垃圾焚烧有关事项的协调处理监督工作,保证垃圾焚烧处理工作的正常开展。生活垃圾的收集、集中工作实行属地管理。收集、集中、转运、焚烧处理费用由镇、市两级财政承担。对垃圾收集、集中工作成绩突出的单位进行奖励,对违规单位进行处罚。

2. 基于城乡一体化发展的基础设施网络化布局

（1）总体布局目标。构建 5 大基础设施网络体系,促进城乡一体化进程。经过多年的投资与建设,我国农村道路等交通设施状况有了明显改善,水利设施建设也保障了农村水利灌溉与农村饮用水安全问题,电力设施建设也取得长足进步,城乡邮电通信设施在物质和信息传播中也发挥了重要作用。但是由于历史欠账太多,目前农村地区发展仍旧缓慢,基础设施建设还需要进一步加强,促进基础设施向农村延伸,拉近城乡差距,加快城乡基础设施一体化进程,进而加快城乡一体化的发展。

第一,构建城乡一体化交通网络。继续提升城乡交通便捷度,大力发展农村公路,在满足基本需求的前提下,适当考虑城乡未来发展。公路建设要扎实,防止豆腐渣工程的出现,公路的安全与养护工作也要落到实处,以增强陆路网络系统的安全性。农村公路的提级改造工作需要加强,优先考虑通往旅游景区、通往码头等重要县乡道路。应规划建设农村客运站,加快公交向农村延伸,优化城乡客运的路线和公交站点布局,在城乡与乡乡之间建立快捷的城乡公交网络。加大力度支持港航基础设施建设,促进水运市场发展,推动形成交通网络立体化,真正实现城乡资源共享。

第二,构建城乡一体化供排水网络。其一,促进水利设施的可持续发展。如何提高水的利用效率,建设节水型社会是当前要考虑的重点问题。水利设施不仅需要加强建设维护,更要进行节水改造,增强水资源的调控力,为可持续发展奠定基础。可以对节水灌溉设备进行税收优惠、政府对其管理维护费给予适当的补贴等。大型与小型水利设施建设互补发展,增强防洪抗旱能力。其二,落实城乡饮水安全工程,实现城乡一体化供水。以提供安全水源、改善水质、保证水量为总标准,抓好水源、监测水质,增强污水净化能力,努力建设向农村延伸供水管网络,优先解决污染严重地区的饮水安全问题,保证城乡尤其是农村地区的用水需要和安全。

第三,构建城乡一体化供电网络。城乡电力设施不足主要存在于农村地区,继续对农村电网进行改造升级,以安全供电为基础,以满足农村建设需求为导向,全面提高供电能力和运行经济效率。统筹管理城乡输电网络和配电网络,增强供电设施建设的规划性,如变电站的建设、中压配网的建设与改造、无功补偿装置的采用等,减少损耗,提升电力系统稳定性。在城乡电力管理方面进行全面深化改革,探索规范农村电力管理系统,逐步实现"一张电网全覆盖",逐步实现"同网同价"。

第四,构建城乡一体化邮电通信网络。一是按照城乡一体化发展的要求,应普及农村移动电话使用率,增加农村移动通信网络的覆盖面;在保证数量的同时也应保证质量,通过通信网络优化,促进通话质量的维护与升级;另外,应增强应急通信保障能力,建立长效机制,提升在重大自然灾害未发生时的防灾能力,已发生时的减灾能力。二是加快城乡光纤宽带网络建设,提升无线网络质量,建设社会主义信息化新农村。在建设多元化信息终端的同时,应加强对农村居民的技术培训,利用现代化信息技术平台,推动农业现代化的发展。

第五,构建城乡一体化环保设施网络。在精神层面,持续宣传"节能环保"意识,强化垃圾分类教育,推进生态文明建设,实现美丽中国。在物质层面,一是在城乡接合部积极推进供气管道向农村延伸,推广天然气的使用;在偏远地区,大力发展农村沼气,全面推广清洁燃料的使用。二是注意对生活、医疗垃圾和工业废弃物的环保处理等。三是对城乡垃圾站的规划建设要合理,切实提高城乡尤其是农村地区的垃圾处理能力。在制度层面,加强环境监管,完善环保制度,为城乡环保一体化提供强有力的制度保障。

(2)分类布局思路。共享类、非共享类、选择性共享类。城乡一体化发展进程与当地基础设施发展水平有重要关系,城乡一体化进程会受制于基础设施的发展水平,并且城乡一体化发展进程是与当地基础设施区域形态形成同步的过程。基础设施在促进城乡协调发展过程中起到引导、配套、支撑和渗透的作用,如能源、供水、供气等各个系统为城乡建设提供了必不可少的物质支撑,城市向农村渗透发展也往往是先通过交通、通信、电力、能源这些渠道来提高农村的生活水平,缩小城乡之间的差距,从而确保城乡共同体协调、有序地发展。

城乡一体化发展并不意味着通过规划使得镇乡、村庄的基础设施建设水平与城市的水平相当,而是找到适合农村基础设施的标准和模式,在其经济水平下让人民拥有与其对应的基础设施发展平台。

由于城乡经济发展差异导致基础设施建设的差距,致使城乡基础设施发展建设水平差距很大,城乡建设之间的矛盾激增,城乡之间很难协调发展。城乡一体化作为探索城乡和谐发展,缩小城乡差距的实现方式,它是建立在城乡融合发展的基础之上,对整个城乡区域中的各个不同地区的兼顾及不同发展模式的协调。基于城乡一体化发展的基础设施网络化布局模式并不是采取城乡完全相同的模式,它仅仅将不同自然条件、资源条件、经济发展水平的地区协调起来考虑,因地制宜采取不同的建设发展模式,并建立城乡之间的统一管理,寻求不同模式的解决方式,使得城乡基础设施以最大能力为居民提供生活条件和生产基础,因此城乡基础设施实现一体化更强调的是实现生存质量的一体化,而不是建设模式的一体化。

以是否适宜共享为标准,可将基础设施划分为选择性共享类、非共享类、共享类。选择性共享类基础设施指的是在一定距离、规模条件约束下实现区域共享具有比较优势的基础设施,如污水基础设施、给水基础设施、供热基础设施等;共享类基础设施指自身具有共享特性或者基础设施具有外部输入性时,通过共享设施可以减少固定投资的基础设施类别,如供电基础设施、燃气基础设施、区域供水等；非共享类基础设施是指基础设施的布局为就近、分散的原则，共享不具有优势的基础设施类别，主要为雨水基础设施，如表 7-23 所示。

表 7-23　农村基础设施共享分类一览表

序号	设施分类		设施内容	共享建议
1	道路交通基础设施	乡道系统	村—镇联系道路、村—村联系道路、村庄内部道路	非共享类
		机耕路系统	农业生产道路，规模化生产地区较多	非共享类
		乡村公交系统	乡村公交站点、候车设施	非共享类
2	给排水基础设施	区域供水工程	区域调水工程、水源工程	共享类
		给水系统	管网、自来水厂	选择性共享类
		自提水井	——	非共享类
		雨水系统	雨水管网、雨水排渠	非共享类
3	能源基础设施	电力系统	电力网、变电站	共享类
		燃气系统	燃气管网、加压泵站	选择性共享类
		沼气系统	沼气管网、沼气池	非共享类
		供热系统	热力管网、加压站	选择性共享类
4	通信基础设施	电信网络系统	电信线路、基站	非共享类
		邮政系统	邮政所、邮政办理点	非共享类
5	环境基础设施	污水处理系统	污水管网、污水处理厂	选择性共享类
		环卫系统	垃圾收集点、垃圾压缩站、垃圾转运站	非共享类
		垃圾处理系统	垃圾处理厂	共享类
6	防灾减灾基础设施	消防系统	消防管网、消防栓、消防水池	非共享类
		应急庇护系统	避难场所、疏散通道等	非共享类
		防洪排涝系统	堤围、泵站、排渠	共享类

注：上表所指设施为农村基础设施，共享类型主要考虑与城市、城镇共享可能性。

　　（3）布局方法——以垃圾处理设施为例。农村垃圾（主要为生活垃圾）处理设施的网络化布局需要与垃圾处理模式结合，根据各省调研情况，除个别偏远地区采用就地处理、自然降解的方式外，大部分农村地区可以采用城乡一体化的处理模式，例如垃圾处理厂可采取共享式布局。

　　目前，全国都在将"户分类、村收集、镇转运、县（市）处理"的方式，纳入县级以上生活垃圾无害化处理系统。该系统原则上适用于垃圾处理厂周边约 20 km 范围内、与城市间运输道路 60% 以上具有县级道路标准的镇（乡）及重点村庄。具体布局方法：

　　① 户分类：指农村居民在日常生产、生活过程中对垃圾的初步分类行为。农村居民应该对生活垃圾进行初步分类，可回收垃圾自行处理给有偿回收机构，

可堆肥垃圾直接进行堆肥处理,每户村民配备 6～8 L 垃圾容器一个,用于盛放其他垃圾,自行倾倒在各村(组)垃圾屋(池)内。

② 村收集:指由村委会组织或者聘用专业人员将村庄产生的生活垃圾收集运输到中转站。垃圾收集工作一般由保洁员负责,各村(组)应按照实际情况,组建清扫、收集保洁队伍,以 50 户村民配备一名保洁员为宜。保洁员主要通过村规民约、聘用合同等形式明确,负责公共场所保洁,清理公共垃圾收集点,将其垃圾运送至垃圾转运站。

③ 垃圾屋(池):指专门用于临时存放垃圾的设施。公共垃圾屋池应尽量选择靠近村民聚居点,远离水源地段,一般 10 户左右村民设立一个,服务半径100 m,用于盛放其他垃圾及堆肥垃圾的残渣。如果使用垃圾斗(箱)等容器,要考虑容积大于 240 L,且做好损毁后的更换储备工作。

④ 村(组)用垃圾收集车:指专门用于将各垃圾屋内生活垃圾运输至中转站的车辆。各村(组)应配置专用垃圾收集车,每辆车服务半径 2 km 左右,服务人口为 500 人左右。车辆可以根据实际情况采用人力或机动车,要采取密闭措施,尽量减少遗撒。每台车配备一套收集作业工具(铁锹、扫帚),夏季还应配备消毒设施及药品,定期消杀。

⑤ 垃圾转运站:指为了减少垃圾运输过程的运输费用而在垃圾产生地与垃圾处理场之间设置的转运设施。各镇(乡)垃圾转运站应具备压缩功能,或者使用压缩垃圾车转运,由密闭垃圾转运车将压缩后的生活垃圾运输至生活垃圾处理场。垃圾转运站占地面积不应小于 100 m²,服务半径 5 km,服务人口为 5 000 人左右,可根据每日垃圾量大小配备适宜的垃圾转运车,一般转运站至垃圾处理场运距在20 km 以内,每天垃圾量在 10 t 以内的可考虑配备一台 5 t 转运车辆。

⑥ 县(市)处理:从镇(乡)转运到县(市)垃圾无害化处理场的垃圾,由无害化处理场按照国家标准、规范进行处理。

7.4.4 基于低冲击开发的基础设施分布式空间配置技术

为实现资源节约、环境友好的村镇区域基础设施配置目标,结合村镇地区实际需求,从绿色基础设施的角度切入,对村镇区域基础设施空间配置要求进行研究。

1. 村镇地区绿色基础设施的发展趋势

在环境日益恶化、能源问题日渐突出的今天,发展低碳生态经济成为必然。我国仍是一个城镇化水平相对较低的农业大国,占国土面积 57.59% 的农村地域,环境资源相对丰富、可再生能源和新能源分布广泛,是我国低碳生态建设的重要组成部分。

目前,美国、德国、日本、澳大利亚、丹麦、韩国等发达国家已经开展了乡村绿色基础设施建设的研究,改变过去高成本、重工程、轻生态的治理方式。乡村绿色基础设施建设的研究主要集中在污水处理、垃圾分类、绿色能源利用等方面。

2. 村镇地区绿色基础设施选择

(1) 低冲击设施。低冲击开发理念源于 20 世纪 90 年代的美国,作为新兴的城市规划理念,目前在欧美等发达国家得到了普遍推广和应用。其基本原理是通过分散的、小规模的源头控制机制和技术措施来对暴雨所产生的径流和污染进行控制,使建设区域开发后尽量接近于开发前的自然水文状态。

低冲击开发技术按主要功能可分为渗透、储存、调节、转输、截污净化等。通过各类技术的组合应用,可实现径流总量控制、径流峰值控制、径流污染控制、雨水资源化利用等目标。各类低冲击开发技术又包含若干不同形式的低冲击开发设施,主要有绿色屋顶、下沉式绿地、生物滞留设施、渗透塘、渗井、湿塘、雨水湿地、蓄水池、雨水罐、调节塘、调节池、植草沟、渗管渠、植被缓冲带、初期雨水弃流设施、人工土壤渗滤等。其在不同功能、控制目标、处理方式、经济性及景观效果上有着不同的侧重,同时,农村地区的水稻田、滩涂地、灌溉蓄水池、引水渠等亦是天然的低冲击设施,如表 7-24 所示。

表 7-24　低冲击设施一览表

单项设施	功能					控制目标			处置方式		经济性		污染物去除率(以 SS 计,%)	景观效果
	集蓄利用雨水	补充地下水	削减峰值流量	净化雨水	转输	径流总量	径流峰值	径流污染	分散	相对集中	建造费用	维护费用		
透水砖铺装	○	●	◎	◎	○	●	◎	◎	✓	—	低	低	80~90	—
透水水泥混凝土	○	○	◎	◎	○	◎	◎	◎	✓	—	高	中	80~90	—
透水沥青混凝土	○	○	◎	◎	○	◎	◎	◎	✓	—	高	中	80~90	—
绿色屋顶	○	○	◎	◎	○	●	◎	◎	✓	—	高	中	70~80	好
下沉式绿地	○	●	◎	◎	○	●	◎	◎	✓	—	低	低	—	一般
简易型生物滞留设施	○	●	◎	◎	○	●	◎	◎	✓	—	低	低	—	好
复杂型生物滞留设施	○	●	●	○		●	◎	●	✓	—	中	低	70~95	好
渗透塘	○	●	◎	◎	○	●	◎	◎	—	✓	中	中	70~80	一般
渗井	○	●	◎		○	●	○	◎	✓	✓	低	低	—	—
湿塘	●	○	●	◎	○	●	●	◎	—	✓	高	中	50~80	好
雨水湿地	●	○	●	●	○	●	●	●	✓	✓	高	中	50~80	好
蓄水池	●	○	●		○	●	●	○	—	✓	高	中	80~90	—
雨水罐	●	○	◎		○	●	●	◎	—	✓	低	低	80~90	—

（续表）

单项设施	功能					控制目标			处置方式		经济性		污染物去除率（以 SS 计，%）	景观效果
	集蓄利用雨水	补充地下水	削减峰值流量	净化雨水	转输	径流总量	径流峰值	径流污染	分散	相对集中	建造费用	维护费用		
调节塘	○	○	●	◎	○	○	●	◎	—	√	高	中	—	一般
调节池	○	○	●	○	○	○	●	○	—	√	高	中	—	—
转输型植草沟	◎	○	○	◎	●	◎	○	◎	√	—	低	低	35～90	一般
干式植草沟	○	●	○	◎	●	●	○	◎	√	—	低	低	35～90	好
湿式植草沟	○	○	○	●	●	○	○	●	√	—	中	低	—	好
渗管/渠	○	◎	○	○	◎	◎	○	◎	√	—	中	中	35～70	—
植被缓冲带	○	○	○	◎	○	○	○	●	√	—	低	低	50～75	一般
初期雨水弃流设施	◎	○	○	●	○	○	○	●	√	—	低	中	40～60	—
人工土壤渗滤	●	○	○	●	○	○	○	◎	—	√	高	中	75～95	好

注意：●强；◎较强；○弱或很小。本数据来自美国流域保护中心（Center for Watershed Protection，CWP）的研究数据。

（2）污水处理。农村污水处理技术的选择应遵循"因地制宜、接管优先、分类处置、资源利用、经济适用、循序渐进"的原则。现行农村污水处理技术主要包括人工湿地、庭院式人工湿地、氧化塘、太阳能微动力污水处理技术。

① 人工湿地。对于用地较为宽松，拥有丰富处理污水植物种类等条件的地区，适合应用人工湿地对污水进行处理。人工湿地的建造，先将砾石、砂、土壤和煤渣等材料按一定比例填入，然后种植可以吸收净化污水的植物。人工湿地中的植物是污水净化的主体，直接吸收、固定和富集污水中营养物以及有毒有害物质，通过光合作用获取能量，还有改善环境、生产可再生资源等价值。人工湿地能去除污染物中的氮、磷、有机物、金属离子等。污水经人工湿地处理后，出水水质可达到一级 B 标准。

② 庭院式人工湿地。单户或联户居民的生活污水进入人工湿地，利用湿地基质的过滤吸附、湿地植物根系的吸收、好氧与厌氧生物菌群的分解作用净化污水。规模较小，产生的污泥量较少，出水水质好，有机物、氨氮和总磷的去除率达90%以上，适用于单户或相邻两户合建生活污水处理系统时采用。

③ 氧化塘。氧化塘又称稳定塘或生物塘，是利用天然净化能力处理污水的构筑物的总称。塘中水生植物、水产和水禽的人工生态系统，在太阳能作用下，多条食物链物质迁移、能量传递转化，去除污染物，且水生植物、水产水禽回收资源，净化后污水可作再生资源，达到水处理资源化。氧化塘分好氧、兼性、厌氧、曝气塘等，可多种塘或者多级组合运行。适用于土地丰富，土地便宜，尤其是含

大片废弃洼地坑塘、废旧河道等的村镇。经氧化塘处理的出水可农业灌溉,也可在氧化塘中进行水生植物和水产养殖。

（3）垃圾分类收集与处理。垃圾分类,指按一定规定或标准将垃圾分类储存、分类投放和分类搬运,从而转变成公共资源的一系列活动的总称。分类的目的是提高垃圾的资源价值和经济价值,力争物尽其用。垃圾分类主要目的是为了减少垃圾占地、减少垃圾堆环境污染、将垃圾中有用的部分变废为宝。现行的垃圾分类回收过于简单,在城市的分类垃圾桶分为可回收物和不可回收物。由于垃圾分类不足,现行的垃圾处理方式,如焚烧、堆肥和填埋等都对环境产生较大的压力。因此,结合农村生活和生产习惯,生活垃圾建议分为 4 类,包括可回收垃圾、可堆肥垃圾、不可回收垃圾和有害垃圾如表 7-25 所示。

表 7-25　农村生活垃圾分类

类别	内容
可回收垃圾	适宜回收循环使用和资源利用的废物:纸类、塑料、金属、玻璃、织物等以及体积较大、整体性强、需要拆分再处理的废家用电器和家具等
可堆肥垃圾	垃圾中适宜利用微生物发酵处理并制成肥料的物质,包括剩余饭菜等易腐食物类,树枝、花草等可堆沤植物类等
不可回收垃圾	不适宜回收的塑料橡胶制品、旧织物用品、废木料等
有害垃圾	垃圾中对人体健康或自然环境造成直接或潜在危害的物质,包括废弃电子产品、废日用化学品、废油漆、废灯管和过期药品等

（4）绿色能源。绿色能源,是指不排放污染物的能源,本书主要是指可再生能源,如水力发电、风力发电、太阳能、生物能（沼气）等。对于我国农村地区,一方面要做到能源节约,通过实行低碳生活方式,提高能源利用率;另一方面是农村居民对可再生能源的利用,在乡村地域范围内加强对太阳能、风能等自然资源及可再生物质资源的利用。

3. 绿色基础设施的空间配置

（1）低冲击开发。低冲击设施的空间配置包括维护径流传输路径畅通、保障径流调蓄空间、减缓村庄建设对水环境影响 3 部分。

径流传输路径包括河流、季节性河流。针对河流,布置植被缓冲带,净化入河径流水质;针对季节性河流,布置传输性植草沟,增强其连通性。

调蓄空间包括湖泊、湿地、滩涂等自然要素及小流域汇水点。针对自然要素,布置湿地公园、雨水公园,增强其景观性;针对小流域汇水点布置灌溉蓄水池、下沉绿地、渗透塘、渗井加强汇水效率及水资源利用率。

村庄建设对水环境的影响主要包括建设用地下垫面硬质化及农田、养殖面源污染。针对下垫面硬质化，在村口广场、村落公园使用透水砖、透水混凝土，在村庄附近修建沉沙池、渗滤池、集水设施和水处理设施，增强径流控制率；针对养殖面源污染，识别养殖场及农田流域汇水点及汇水路径，布置复杂型生物滞留设施、雨水湿地、湿式植草沟及初期雨水弃流设施。

（2）污水处理。各类型污水处理措施针对不同类型的农村进行配置，如表7-26所示。

对分布分散、人口规模较小、地形复杂、污水集中收集较困难的村庄，宜采用无动力的庭院式小型湿地的分散处理模式。对于单户或者 2～3 户的村民小组应配置一处，占地面积约为 3～6 m²。

对分布较密集、人口规模较大、经济条件好、旅游业或村镇企业发达的村庄，宜采用人工湿地进行集中处理。地表水较为丰富的地区，结合废弃水塘或新规划可利用的水体进行设置，占地约 4～6 m²。其中，位于饮用水水源地保护区、自然保护区、风景名胜区等环境敏感区域的村庄，须按照功能区水体相关要求及排放标准处理，达标后方可排放。对于用地较为宽松的地区，可以应用氧化塘的技术，其具有能耗低、运行费用低的特点。

离城镇污水管网近、高程等符合接入条件的农村污水可采用城乡统一处理模式。

表 7-26 各类污水处理技术一览表

规模/(m³/d)	推荐工艺	建造成本元/(m³/d)	局限性	适宜条件
<50	庭院式人工湿地	500～1 000	N,P 去除率不高	适合比较分散的村庄，单户或 2～3 户
50～150	氧化塘	1 000～1 200	N,P 去除率不高	适合有废弃水塘或新规划可利用的水体，且有活水来源的村庄
50～500	人工湿地	1 200～1 300	易受季节性影响	土壤渗透率小，土地资源相对丰富

（3）垃圾分类。垃圾分类在垃圾产生、转运、处理各个环节都应该设置有基础设施。每户家庭要设有多个不同类别的垃圾桶，在自然村中设置专门的垃圾房，每个垃圾房针对不同类别的垃圾配置不同类别的垃圾箱。对垃圾箱也应该针对垃圾体量、状态等进行布置，如瓶罐型垃圾箱容器口要设置成小孔状。在自然村中可以增设交流废物间，当一件被认为不需要但是仍然可以用的物品，可以放到公共的交流废物间，被需要的人利用，很大程度上是促进物尽其用。在农村公共服务设施，如村委会、超市、市场等都应设有垃圾回收站，并布置不同类别的垃圾桶。

垃圾处理环境,需要提升废弃物处理技术,提高回收效率。建议垃圾处理分为再生利用、生物处置、焚烧技术及填埋等,提高废弃物回收、生物处置、垃圾焚烧处理的垃圾数量。

(4)新能源。可再生能源对农村居住空间、公共服务空间产生一定的影响。特别在落后农村地区,以秸秆、畜粪等生物能源为主,而且通过燃烧方式进行使用,效率较低。为了改变这种能源使用方式,农村绿色能源建设要加强对太阳能光伏发电、风力发电、太阳能采暖卫生室、太阳能采暖房、太阳能日光节能温室、太阳能养殖暖棚、太阳灶、沼气池等的利用。其中,生活型设施包括太阳能采暖房、太阳灶、沼气池等,并结合居住建筑的改造、学校建设进行配置;生产型设施包括太阳能日光节能温室、太阳能养殖暖棚等,结合养殖设备的升级进行配置,改善农村居民生活质量,提升农村生产能源条件。

7.5　村镇区域基础设施分布式空间配置标准

7.5.1　基础设施分布式空间配置技术

基于前述的关键技术研究,明确适宜进行分布式配置的基础设施类型,如表7-27 所示。

表 7-27　基础设施分布式配置类型

序号	村镇区域基础设施类型	基础设施布局方式	
		分布式	集中式
1	道路交通基础设施	乡村道路 机耕路 乡村公交站点	—
2	给排水基础设施	水井 生态污水池 生态湿地	农村集中供水 城乡联网供水
3	能源基础设施	生物质能源利用(沼气池) 分布式光伏发电站	集中供电系统 集中供热系统 集中燃气系统
4	通信基础设施	—	集中通信系统
5	环境基础设施	分布式垃圾收集站 分布式压缩中转站	—
6	防灾减灾基础设施	消防设施 防洪排涝设施庇护场所	—

7.5.2　分布式污水处理

1. 规范、标准研究

现有国家规范、标准中,《县(市)域城乡污水统筹治理导则(试行)》《镇(乡)村排水工程技术规程》(CJJ 124—2008)和污水处理厂参照《城市污水处理工程项目建设标准》(建标[2001]77 号)设置较具有参考价值。其中,《城市污水处理工程项目建设标准》(建标[2001]77 号)主要针对污水处理厂的规模和等级设置标准。

《县(市)域城乡污水统筹治理导则(试行)》综合考虑了村庄的区域、经济条件、环境要求等,针对村组处理和分户处理的各类污水处理适宜技术,并对不同的污水处理设施提出了适用规模。

2. 分布式污水处理设施配置

(1)整体布局要求。依据《县(市)域城乡污水统筹治理导则(试行)》,位于集中污水处理管理区主干管 1 km 范围内且污水可以自流入主干管的村庄,应优先考虑纳入污水集中处理管理区规划范围。集中污水处理管理区规划范围之外的村庄应全部纳入县域分散污水处理系统的规划范围。

在进行分布式污水处理设施配置时,应针对村镇区域现有的人口集聚特点、经济发展情况等,以村镇居民生活相对集中区域为单位进行污水分区划分,并根据具体的技术、环境要求选择相应的分布式污水处理设施,如表 7-28 所示。

(2)类型。分布式污水处理设施可采用化粪池、厌氧生物膜池、生物接触氧化池、土地渗滤、稳定塘、序批式反应器、氧化沟、人工湿地、沼气池、普通曝气池、生态滤池和生物浮岛等多种技术类型。

(3)配置标准。

① 人工湿地。人工湿地是一种通过人工设计、改造而成的半生态型污水处理系统,主要由土壤基质、水生植物和微生物 3 部分组成。其具有处理效果比较好,投资费用少,无能耗,运行费用低,维护管理简便等优点,但同时也存在污染负荷低,占地面积大,设计不当容易堵塞,易污染地下水等缺陷。普遍适用于西北、华北、西南、东南、中南地区。人工湿地设施对经济、技术和环境要求相对较低,表流人工湿地建设投资费用约 150~400 元/m^2,潜流人工湿地建设投资费用约 200~600 元/m^2。当污水处理量达到 10~500 t/d,建议优先采用人工湿地设施。

② 稳定塘。稳定塘对经济、技术和环境要求较低,适用于全国各地区,污水处理量可达 10~500 t/d,造价约为 100~150 元/m^2。具有投资费用少,运行费

用低,维护管理简便,水生植物可以美化环境,调节气候,增加生物多样性等优点,但处理效果容易受季节影响,随着运行时间延长除磷能力逐渐下降。

③ 生态滤池。生态滤池本质上是一个微型人工湿地系统,属于生态工程措施。其投资费用省,运行时无能耗,运行费用很低,维护管理简便,水生植物可以美化环境,增加生物多样性。但和稳定塘一样,其污染负荷低,占地面积大,设计不当容易堵塞,处理效果受季节影响,随着运行时间延长除磷能力逐渐下降。适用于西南、东南、中南地区且有可利用的土地资源。生态滤池对经济、技术和环境要求较低,污水处理量可达 $10\sim500$ t/d,村落规模的建设费用一般不超过20 万。

④ 化粪池。当污水处理规模达到 $15\sim100$ t/d,对技术、环境要求不高的情况下,可采用化粪池设施。化粪池具有结构简单,易施工,造价低,维护管理简便,无能耗,运行费用省,卫生效果好等优点。但其处理效果有限,出水水质差,不能直接排放水体,需经后续好氧生物处理单元或生态净水单元进一步处理,污水易泄漏。适用于东北、西北、华北、西南、东南、中南地区经济条件一般或资金相对短缺的村庄。化粪池造价约为 $1.37\sim4.93$ 万元。

⑤ 厌氧生物膜池。当污水处理规模达到 $15\sim100$ t/d,对技术、环境要求不高的情况下,除了化粪池设施外可采用厌氧生物膜池设施。厌氧生物膜池具有投资少,施工简单,无动力运行,维护简便,池体可埋于地下,其上方可覆土种植植物,美化环境等优点。但对氮磷基本无去除效果,出水水质较差,须接后续处理单元进一步处理后排放。广泛应用于各区域污水经化粪池处理后以及人工湿地或土地渗滤处理前的处理单元。适用于东北、西北、华北、西南、东南、中南地区。

⑥ 生物接触氧化池。生物接触氧化池具有结构简单,占地面积小,污泥量少,无污泥回流,无污泥膨胀,对水质、水量波动的适应性强,操作简便、较活性污泥法的动力消耗少,对污染物去除效果好等优点。但是其建设费用增高,可调控性差,对磷的处理效果较差。适用于东北、西北、华北、西南、东南、中南地区具有一定经济承受能力的村庄。其污水处理规模可达到 $10\sim500$ t/d,造价可达数万元。

⑦ 土地渗滤。土地渗滤处理系统适用于污水处理规模为 $10\sim500$ t/d,技术和环境要求较低的村庄,具有结构简单,出水水质好,投资成本低,无能耗或低能耗,运行费用少,维护管理简便等优点;但其负荷低,污水进入前需进行预处理,占地面积大,处理效果随季节波动。比较适合东北、西北、西南、东南、中南地区,造价为 $100\sim200$ 元/m^2。

⑧ 序批式反应器。序批式反应器具有工艺流程简单,运行管理灵活,基建

费用低等优点,能承受较大的水质水量的波动,具有较强的耐冲击负荷的能力,较为适合农村地区应用。但序批式反应器对自控系统的要求较高,间歇排水,池容的利用率不理想,在实际运行中,废水排放规律与序批式反应器间歇进水的要求存在不匹配,特别是水量较大时,需多套反应池并联运行,增加了控制系统的复杂性。其适用于西北、华北、西南、东南、中南地区资金比较短缺的村庄。与传统活性污泥法相比,序批式反应器省去了初沉淀池、二次沉淀池及污泥回流设备,建设费用节省 10%~25%。污水处理规模可达 10~500 t/d。

⑨ 氧化沟。当污水处理规模达到 10~500 t/d 时,西北、华北、西南、东南、中南地区具有一定经济承受能力的村庄可采用氧化沟设施。氧化沟具有运行维护简单,投资较少,剩余污泥量少,处理效果好等优点。但有时出水中悬浮物较高,影响出水水质,相对其他好氧生物处理工艺,传统氧化沟的占地面积大,耗电高于曝气池。氧化沟的建设成本主要包括池体建设和购置设备。一般钢筋混凝土池体的建设费用为 600~1 000 元/m³,采用钢板或玻璃钢池体的造价约为 1 000 元/m³。转刷费用约为 15 000~30 000 元/m³。

⑩ 沼气池。沼气池的污水处理规模可达 10~500 t/d,对经济条件、技术要求和环境要求相对较低,适用于我国南方地区。与化粪池相比,沼气池污泥减量效果明显,有机物降解率较高,处理效果好,可以有效地利用沼气。但其处理污水效果有限,出水水质差,一般不能直接排放,需经后续技术进一步处理,需有专人管理,与化粪池比较,管理较为复杂。

⑪ 普通曝气池。普通曝气池具有工艺变化多且设计方法成熟,设计参数容易获得,可控性强,可根据处理目的的不同,灵活选择工艺流程以及运行方式,取得满意处理效果的优势。但其构筑物数量多,流程长,运行管理难度大,运行费用高。污水排放规模达到 10~500 t/d,华北、西南、东南、中南地区具有一定的经济、技术条件的村庄,可使用普通曝气池设施。

⑫ 生物浮岛。中南地区网湖发达、气候温暖区域,污水排放量达到 10~500 t/d 时,可使用生物浮岛设施。生物浮岛设施投资成本低,维护费用低,不受水体深度和透光度的限制,能为鱼和鸟类提供良好的栖息空间,兼具环境效益、经济效益和生态景观效益。但浮岛植物残体腐烂,会引起新的水质污染问题,发泡塑料易老化,造成环境二次污染,植物的越冬问题。造价约为 30~50 元/m²。

表 7-28　村镇区域分布式污水处理设施配置要求一览表

污水处理规模 （吨/天）	区域位置	经济条件	适用类型
<2	东北、西北	一般或资金相对短缺	沼气池
		有一定经济承受能力	沼气池、生物接触氧化池
	华北、西南、东南、中南	一般或资金相对短缺	沼气池
		有一定经济承受能力	沼气池、生物接触氧化池
<10	东北、华北、西南、东南、中南	一般或资金相对短缺	厌氧生物膜池、化粪池
	西北	一般或资金相对短缺	土地渗滤、厌氧生物膜池、化粪池
10~15	华北	一般或资金相对短缺	稳定塘、序批式反应器、人工湿地
		有一定经济承受能力	生物接触氧化池、氧化沟、普通曝气池
	东北	一般或资金相对短缺	土地渗滤、稳定塘
		有一定经济承受能力	生物接触氧化池
	西北	一般或资金相对短缺	土地渗滤、稳定塘、序批式反应器、人工湿地
		有一定经济承受能力	生物接触氧化池、氧化沟
	西南、东南	一般或资金相对短缺	土地渗滤、稳定塘、序批式反应器、人工湿地、沼气池、生态滤池
		有一定经济承受能力	生物接触氧化池、氧化沟、普通曝气池
	中南	一般或资金相对短缺	土地渗滤、稳定塘、序批式反应器、人工湿地、沼气池、生态滤池、生物浮岛
		有一定经济承受能力	生物接触氧化池、氧化沟、普通曝气池
15~100	东北、西北、华北、西南、东南、中南	一般或资金相对短缺	化粪池、厌氧生物膜池

（续表）

污水处理规模（吨/天）	区域位置	经济条件	适用类型
100～500	华北	一般或资金相对短缺	稳定塘、序批式反应器、人工湿地
		有一定经济承受能力	生物接触氧化池、氧化沟、普通曝气池
	东北	一般或资金相对短缺	土地渗滤、稳定塘
		有一定经济承受能力	生物接触氧化池
	西北	一般或资金相对短缺	土地渗滤、稳定塘、序批式反应器、人工湿地
		有一定经济承受能力	生物接触氧化池、氧化沟
	西南、东南	一般或资金相对短缺	土地渗滤、稳定塘、序批式反应器、人工湿地、沼气池、生态滤池
		有一定经济承受能力	生物接触氧化池、氧化沟、普通曝气池
	中南	一般或资金相对短缺	土地渗滤、稳定塘、序批式反应器、人工湿地、沼气池、生态滤池、生物浮岛
		有一定经济承受能力	生物接触氧化池、氧化沟、普通曝气池

7.5.3　分布式环卫处理

1. 规范、标准研究

（1）国家或地方规范或标准情况。《镇规划标准》（GB 50188—2007）对垃圾收集容器（垃圾箱）提出了服务半径要求，具备一定的参考价值。其中，要求镇区设置垃圾收集容器（垃圾箱），每一个收集容器（垃圾箱）的服务半径宜为 50～80 m。但《镇规划标准》（GB 50188—2007）主要针对镇区范围，对村庄地区缺乏考虑，而且对垃圾收集点、垃圾收集站、垃圾转运站的个数、规模等缺乏明确的指引和规范。

（2）专项规划标准情况。专项规划标准中，《环境卫生设施设置标准》（CJJ 27—2012）和《生活垃圾收集站技术规程》（GJJ 179—2012）相对而言较具有参考性。《环境卫生设施设置标准》（CJJ 27—2012）对垃圾收集站、垃圾转运站等垃圾处理设施提出了明确的服务半径要求。

《环境卫生设施设置标准》(CJJ 27—2012)分类考虑了镇(乡)区和农村地区使用人口和服务范围的差异,提出了不同情况下的服务半径标准。例如,标准要求镇(乡)建成区垃圾收集点的服务半径不宜超过 100 m,村庄垃圾收集点的服务半径不宜超过 200 m,使用人口超过 5 000 人时,应设置垃圾收集站,使用人力收集时服务半径应控制在 1 km 以内,采用小型机动车收集时,服务半径不超过 2 km,垃圾转运站则根据不同的设计转运量确定规模。该标准对生活垃圾收集站、垃圾收集点的配置标准都提出了明确的要求。

《生活垃圾收集站技术规程》(GJJ 179—2012)对垃圾收集站的人均设置标准提出了明确的要求,同时细化了垃圾收集点的设置标准,提出每个垃圾收集点应设置 2～10 个垃圾桶。但是该规程主要针对城镇地区,对村庄地区的垃圾收集点只有一定的参考作用。

2. 分布式环卫设施配置

(1) 模式。参考目前垃圾处理模式案例经验借鉴,垃圾处理模式可根据具体情况采取两种模式:一般的农村地区,采取"村收集、镇转运、县市处理"三级处理模式;交通不便或经济欠发达的农村地区可考虑村内自行处理,根据垃圾性质,分别采用资源回收、堆肥、沼气、简易填埋等方式。

(2) 类型。根据《环境卫生设施设置标准》(CJJ 27—2012),分布式环卫设施包括垃圾转运站、垃圾收集站、垃圾收集点等。

(3) 配置标准,如表 7-29 所示。

① 垃圾收集点。按照国家规范、标准要求,每村至少设置 1 处垃圾收集点,镇(乡)建成区垃圾收集点的服务半径不宜超过 100 m,村庄垃圾收集点的服务半径不宜超过 200 m,每个垃圾点宜设置 2～10 个垃圾桶。

② 垃圾收集站。中型规模以上村庄宜设置垃圾收集站,使用人力收集时服务半径应控制在 1 km 以内,采用小型机动车收集时,服务半径不超过 2 km。

③ 垃圾转运站。有条件的镇(乡)区及农村地区,宜根据设计转运量或城镇区域规模设置相应规模的垃圾转运站,转运量按照人均生活垃圾日产量确定,采用小型转运站转运的城镇区域按 2～3 km² 设置 1 处;环卫站宜结合垃圾转运站设置,其用地面积按规划人口每万人 0.10～0.15 km² 计算。

④ 其他垃圾处理设施。按照国家规范、标准要求,镇区设置垃圾收集容器(垃圾箱),每 1 个收集容器(垃圾箱)的服务半径宜为 50～80 m。环卫车辆拥有量按 2.5 辆/万人(以 5 t 车计)。

表 7-29　村镇区域分布式环卫设施配置个数及半径要求一览表

设施	镇(乡)区	村庄		
		600 人以上	200～600 人	200 人以下
垃圾收集点	至少 1 处(服务半径 100 m)	至少 1 处(服务半径 200 m)	至少 1 处(服务半径 200 m)	至少 1 处(服务半径 200 m)
垃圾收集站	至少 1 处(服务半径不超过 2 km)	—	1 处(使用人力收集时服务半径应控制在 1 km 以内,采用小型机动车收集时,服务半径不超过 2 km)	—
垃圾转运站	至少 1 处(服务半径不超过 1 km)	1 处(服务半径不超过 1 km)	—	—
其他垃圾处理设施	镇区设置垃圾收集容器(垃圾箱),每 1 个收集容器(垃圾箱)的服务半径宜为 50～80 m。环卫车辆拥有量按 2.5 辆/万人(以 5 t 车计)			

7.5.4　基础设施规划标准与村镇区域规划标准的衔接

1. 集中式给水系统

(1)给水系统配置思路。

① 村镇给水系统配置基本原则。县城、乡镇自来水厂的周边农村,应优先依托自来水厂的扩建、改建、辐射扩网、延伸配水管线发展自来水,供水到户。

在人口居住集中、有好水源的地区,应优先建设适度规模的集中式供水工程,必要时可跨区域取水、联片供水。

无联片供水条件,又相对独立的村庄,可选择适宜水源,建造单村集中供水工程。

居住相对集中,又无好水源地区,需特殊处理,制水成本较高时,可采用分质供水(饮用水与其他生活用水分别供水)。

居住分散的山丘区,有山泉水与裂隙水时,可建井、池、窖等,单户或联户供水;无适宜水源时,可建塘坝、水池、水窖等,收集降雨径流水或屋顶集水。

② 集中式给水工程规模分类。根据《村镇供水工程设计规范》(SL 687—2014),村镇供水工程可分为集中式和分散式两大类,其中集中式供水工程按供水规模可分为表 7-30 中的 5 种类型。

表 7-30   集中式供水工程分类表

工程类型	规模化供水工程			小型集中供水工程	
	Ⅰ型	Ⅱ型	Ⅲ型	Ⅳ型	Ⅴ型
供水规模/(m³/d)	≥10 000	5 000～10 000	1 000～5 000	200～1 000	<200

（2）集中式给水系统配置技术。

① 集中式给水工程适用条件。集中式给水工程规划，应按要求选择工程模式，供水范围应根据区域的水源条件、用水需求、居民点分布和地形条件等进行技术经济比较确定。应按有关要求合理确定其水源、供水规模、水厂位置、净水工艺和输配水管网布置等。对于不同地区采取相应的给水方式。

（a）城市、县城周边村镇地区。当城市、县城或乡镇的水厂及供水管网能向其周边村镇延伸供水时，应在调查、论证和技术经济比较的基础上，充分利用这些已建的可靠供水工程向周边村镇延伸供水，实现村镇一体化或城乡一体化供水。

（b）水污染严重地区、劣质地下水地区和干旱缺水地区。在水污染严重地区、劣质地下水地区和干旱缺水地区，应从区域的角度选择优质可靠水源、规划建设规模化供水工程。

（c）水源条件较好的地区。在水源条件较好的地区，为提高供水质量和供水保证率，也应规划建设规模化供水工程。各乡镇辖区内均有优质水源时，可按乡镇建设便于行政管理的村镇一体化供水工程。部分乡镇难于找到优质可靠水源时，应规划跨乡镇供水工程。平原地区，以地下水为水源但无水量充沛的集中水源地可利用时，可采用多个水厂联网供水，水源互为备用；山丘区，应充分利用地形，建高位水池，规划自流供水工程。

（d）受水源水量限制或居住偏僻的村庄。受水源水量限制或居住偏僻的村庄，可规划建设小型集中供水工程。有条件时，应联村供水。只能规划小型集中供水工程时，宜选择优质水源，采用便于管理的水处理工艺，并加强消毒设施的配套。小型集中供水工程以井水为水源时，水源井应选择在便于卫生防护的地段。

（e）高氟水、苦咸水地区。在高氟水、苦咸水地区，无水质较好的水源可利用时可分质供水，采用反渗透技术建纯净水厂满足居民饮用水需要。规划反渗透纯净水厂时，可单村或联村供水，以便于经营管理。浓缩废水应有良好的排水出路且不造成水源污染。

② 供水规模和用水量。设计供水规模，包括居民生活用水量、公共建筑用水量、饲养畜禽用水量、企业用水量、浇洒道路和绿地用水量、消防用水量、管网

漏失水量和未预见用水量等,应根据当地实际用水需求列项,按最高日用水量进行计算。

(a) 居民生活用水量。确定设计用水人口数时,中心村、企业较多的村和乡镇所在地,应考虑自然增长和机械增长。条件一般的村庄,应充分考虑农村人口向城市和小城镇的转移,设计用水人口不应超过现状户籍人口数。

(b) 公共建筑用水量。村庄的公共建筑用水量,可只考虑学校和幼儿园的用水,可根据师生数、是否寄宿确定;乡镇政府所在地、集镇,可按《建筑给水排水设计规范》(GB 50015—2003)确定公共建筑用水定额。缺乏资料时,公共建筑用水量可按居民生活用水量的 10%～25% 估算,其中,集镇和乡政府所在地可为 10%～15%,建制镇可为 15%～25%。

(c) 饲养畜禽用水量。集体或专业户饲养畜禽用水量,应根据畜禽饲养方式、种类、数量、用水现状和近期发展计划等确定。

(d) 企业用水量。企业用水量,应根据企业类型、规模、生产工艺、生产条件及要求、用水现状、近期发展计划和当地的用水定额标准等确定。对耗水量大、水质要求低或远离居民区的企业,是否将其列入供水范围,应根据水源充沛程度、经济比较和水资源管理要求以及企业意愿等确定,并对企业用水现状及发展计划进行调查。

③ 水源的选取。水源选择应符合以下要求:水质良好、便于卫生防护。地下水水源水质符合《地下水质量标准》(GB/T 14848—1993),地表水水源水质符合《地表水环境质量标准》(GB 3838—2003)。当水源水质不符合上述要求时,应采用相应的特殊净化工艺进行处理。取水点应避开污染源,保护区内的污染源和污染物应便于及时清除,水量充沛。地下水水源的设计取水量应小于允许开采量,开采后不应引起地下水水位持续下降、水质恶化及地面沉降,地表水水源的设计枯水期流量的年保证率,严重缺水地区不低于 90%,其他地区不低于95%。单一水源水量不能满足要求时,可采取多水源或加大调蓄能力等措施。规模化供水工程,有条件时应有备用水源,符合当地水资源统一规划管理的要求,应能获得取水许可证,按照优质水源优先保证生活用水的原则,合理处理与其他用水之间的矛盾,符合防洪管理要求。

小型供水工程,宜优先选择仅需消毒即可饮用的泉水、井水或截潜流等地下水。规模化供水工程,宜优先选择保证率高且水质良好的地表水源,尤其应优先选择水库、傍河井或渗渠等水源。山丘区,宜选择地势较高的水源。平原地区的水源井,应选择不受污染的含水层作为开采层。

④ 水厂的总体设计。水厂厂址的选择,应根据下列要求,通过技术经济比较确定,充分利用地形高程、靠近用水区和可靠电源,整个供水系统布局合理;符合村镇建设总体规划;满足水厂近远期布置需要;不受洪水与内涝威胁;有良好

的工程地质条件;有良好的卫生环境并便于设立防护地带;有较好的废水排放条件;少拆迁,不占或少占耕地;施工运行管理方便。

⑤ 基于设施投资效益估算的给水系统配置方案。给水系统主要包括水厂和供水管网两部分,给水系统的配置主要从投资角度进行分析。当水厂投资大于供水管网投资时倾向于集中供水,当供水管网投资大于水厂投资时倾向于分散供水。给水系统的投资和用水规模与输送距离关系密切,用水规模又主要取决于村镇的人口规模。因此基于以上条件构建给水系统配置模型,如图 7-13所示。

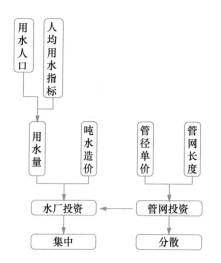

图 7-13　给水系统配置模型

水厂投资=吨水造价×用水量。其中:用水量=用水人口×人均用水指标。

管网投资=管径单价×管网长度。其中:管径单价是用水量的一个函数(供水量决定供水管径,不同管径对应不同的管道单价)。

以《镇规划标准》(GB 50188—2007)中对村镇规模的分类进行给水方案比选,给水系统配置方案如表 7-31 所示。

表 7-31　给水系统配置方案

	规划人口规模等级	特大型	大型	中型	小型
人口规模/人	镇区	>50 000	30 001~50 000	10 001~30 000	≤10 000
	村庄	>1 000	601~1 000	201~600	≤200
用水量/(t/d)	镇区	>10 000	6 000~10 000	2 000~6 000	≤2 000
	村庄	>200	120~200	40~120	≤40

（续表）

规划人口规模等级		特大型	大型	中型	小型
水厂投资/万元	镇区	>1 000	600~1 000	200~600	≤200
	村庄	>20	12~20	4~12	≤4
管径/mm	镇区	>400	300~400	200~300	≤200
	村庄	>100	50~100	50~100	≤50
管网单价/元	镇区	>700	550~700	350~550	≤350
	村庄	>200	100~200	50~100	≤50
水厂投资对应的管网敷设距离/km	镇区	>14	11~14	6~11	≤6
	村庄	>1	1~1.2	0.8~1.2	≤0.8

2. 集中式污水处理系统

（1）污水处理系统配置思路。污水不便于统一收集的村庄，经过环境评价和技术经济比较后，可采用单户或多户收集处理。100 人以下规模可采用小型处理设施（分布式设施），小型处理设施可用淹没式生物滤池为主体一体化设备或人工湿地。

当农户集中居住，污水便于统一收集时，经环境影响评价和技术经济比较后，宜采用集中处理模式，统一修建污水处理站，污水处理站可采用一体化设备或工程构筑物。处理规模在 200 人以下的，主体工艺宜采用淹没式生物滤池等主体工艺，处理规模在 200 人以上的宜采用常规曝气池、氧化沟活性污泥法、淹没式生物滤池等主体工艺。

（2）污水处理系统配置技术。

① 集中式污水处理设施分类。农村生活污水处理工程包括农村生活污水收集系统和农村生活污水处理主体工程。农村生活污水收集系统主要包括污水收集管网、化粪池、隔油池等，如图 7-14 所示。

农村生活污水处理工程的选址应考虑地理位置、常年风向、自然水位等。宜利用原有地势高差，尽量减少动力成本。排放口的位置应避免雨季和洪水季节自然水体的倒灌，出水不得排入敏感水域或特殊水域。

对于不同村镇地区的污水水质特点，应以实测资料为准，并有针对性选择建设相应工艺流程的污水处理系统。

（a）针对化学需氧量（Chemical Oxygen Demand，COD）去除的污水处理站。针对以 COD 为主要去除目的的污水处理站，宜采用以下处理模式的设备或工程。

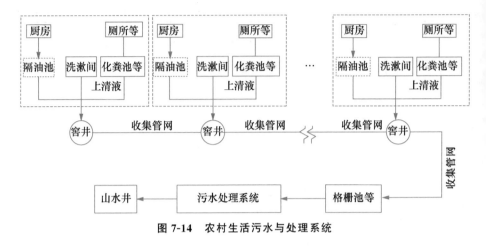

图 7-14　农村生活污水与处理系统

以生物技术为主体的污水处理站

其中,生物处理单元技术宜采用淹没式生物滤池、活性污泥法、氧化沟等技术。为保证处理效果,宜好氧处理,好氧池溶解氧保持在 2.0 mg/L 以上。

以生态技术为主体的污水站,在有条件的地方,可采用生态处理技术。

其中,生物预处理单元技术可采用厌氧技术或其他技术;生态处理单元技术宜采用人工湿地、土地处理、塘系统或其他技术。

(b) 针对脱氮的污水处理站。针对有脱氮去除要求的污水处理站,污水处理工艺中需包括厌氧(缺氧)单元和好氧单元以及提供硝化液的回流,如以下模式:

其中,生物处理技术宜采用淹没式生物滤池法、活性污泥法、氧化沟法或其他技术。硝化液回流比宜在 200% 以上。

(c) 针对脱氮除磷的污水处理站。针对有脱氮除磷去除要求的污水处理

站,可采用化学除磷或生态除磷技术,在有条件的地区宜采用生态除磷模式:

其中,生物处理技术宜采用淹没式生物滤池法、活性污泥法、氧化沟活性污泥法或其他技术。生态除磷宜采用土地处理技术、人工湿地技术等,利用其中介质和植物除磷。

② 污水处理系统配置方案。污水处理系统主要包括污水处理厂和污水管网两部分,污水处理系统的配置主要从投资角度进行分析。当污水处理厂投资大于污水管网投资时倾向于集中处理,当污水管网投资大于污水处理厂投资时倾向于分散处理。污水处理系统的投资和污水处理规模与输送距离关系密切,污水处理规模又主要取决于村镇的人口规模。基于以上条件构建污水处理系统配置模型,如图 7-15 所示。

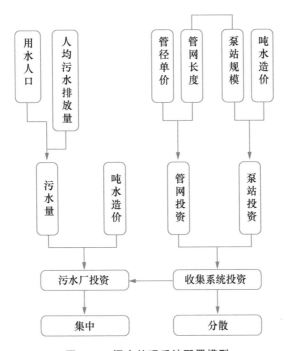

图 7-15 污水处理系统配置模型

污水厂投资＝污水厂造价＋ 污水厂运行成本。其中,污水厂造价＝吨水造价×污水量;污水厂运行成本＝吨水运行成本×污水量。

污水收集系统投资＝管网投资＋泵站投资。其中,管网投资＝管径单价×管网长度;管径单价是污水量的一个函数(污水量决定污水管径,不同管径对应不同的管道单价)

泵站投资＝泵站规模×吨水造价,泵站规模是管网长度的一个函数(根据管长和坡降确定埋深,当埋深达到一定程度时需设污水提升泵站)。其中,污水排放系数取 0.8,日变化系数取 3,20 000 m³/d 以下处理规模的污水处理设施建设投资约 3 000 元/m³,污水量对应的管径由水力模型计算,污水提升泵站投资按不低于 10 万元计算。

以《镇规划标准》(GB 50188—2007)中对村镇规模的分类进行污水处理方案比选,污水处理系统配置方案如表 7-32 所示。

表 7-32　污水处理系统配置方案

	规划人口规模等级	特大型	大型	中型	小型
人口规模/人	镇区	>50 000	30 001~50 000	10 001~30 000	≤10 000
	村庄	>1 000	601~1 000	201~600	≤200
污水量/(t/d)	镇区	>6 000	3 600~6 000	1 200~3 600	≤1 200
	村庄	>120	72~120	24~72	≤24
污水厂投资/万元	镇区	>1 800	1 080~1 800	360~1 080	≤360
	村庄	>36	22~36	7~22	≤7
管径/mm	镇区	>500	400~500	300~400	≤300
	村庄	300	300	300	300
管网单价/元	镇区	>800	650~800	600~650	≤600
	村庄	600	600	600	600
所需泵站个数/个	镇区	>5	3~5	1~3	≤1
	村庄	0	0	0	0
泵站投资/万元	镇区	>500	300~500	100~300	≤100
	村庄	0	0	0	0
污水厂投资对应的管网敷设距离/km	镇区	>20	13~20	5~13	≤5
	村庄	>0.6	0.4~0.6	0.1~0.4	≤0.1

3. 集中式供电系统

(1) 农村供电的背景及目标。2016 年 2 月国家发展和改革委员会发布了《关于"十三五"期间实施新一轮农村电网改造升级工程意见的通知》,提出要积极适应农业生产和农村消费需求,按照统筹规划、协调发展,突出重点、共享均等,电能替代、绿色低碳,创新机制、加强管理的原则,突出重点领域和薄弱环节,实施新一轮农村电网改造升级工程。

《通知》提出,到 2020 年,全国农村地区基本实现稳定可靠的供电服务全覆盖,供电能力和服务水平明显提升,农村电网供电可靠率达到 99.8%,综合电压合格率达到 97.9%,户均配主变压器容量不低于 2 kVA。东部地区基本实现城乡供电服务均等化,中西部地区城乡供电服务差距大幅缩小,贫困及偏远少数民族地区农村电网基本满足生产生活需要。县级供电企业基本建立现代企业制度。

(2) 供电系统配置技术。供电工程规划主要应包括预测用电负荷,确定供电电源、电压等级、供电线路、供电设施。

村镇地区内的用电负荷,因其地理位置、经济社会发展与建设水平、人口规模及居民生活水平的不同,可采用现状人均综合用电指标乘以增长率进行预测较为实际。增长率应根据历年来增长情况并考虑发展趋势等因素加以确定。年综合用电增长率,一般为 5%~8%,位于发达地区的镇可取较小值,地处发展地区的镇可取较大值。

变电所的选址应做到线路进出方便和接近负荷中心。变电所规划用地面积控制指标可根据表 7-33 选定。

表 7-33　变电所规划用地面积控制指标

变压等级(kV) 1 次电压/2 次电压	主变压器容量/ [kVA/台(组)]	变电所结构形式及用地面积/m²	
		户外式用地面积	半户外式用地面积
110(66/10)	20~63/2~3	3 500~5 500	1 500~3 000
35/10	5.6~31.5/2~3	2 000~3 500	1 000~2 000

供配电系统如果结线复杂、层次过多,不仅管理不便、操作复杂,而且由于串联元件过多,因元件故障和操作错误而产生事故的可能性也随之增加,因此要求合理地确定电压等级、输送距离,划分用电分区范围,以减少变电层次,优化网络结构。镇区电网电压等级宜定为 110 kV,66 kV,35 kV,10 kV 和 380/220 V,采用其中 2~3 级和两个变压层次。电网规划应明确分层分区的供电范围,各级电压、供电线路输送功率和输送距离如表 7-34 规定。

表 7-34　电力线路的输送功率、输送距离及线路走廊宽度

线路电压/kV	线路结构	输送功率/kW	输送距离/km	线路走廊宽度/m
0.22	架空线	50 以下	0.15 以下	—
0.22	电缆线	100 以下	0.20 以下	—
0.38	架空线	100 以下	0.50 以下	—
0.38	电缆线	175 以下	0.60 以下	—
10	架空线	3 000 以下	8～15	—
10	电缆线	5 000 以下	10 以下	—
35	架空线	2 000～10 000	20～40	12～20
66,110	架空线	10 000～50 000	50～150	15～25

供电线路的设置应符合下列规定：

① 架空电力线路应根据地形、地貌特点和网络规划，沿道路、河渠和绿化带架设；路径宜短捷、顺直，并应减少同道路、河流、铁路的交叉。

② 设置 35 kV 及以上高压架空电力线路应规划专用线路走廊，并不得穿越镇区中心、文物保护区、风景名胜区和危险品仓库等地段。

③ 镇区的中、低压架空电力线路应同杆架设，镇区繁华地段和旅游景区宜采用埋地敷设电缆。

④ 电力线路之间应减少交叉、跨越，并不得对弱电产生干扰。

⑤ 变电站出线宜将工业线路和农业线路分开设置。

⑥ 重要工程设施、医疗单位、用电大户和救灾中心应设专用线路供电，并应设置备用电源。

4. 集中式供热系统

(1) 村镇地区建设集中供热系统的必要性。我国北方农村地区的冬季取暖主要是以燃煤为主的分散式取暖方式。根据我国北方部分农村实地调查研究，冬季取暖以燃烧原煤或蜂窝煤为主，辅之以燃烧柴薪，而农村家庭做饭主要以液化石油气为主，部分家庭的取暖系统与做饭系统合二为一，然而这种取暖方式的能源利用率较低，小型的燃煤炉存在燃煤不充分、热耗散较大等一系列问题。总体上，能源利用率在 40%～50% 之间，可见在能源利用率方面还有很大的提升空间。若采取集中供暖的方式可以大幅度的提升能源利用率。若设计室温为 14～16 ℃，假设每户供暖面积为 70 m²，分散供暖平均到每户需要 2 520 kg，而集中供暖则需要 1 750 kg。如果采取燃煤的方式进行集中供暖，不仅能够提高煤炭的燃烧率，而且相应的配套设施的建设能够减少热耗散。

因此，集中供热具有热效率高、对环境影响小、供热稳定、品质高的优点，但初期投资和运行管理费用较高；而分散供热的热效率低、对环境影响较大，可按

需分别设置,采暖地区应根据不同经济发展情况确定供热方式。

其中集中供热模式应根据不同村镇地区的特点进行选取。在城镇供热服务半径内的村镇地区,可纳入城镇集中供热系统;周边区域有可利用工业余热或企业热源的村镇地区,可利用工业余热或企业热源实现集中供热;规模较大、无可利用集中供热设施的村镇地区,可新建集中供热设施。

(2)供热系统配置技术。供热工程规划主要包括确定热源、供热方式、供热量,布置管网和供热设施,应根据采暖地区的经济和能源状况,充分考虑热能的综合利用,确定供热方式。

集中供热的负荷应包括生活用热和生产用热:

① 建筑采暖负荷应符合国家现行标准《供暖通风与空气调节设计规范》(GB 50019—2015)、《公共建筑节能设计标准》(GB 50189—2015)、《民用建筑节能设计标准(采暖居住建筑部分)》(JGJ 26—95)的有关规定,并应符合所在省、自治区、直辖市人民政府有关建筑采暖的规定。

② 生活热水负荷应根据当地经济条件、生活水平和生活习俗计算确定。

③ 生产用热的供热负荷应依据生产性质计算确定。

集中供热规划应根据各地的情况选择锅炉房、热电厂、工业余热、地热、热泵、垃圾焚化厂等不同方式供热。

村镇地区热力网的布置参照《城市热力网设计规范》,应在城市建设规划的指导下,考虑热负荷分布,热源位置,与各种地上、地下管道及构筑物、园林绿地的关系和水文、地质条件等多种因素,技术经济比较确定。

5. 集中式通信系统

(1)电信系统。根据电信部门相关规定,电信局站分为两类,一类局站为接入网的较小规模的接入机房、移动通信基站,这一类局站点多面广,没有独立建设用地;第二类局站为处于城域网汇聚层及以上的具有汇聚功能、枢纽特征的主要局站,是数量较少、规模较大、功能综合,对选址、用地有一定要求的单独建筑。这一类局站与城市布局有较大关系。

① 二类局站。全业务运营是我国电信运营企业发展的方向,二类局站中的电信生产机楼是一定范围内接入汇聚各类电信业务、为区域内电信用户提供电信业务的场所,城市生产机楼作为电信业务覆盖局站,接入用户包括固定宽带用户、移动电话用户与固定电话用户,生产机楼容纳用户规模为三者之和。按照我国目前城市家庭每户 3 人计算,对应电信用户可按 1 部固定宽带、1 部固定电话、2 部移动电话估算,根据调研统计中等城市单局平均覆盖固定电话用户为 3 万户左右,对应覆盖区内总用户约 12 万户,考虑大中小城市人口密度差异,故将大、中、小城市单局覆盖用户数设定为 15 万、12 万、8 万户。因此,对于较发达、

人口密度较高的村镇区域,应进行通信需求分析及预测,提出固定电话和移动电话远期普及率预测指标的幅值范围,达到 8 万户则应规划预留二类局站的用地。

二类局站应考虑局所设置和选址的环境服务以及技术经济;地质防灾安全和避开不可建设用地;电磁干扰(包括高压电站、高压输电线铁塔、电气化铁道、广播电视雷达、无线电发射台及磁悬浮列车输变电系统等)安全距离直接涉及通信安全性和可靠性以及通信中断可能造成的严重后果。

② 一类局站。

(a)接入机房。小区接入机房是指设置于建筑内部,为区域、小区和单体建筑提供通信业务服务的建筑空间,用于设置固定通信、移动通信、有线电视等接入网设备。对于村镇地区居住点通信综合接入设施用房建筑面积,应按不同居民点的特点及用户微观分布,确定含广电在内的不同小区通信综合接入设施用房,其建筑面积参考《城市通信工程规划规范》(GB/T 50853—2013)的要求,如表 7-35 所示。

表 7-35 小区通信综合接入设施用房建筑面积

小区户数规模/户	小区通信接入机房建筑面积/m²
100~500	100
500~1 000	160
1 000~2 000	200
2 000~4 000	260

(b)移动基站。移动通信基站分布面广、点多,对村镇建设用地布局和节约用地等影响大,必须符合集约共建的原则;同时,除涉及电磁辐射安全防护外,还影响村镇地区景观及面貌。移动通信基站规划布局应符合电磁辐射防护相关标准的规定,避开幼儿园、医院等敏感场所,并应符合与历史街区保护等有关要求。

(2)邮政系统。邮政设施可分为邮件处理中心和提供邮政普遍服务的邮政营业场所,营业场所可分为邮政支局和邮政所等。对于村镇地区而言,更多的是需要根据邮政业务量大小,适当配置邮政所。

城市邮政所应在城市详细规划中作为小区公共服务配套设施配置,并应设于建筑中,建筑面积可按 100~300 m² 预留,村镇地区的邮政所应参考城市小区的配套方式,根据实际使用需求适当确定建筑面积。

7.6 浏阳市村镇区域基础设施配置分析
以浏阳市为例

浏阳市位于长沙市东部,紧靠长株潭城市群核心圈,具备承接城市群溢出效应的独特优势,是"2016 第十一届中国全面小康十大示范县(市)"和全国开展农村土地制度改革的 33 个试点县(市、区)之一,户籍人口数量与常住人口数量基本保持平衡。浏阳市在中部地区颇具影响力,具备开展村镇区域宜居建设的良好条件和示范意义。

7.6.1　浏阳市示范区基础设施现状分析

长期以来,由于自我积累能力较弱,浏阳市示范区村镇区域基础设施投入存在总量不足、结构不合理等方面的问题,导致农村基础设施建设严重滞后于农业现代化、农村可持续发展的需求,农村基础设施的现状水平与城市的差距越来越大。相对匮乏的村庄基础设施、脏乱差的居住环境、不协调的基础设施布局、混乱的建设次序等,使得村庄经济增长受到影响,已不能适应当前农村发展和农民生活水平提高的需要,成为制约农村经济社会发展的"瓶颈"。

据资料分析,浏阳市的基础数据已经给出了示范区村镇区域部分基础设施的现状值和目标值,但主要偏重于给水、道路等"基本生存需求型"设施,对于污水、环卫等"生活质量提升型"设施并没有详细数据,部分数据缺失。根据浏阳市基础数据,示范区村镇区域基础设施建设情况如表 7-36 所示。

表 7-36　浏阳市示范区村镇区域基础设施建设情况

领域	指标	现状值
供水设施与饮水安全	农村自来水普及率/(%)	65
	村镇饮用水卫生合格率/(%)	83
信息通信与网络	每千户互联网用户数	309
道路设施	村内道路硬底化率/(%)	80.90
	公路密度/(km/km²)	1.27
照明设施	村内主干道和公共场所路灯安装率/(%)	67.50
防灾设施与机制	旱涝保收面积占比/(%)	—
	已编制综合防灾减灾预案的社区和行政村所占比例/(%)	—

注:表格中"—"为缺省数据。

为了进一步深入了解示范区村镇区域的基础设施的建设情况,在 2015 年 8 月下旬组织开展了浏阳市现场调研。不仅分别与浏阳市城乡规划局和国土资源局进行了座谈,还走访调研了永安镇、镇头镇、沙市镇、官渡镇、大瑶镇、沿溪镇 6 个村镇。现场抽调了 100 户村民进行了问卷调查,收回有效问卷 84 份,并对调研结果进行了详细的统计和分析。本次抽样调查的结果如下:

1. 供水设施现状

示范区主要村镇的生活用水的供水形式有市政集中供水、农户自打井供水两种形式。根据调研结果,示范区村镇区域 64.29% 的村民饮用水源为自来水,34.52% 为自家水井,自来水和自家水井同时使用的占 1.19%,无人饮用公共水井以及山泉水,如图 7-16 所示。

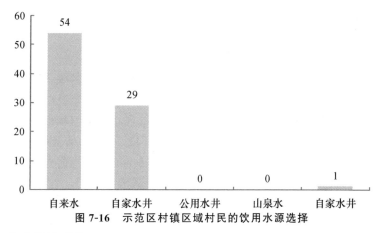

图 7-16 示范区村镇区域村民的饮用水源选择

2. 排水设施现状

示范区主要村镇的排水体制以雨污混排为主,雨污混排的村庄占将近九成。绝大多数村庄生活污水未经任何处理,随意排入路边明沟或直接泼洒在农户院内,卫生环境较差。根据调研结果,示范区村镇区域大部分村庄没有污水管网、污水处理系统和集中化粪池,村民多以自建化粪池为主,其中有污水管网的村庄占 11.90%,有污水处理系统的村庄占 14.29%,建有集中化粪池的村庄占 11.90%,村庄内部村民有自建化粪池的占 83.33%,如图 7-17 所示。

3. 交通设施现状

示范区村镇区域的道路主要是水泥混凝土、沥青混凝土和简单铺装的低级路面。所有村庄的"村村通"工程都已完成,村庄中机耕路形式多为田埂路(58.33%),水泥路次之(36.90%),土路极少(4.76%)。根据调研结果,示范区村镇区域 97.62% 的进村道路已经硬底化,90.5% 的村庄道路有路灯照明,但有公交车站的村庄仅占 10.71%,有公共停车场的村庄仅占 8.33%,村民的出行方式以摩托车为主,占 65.48%,私家车占 29.76%,极少数人使用自行车或步行,无人使用公交车,如图 7-18 和图 7-19 所示。

4. 消防设施现状

示范区村镇区域的消防设施建设有待提升。根据调研结果,示范区村镇区域近九成的村庄无消防设施,有消防设施的村庄仅占 11.90%,如图 7-20(a)所示。

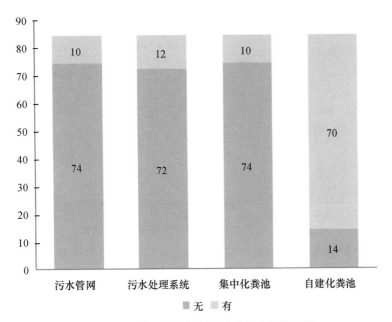

图 7-17 示范区村镇区域村庄的排水设施现状

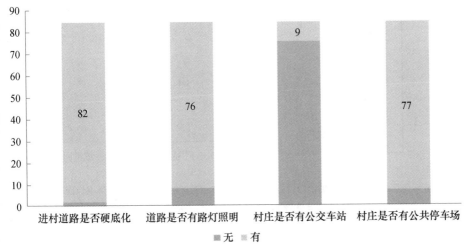

图 7-18 示范区村镇区域村庄的交通设施现状

5. 环卫设施现状

几乎所有的示范区村镇区域的村庄都设有专门的环卫清扫人员,但只有三成左右的村庄设有垃圾回收站,很多村庄的垃圾处理都处在无序状态,村镇区域的环卫设施建设有待提升。根据调研结果,示范区村镇区域 98.81% 的村庄都

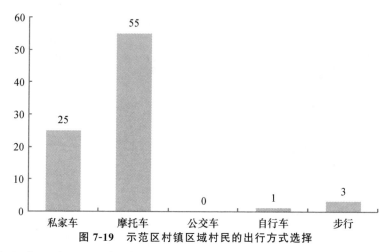

图 7-19　示范区村镇区域村民的出行方式选择

有保洁员,但只有 13.1％的村庄有公共厕所,29.76％的村庄有垃圾回收站,如图 7-20(b)所示。

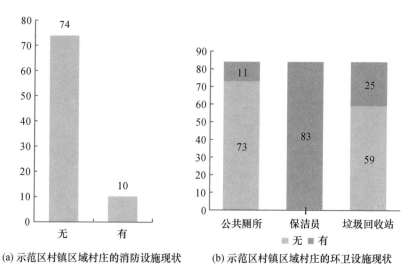

(a)示范区村镇区域村庄的消防设施现状　　(b)示范区村镇区域村庄的环卫设施现状

图 7-20　示范区村镇区域消防设施和环卫设施现状

6. 供电设施现状

示范区村镇区域供电设施良好,全市村庄照明用变、配电设施完全能够满足村民使用要求,基本实现一户一表。根据调研结果,示范区村镇区域所有的村民家中都已通电,村民对供电设施较为满意。78.76％的村民认为家中电压稳定,20.24％的村民认为家中电压偶尔不稳定,没有人认为自家的电压很不稳定,如图 7-21 所示。

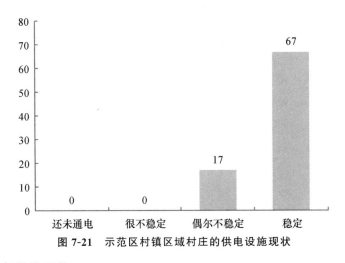

图 7-21　示范区村镇区域村庄的供电设施现状

7. 燃气设施现状

示范区村镇区域村民主要以瓶装石油液化气以及柴薪、秸秆和煤等传统燃料为主,冬季主要是一家一户分散式取暖。

根据调研结果,示范区村镇区域绝大多数村庄未敷设燃气管道,敷设燃气管道的村庄仅占 9.52%;对于家庭燃料的选择以瓶装液化气为主,瓶装液化气占 71.43%,管道天然气仅占 3.57%,沼气占 1.19%;煤炭和柴草有一定的人使用,且具有较高相关性,使用煤炭的占 33.33%,使用柴草的占 29.76%,如图 7-22 所示。

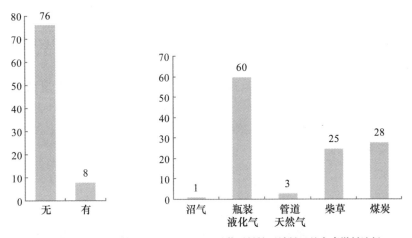

(a) 示范区村镇区域燃气管道敷设情况　　　(b) 示范区村镇区域村民的家庭燃料选择

图 7-22　示范区燃气和燃料选择

8. 通信设施现状

示范区村镇区域通信设施现状情况较好,除极少数偏远山区外,基本实现通信网络全面覆盖。根据调研结果,示范区村镇区域所有村庄都有宽带网络和有线电视接入,村庄内部97.61%的家庭有固定电话线路接入,如图7-23所示。

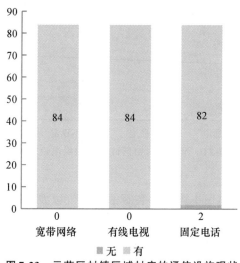

图 7-23 示范区村镇区域村庄的通信设施现状

9. 村民意愿调查

为了充分了解村民需求,为浏阳市示范区城乡基础设施应用示范做准备,还对村民的意愿和建议进行了专项调查。根据调研结果,示范区村镇区域村民对道路设施、水利设施、垃圾处理设施和通信设施的建设最为关切。对于基础设施建设的建议,82.14%的村民认为应该增加设施数量,89.29%的村民建议提高建设标准,86.90%的村民建议优化设施布局,如图7-24和图7-25所示。

通过查阅现状资料和对调查问卷进行深入的研究分析,发现浏阳市示范区基础设施主要问题集中在排水、消防、环卫等设施建设,尤其是环卫设施,不仅是建设新农村的重要条件,关系到整个村镇的形象风貌和村民的生存环境,也是村民比较关切的问题。

7.6.2　浏阳市示范区城乡基础设施应用示范

根据前期调研结果,虽然浏阳市示范区村镇区域98.81%的村庄都有保洁员,但只有13.10%的村庄有公共厕所,29.76%的村庄有垃圾回收站,11.90%的村庄建有集中化粪池,而村庄内部村民多以自建化粪池为主。由于农民环保意识不强,大部分农村垃圾的处理处在无序状态,村庄环境脏乱差情况依然突

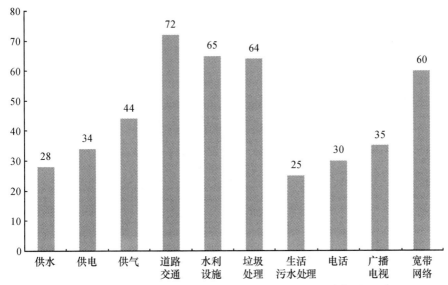

图 7-24　示范区村镇区域村民对基础设施建设的意愿

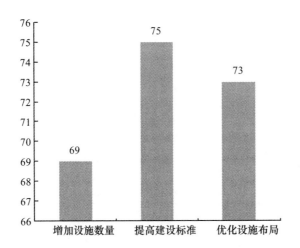

图 7-25　示范区村镇区域村民对基础设施建设的建议

出,给环境带来极大破坏。

1. 浏阳市示范区环境卫生基础设施建设途径

按照减量化、资源化和无害化的原则对垃圾进行综合管理,积极采取有效措施从源头上减少垃圾的产生。对于可回收利用的垃圾,形成"一村一点"的再生资源回收网络体系。

　　将农村生活垃圾纳入城镇垃圾处理系统,逐步建立并完善垃圾"户分类、村收集、镇中转、市处理"4级联动的城乡一体化管理模式。各农户负责自家房前屋后的环境卫生保洁,并将垃圾收集后投放到指定的容器内,由村保洁员将本村范围内的垃圾统一收集清运到垃圾堆放处,再由各乡镇负责将本村堆放的垃圾清运到镇垃圾中转站,市环卫处统一将垃圾收集清运到市的垃圾填埋场或垃圾焚烧场进行无害化处理。针对垃圾的不同类型,在分类收集基础上采用不同的处理方式,同时对生态环境脆弱或环境卫生要求较高的村庄进行重点整治,如表7-37、图7-26和图7-27所示。

表 7-37　垃圾分类处理一览表

处理方式		垃圾种类	垃圾组成
回收利用		可回收垃圾	纸类(报纸、传单、杂志、旧书、纸板箱及其他未受污染的纸制品等)、金属(铁、铜、铝等制品)、玻璃(玻璃瓶罐、平板玻璃及其他玻璃制品)、塑料制品(泡沫塑料、塑料瓶、硬塑料、塑料袋等)、橡胶及橡胶制品、牛奶盒等利乐包装、饮料瓶(可乐罐、塑料饮料瓶、啤酒瓶等)等
不能回收垃圾	就地处理(填埋、沤肥、沼气)	厨余垃圾	剩菜剩饭与西餐糕点等食物残余、菜梗菜叶、动物骨骼内脏、茶叶渣、水果残余、果壳瓜皮、盆景等植物的残枝落叶、废弃食用油等
		无机垃圾	砖、瓦、石块、渣土、灰土等无机垃圾
	垃圾厂集中处理	其他垃圾	受污染与无法再生的纸张(纸杯、照片、复写纸、压敏纸、收据用纸、明信片、相册、卫生纸、尿片等)、受污染或其他不可回收的玻璃、塑料袋与其他受污染的塑料制品、废旧衣物与其他纺织品、破旧陶瓷品、妇女卫生用品、一次性餐具、贝壳、烟头等
		有害垃圾	电池(蓄电池、纽扣电池等)、废旧灯管灯泡、过期药品、过期日用化妆用品、染发剂、杀虫剂容器、除草剂容器、废弃水银温度计、废旧小家电、废打印机墨盒、硒鼓等

　　每个村庄在集中建设区设置公共厕所一处,对村民自建化粪池加以改造,推广使用三格化粪池、三联通沼气池等无害化卫生厕所,实现粪便无害化处理,防止粪便污染环境。

　　村庄生活垃圾收集设施按"户内垃圾袋/桶—公共垃圾池/箱—村庄垃圾点"3个层次配置。村庄公共区域设置公共垃圾桶,生活垃圾设施按照标准配备,定时清运,并设专人管理。如表7-38~7-40所示。

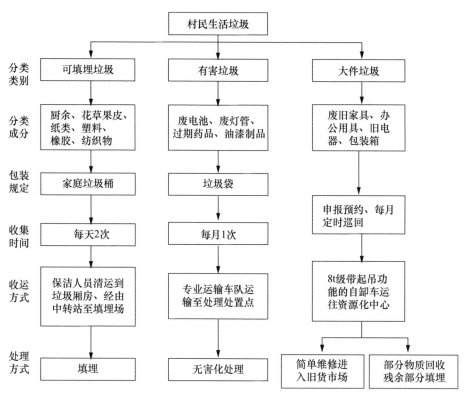

图 7-26 填埋模式垃圾分类收集框架体系

表 7-38 生活垃圾设施配置表

序号	环卫设施名称	配置要求
1	户内垃圾/桶	每户配备
2	公共垃圾桶	每 30 户设置 1 个,或每 100 m 设置
3	公共垃圾箱(池)	按村组配备,或每 100 户设置 1 个
4	村庄垃圾收集点(站)	每村设置 1 个

表 7-39 村庄垃圾收集点(站)规划设计要求

规模/(t/d)	占地面积/m²	与相邻建筑间隔/m	绿化隔离带宽度/m
20～30	300～400	≥10	≥3
10～20	200～300	≥8	≥2
10 以下	120～200	≥8	≥2

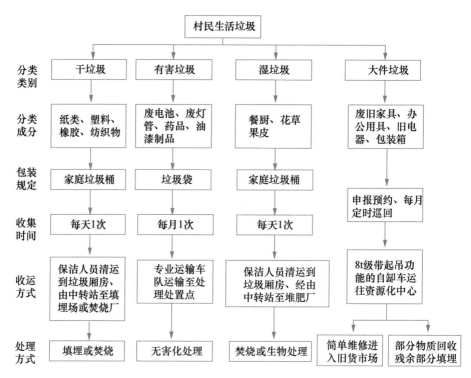

图 7-27 焚烧模式垃圾分类收集框架体系

表 7-40 生活垃圾运输设施配置表

序号	运输设施名称	配置要求
1	保洁员	每 50～100 户配 1 人，或按村组配备
2	人力保洁车	每 50～100 户配 1 台，或按村组配备
3	垃圾运输车	每 3 000 人配 1 辆； 3 000～5 000 人配 2 辆； 5 000 人以上配 3 辆。

建立环境卫生的日常保洁、责任包干、督促检查、考核评比、经费保障等长效机制。同时，加强对村民的教育和宣传，积极学习国内外的先进经验，运用经济、行政、教育等多种手段对环境进行管理。

2. 浏阳市示范区环境卫生基础设施应用示范验证

经过应用实践,浏阳市示范区村镇区域初步建立和完善市、乡镇、村、户 4 级垃圾收运处置体系,80%以上行政村建立环境保洁与垃圾收集转运机制,建立垃圾回收综合利用体系,垃圾分类回收率达到 30%以上。通过产沼气、回田、回林、堆肥等垃圾无害化处理方式,在村组户实行"户户减量、村村减量",农村垃圾减量率达到 70%,村镇风貌和人居环境得到极大改善。

村镇区域空间规划三维技术计算机辅助系统开发

8.1 研 究 方 案

8.1.1 研究思路

村镇区域空间规划三维技术计算机辅助系统,所解决的关键技术问题包括二维数据的三维可视化、二维和三维同步、能效评估的空间评估方法。针对目前村镇区域空间规划缺位、村镇区域空间规划技术缺失以及对各类用地合理规划布局的研究方法不足等问题,从三维空间角度出发,研究村镇区域空间规划的三维技术框架,整合村镇区域空间规划二维和三维信息资源,探究村镇区域空间规划三维快速可视化与数据表现,开发三维村镇区域空间规划辅助决策系统,为提高村镇区域土地资源利用效率、集约用地和统筹城乡规划提供强有力的辅助决策平台与工具。

系统开发考虑以下原则与需求:选用 ArcGIS 为系统软件平台,为系统的扩展提供基本的技术保证;综合参考开发环境的可扩展性、可实现性及当前主流方向,选用 C♯ 即 OpenGL 环境进行基础开发;系统数据来源需要选定有代表性、数据比较全面的地方采集,数据格式使用通用格式;系统数据库设计遵循 Open-GIS 标准,采用开放式设计来建立空间数据库,注重对空间数据和非空间数据的描述和组织,实现统一的存储和管理,系统的数据格式是在国家和行业标准基础上扩展的,同时系统提供多种数据接口。功能实现方面,不同三维数据格式(如

AutoCAD 的 dxf/dwg 格式、3DSMax 的 3ds 格式、SketchUp 的 skp 格式、Multigen 的 flt 格式以及 ESRI 的 Multipatch 格式等)的整合、相互转换;实现基础二维数据可视化、二维和三维平台整合、二维和三维技术切换及同步显示;在 CityEngine 软件下,结合 C++程序建模实现拉伸、切割、旋转、坐标转换、纹理、规则的组织等功能以及规划参数(容积率,绿化率,建设适宜性等)的可视化表达,为三维空间效能评估做准备;在三维空间效能评估时,一方面,实现对村镇区域三维能效评估;另一方面,实现对空间规划其他指标的评估,包含村镇区域洪水模拟,探究村镇规划所面临的洪水灾害风险。

最终的成果主要包括 4 项内容:村镇区域空间规划三维信息快速获取与整合技术、村镇区域空间规划三维快速可视化与数据表现技术、村镇区域空间规划三维空间能效评估技术及村镇区域空间规划三维分析与计算机辅助技术研究。

8.1.2　研究内容与研究方法

1. 村镇区域空间规划三维信息快速获取与整合技术研究

(1) 基于 RS,GPS 和规划相关指标数据,并结合数字高程模型(Digital Elevation Model, DEM),利用三维激光扫描技术生成一个三维模拟区域。三维激光扫描技术又称"实景复制技术",能够完整并高精度地重建扫描实物及快速获得原始测绘数据。该技术可以真正做到直接从实物中进行快速的逆向三维数据采集及模型重构,无须进行任何实物表面处理,其激光点云中的每个三维数据都是直接采集目标的真实数据,使得后期处理的数据完全真实可靠。由于技术上突破了传统的单点测量方法,其最大特点就是精度高、速度快、逼近原形,是目前国内外测绘领域研究关注的热点之一。

(2) 不同数据源的匹配与可视化,二维信息与其他非空间信息的快速三维化技术。包括 DEM 数据的三维转换、建筑物的拉伸及风格建模。

(3) 村镇区域空间规划三维信息数据的建库与查询,通过定义二维信息的属性标准,为三维表现提供一致标准。主要数据包括:地形信息、地块三维信息属性(地块类型、建筑物及道路的相关属性等)。

(4) 三维数据信息的共享与发布。根据村镇区域规划信息采集、处理空间分布的特点,基于地理网格研究分布式空间数据存储和计算技术,制定村镇区域空间规划三维信息网络发布和共享的标准与指南。

2. 村镇区域空间规划三维快速可视化与数据表现技术研究

以 CityEngine 软件为平台实现三维快速可视化技术以及 DEM、遥感影像及专题数据的三维同步和人机互动。面向决策者和公众,研究村镇区域空间规划成果的三维展示技术,实现规划利益相关者与规划师之间的良好沟通与交流。

(1) 二维和三维平台整合。通过面向接口的方法和高内聚、低耦合的系统设计思想,实现了 GIS 中编辑显示平台、制图输出平台和三维显示平台之间的整合,通过对二维和三维规划工作环境进行有机地整合与同步,实现二维和三维数据的同步显示、管理、编辑和计算分析,属性值同步关联,从而一定程度上提高了村镇区域空间规划三维可视化的效率。

(2) 快速建模技术——过程建模方法。过程建模是通过自定义规则来描述并限定模型的几何形态、纹理特征或作用,然后由计算机系统解释规则将其转换为内部建模指令和操作来形成三维模型,它将模型看作是设计者一系列有规律操作的结果,而非固定静止的数据结构块。

根据规划要求建立相关 GIS 数据库,同时根据规划指标、容积率、绿化率、限高等要求,通过 CityEngine 软件快速建模。

3. 村镇区域空间规划三维空间能效评估技术研究

能效评估量化一定区域的整体等级,并非实现单栋建筑的评价,在分片区研究中,识别出各片区主要建筑类型,或者不同建筑类型比例,然后分别单独评价,最后加权整合。

(1) 确定建筑类型。公共建筑一般指非住宅类民用建筑,即办公楼、学校、商店、旅馆、文化体育设施、交通枢纽、医院等。此类建筑能源消耗包括照明能耗、采暖空调与通风能耗、生活热水供应、办公设备、建筑其他设备能耗(如电梯、给排水设备等)和其他用于特殊用途的能耗(例如厨房、信息中心等)。确定研究区域的建筑类型:农民自建、厂房、房地产开发、娱乐商业等,根据对非住宅的民用建筑分类方式,厂房和娱乐商业建筑可分为大型公共建筑和一般公共建筑;住宅的民用建筑分为农民自建和房地产开发(考虑到空调的使用)。

(2) 根据不同类型的建筑选取不同的评价因子。考虑到研究区域是一个宏观层面,暂定各类建筑选取同样的评价因子,然后给每种建筑赋予不同的权值。选取 6 个评价因子:建筑围护结构(外围护结构和内墙等)的热工特性(包括气密性)、热水系统的保温隔热要求、空调设备、照明设备、建筑位置和朝向及室外气候、自然通风。

首先确定各个因子的合理性及不同建筑对这些因子的权重,借助现有 CityEngine 软件,使用模型评价,最终与建筑能效标准对比,确定建筑的能效等级。

本书是对村镇区域规划的评估,在宏观层面,进一步分析达到国家标准的比率,也可划分出不同区域,进行对比分析。

4. 村镇区域空间规划三维分析与计算机辅助技术研究

进一步开展三维分析计算机辅助系统开发,实现三维空间分析模块,主要包

括村镇区域小气候分析、洪水淹没分析、城市防灾避险评估指标等。具体研究方
法如下：

（1）村镇区域小气候分析。城市化进程的加快导致我国出现了城市规模剧
增、建筑密度加大且高度提升的现象。城市的物质空间形态完全改变了自然地
貌条件，产生了有别于自然气候的城市微气候。近年来随着对大城市微气候问
题认识的逐渐深入，已经确立城市微气候与建筑之间存在密不可分的关系。如
建筑内部设计不合理，高层建筑增加过快，同时建筑密度过高，会占用必要的开
阔空间和绿地，并给日照、通风、防火、抗震带来影响，致使城市整体居住环境恶
化的趋势加重。

在项目中，假定建筑是影响气候的主要因素，其受两个指标的影响，一是天
空可视因子，指地面某点对天空的可见程度，是表征城市形态和树木冠层结构的
重要指标，主要由某给定点附近的特定建筑格局决定，同时在很大程度上也受到
树木冠层结构的影响，尤其是在夏季植被繁茂时；二是迎风面积密度。

（2）洪水淹没分析。洪水淹没程序包含基本功能（地图浏览、地图加载等）、
图像数据渲染（高程转换、色彩渲染等）、分洪洪水淹没模拟、分洪洪水淹没分析
等 4 个部分。

首先，获取高程、水工结构参数、水位库容关系表、行政村、河流等数据，建立
高精度数字高程模型和数字正射影像数据，并利用 ArcMap 软件中三维地形分
析工具，生成 TIN，得到流向图、坡向图、汇流量等数据图层，与其他相关附属设
施图层叠加，利用地理信息系统相关技术，构建 GIS 数据库并利用 ArcGIS 软件
相关技术实现三维图层的叠加显示。

其次，借助计算机技术和浅水波方程数值计算方法，考虑地形、地标建筑物
等各种因素，对溃坝洪水进行计算，得出淹没区域的水流，水深数据，然后利用
ArcGIS 中可编程组件 AO 技术在上述地形图上叠加洪水图层，来模拟洪水在三
维地形图上的流动状况。

最后，通过 ArcGIS 组件强大的空间分析功能实现洪水风险灾害评估，提出
洪水来临时避难的方法，并利用地理信息系统相关知识和软件建立专题图。为
了避免流速和水深的失稳，可以将流速和水深的网格进行交错划分，用以进行溃
坝后水流的计算。

（3）城市防灾避险评估指标。城市防灾避险评估主要从防灾避险的容纳
性、防灾避险的可达性两个层面展开，依次从基础设施、绿地、人口密度、交通等
4 个方面选取指标开展，其中基础设施分为开阔场地（包括广场、操场及体育场
等）和医疗类基础设施两大类。城市防灾避险的容纳性主要选取人口密度差异、

绿地容纳人数及开阔场地的容纳人数等指标展开评估;而城市防灾避险可达性评估主要考虑开阔场地和救护车的服务半径、交通道路长度、宽度及绿地的服务半径等因素。

8.2 村镇区域空间规划三维信息的快速获取与整合技术研究

由于系统采用插件式架构,将整个应用程序划分为宿主程序和插件对象两部分,实现灵活的功能组合模块,并且支持接口的二次开发。宿主程序主要包含基础数据的管理、二维和三维数据同步等功能;插件对象包含城市小气候评估、洪水模拟、能效评估和防灾避险评估等。在构建系统时,首先完成三维信息的快速获取,以构建系统基础,实现数据的可视化,最终完成相关文件的打开、保存、缩放以及规划指标查询等功能。最后根据村镇区域规划信息采集、处理空间分布的特点,基于地理网格研究分布式空间数据存储和计算技术,制定村镇区域空间规划三维信息网络发布和共享的标准与指南。

8.2.1 村镇区域空间规划三维信息的快速获取

1. 村镇区域空间规划基本三维空间数据

基于遥感(Remote Sense,RS)、GPS 和三维激光扫描等现代对地观测和测量技术,研究村镇区域空间规划基本三维空间数据的快速获取方法,实现对村镇区域发展与保护信息的及时获取。

在村镇区域空间规划中,需要用到的基本三维空间数据主要有地形、建筑两方面,地形数据体现在系统中主要是 DEM 数据,建筑数据包括建筑物的高度、建筑区的容积率、建筑物的建筑风格、纹理等。

2. 卫星遥感数据三维信息获取

卫星遥感数据包括的三维信息如 DEM 及其进一步衍生的坡度、地形起伏度、坡向等。

3. GPS 和三维激光扫描技术对三维信息的获取

三维激光扫描技术结合 GPS 定位技术为传统的测绘领域,如建筑测绘、地形测绘、采矿等,提供了一种全新的手段,建筑物数字化为大量离散的空间点云数据后,在此基础上来构造建筑物的三维模型。

8.2.2 二维信息与其他非空间信息的快速三维化技术

完成不同数据源的匹配与可视化,即二维信息与其他非空间信息的快速三维化,包括 DEM 数据的三维转换、建筑物的拉伸及风格建模。现有的 ArcGIS 软件包可以快速地解决元数据进行三维的拉伸问题。CityEngine 软件可以很好地与 GIS 数据进行联动,二维 GIS 数据的自动化建模,实现二维非空间信息的快速三维化。

8.2.3 三维信息的建库

在村镇区域空间规划三维信息数据的建库与查询中,通过定义二维信息的属性标准,为三维信息提供一致标准。主要数据包括地形三维信息、地块三维信息属性(地块类型,建筑物、道路的相关属性等)。最终实现相关文件的打开、保存、缩放和规划指标的查询。有关的数据格式建库标准及属性信息如表 8-1 和表 8-2 所示。

(1) 地形三维信息。

表 8-1　地形三维信息属性,建库内容

数据类型	数据格式	投影
DEM	Raster(* . tif, * . img)	Xian_1980_3_Degree, Gauss_Kruger

(2) 地块三维信息属性。

表 8-2　地块三维信息属性,建库内容

地块类型	建筑物、道路、绿地、水面等
建筑物	建筑物,屋顶的类型(平屋顶、斜屋顶),楼层数
道路	车道宽度,左右人行道的宽度等

8.2.4 村镇区域空间规划三维信息网络发布和共享的标准与指南

根据村镇区域空间规划信息采集、处理空间分布的特点,基于地理网格研究分布式空间数据存储和计算技术,制定村镇区域空间规划三维信息网络发布和共享的标准与指南。

空间信息的标准化是地理信息共享,是实现个体信息系统之间互联互通的前提和基础。制定村镇区域空间规划三维信息网络发布和共享的标准与指南,便于实现规划数据的统一及系统的规范。三维信息的网络发布,主要借助 CityEngine 的 WebScene 来实现,最终实现三维信息的网络发布与共享,达到二维及三维信息的同步。

8.3　村镇区域空间规划三维快速可视化
与数据表现技术研究

8.3.1　数据处理方法

借助 CityEngine 和 ArcGIS 软件,对规划成果进行三维展示。在数据处理方面,主要采用以下步骤:

(1) 数据图层构建。在 Google 地球中截取研究区的影像图,并且下载研究区的高程数据,最终得到研究区的影像图和高程图。

(2) ArcGIS 数据处理。在 ArcGIS 的 ArcMap 中对上一步获取的影像图、高程图进行配准,激活 Georeferencing 工具条,增加控制点,要求控制点均匀分布在图中,然后更新显示,在 Georeferencing 菜单下,单击 Rectify,将校准后的影像图另存。

(3) 高斯分布的导入。采用 MATLAB 软件绘制高斯分布图,MATLAB 软件最大的优势在于不管对于科学计算还是图像处理都能够快速准确地将数据可视化显示出来。

(4) 材质准备。通过对珠海、浏阳、重庆(市、镇、村级)的调研,了解当地村镇的基本概况,获取市、镇、村级经济、人口、规划等方面资料,为此研究提供丰富的二维信息及部分三维信息。其中,二维信息如村镇现有规划、土地利用规划和各个指标等;三维信息如 DEM、楼房的限高、建筑的风格等。通过现场调研,确定基本模型类别(如居住房、工厂、房地产、中心镇区等)的建模风格,查找相关的资料,风格力求统一协调。构建特殊的三维模型,比如像地标之类的标志性建筑物模型,然后导入 CityEngine 中。在已经确定好整体建模风格的情况下,广泛搜集贴图纹理资料,比如路面贴图图片,最终前期准备的模型或者图片都要导入到 CityEngine 的文件夹的相应位置。

对村镇规划中的要素进行可视化的基本思路是村镇要素不同于城市要素,CityEngine 中的规则大多数是针对城市编写的,所以要修改不同要素建模的规则,使之符合村镇要素的实际情况。

8.3.2　村镇区域可视化建模

村镇区域可视化的建模规则,主要考虑建筑、道路和景观,具体如下:

(1) 建筑可视化建模方面,规则如下:

Lot 作为起始规则,进行一个 case 判断选择:

```
Lot→
    case adaptFootprint : mirrorScope(p(0.5), false,false)
    shapeL(10,10){shape : Footprint | remainder : GroundFilled}
    else : Footprint
```

如果区域面积满足条件,直接调用 Groud 进行地面纹理的贴附;否则就要在调用完 Groud 以后,进行平移、拉伸还有拆分的操作:

```
Footprint→
    case geometry.area < 100 : Ground
    else :
        Ground
    offset(-1, inside)
    extrude(buildingHeight)
    setupProjection(0, scope.xy, 5, 5, -1)
    comp(f){back:Back|side : Facade | top : Roof}
```

建筑物正面贴图方向和纹理的设置:

```
Facade →
    setupProjection(0, scope.xy, ‖ , ‖ )
    projectUV(0)
    texture("assets/02rualhouse/wall.jpg")
```

建筑物背面贴图方向和纹理的设置:

```
Back→
    setupProjection(0, scope.xy, ‖ , ‖ )
    projectUV(0)
    texture("assets/02rualhouse/door.jpg")
```

建筑物屋顶的拆分,顶端用 Rooftex 来贴纹理,底部用 Wall 来贴纹理:

```
Roof→roofHip(30,1) comp(f){top : Rooftex | bottom : Wall}
Rooftex→
    setupProjection(0, scope.xy,5.74, 6.4, 1)
    texture(rooftex)
    projectUV(0)
Ground →
```

```
    setupProjection(0, scope.xz, ‖, ‖)
    projectUV(0)
  texture(courtTex)
```

地面填充规则,否则建筑物底部就是空着的区域:

```
GroundFilled→
    setupProjection(0, scope.xz, ‖, ‖)
    texture(randFieldTexture)
    projectUV(0)
```

(2) 在村镇道路的可视化规则方面,规则如下:

首先调用系统库的函数 geometry 来计算在车辆行驶方向上街道的长度和街道横向的宽度:

```
lenAlongU = geometry.du(0,unitSpace)
lenAlongV = geometry.dv(0,unitSpace)
```

根据街道的宽度计算车道的数量,其中 rint 是取最近邻的整数:

```
calcNbrOfLanes = rint(lenAlongV) - 0.1
```

按照车道数量和中央隔离带的宽度将街道拆分,并给路面贴上纹理:

```
Street →
    split(v, unitSpace, 0){~1 : Lane(2) | medianWidth : Median | ~1:
    alignScopeToGeometry(yUp, 2) Lane(0)}
Lane(I) →
    scaleUV(0, 5, calcNbrOfLanes)
    texture(road_tex)
```

设置中央隔离带,其中树木将中央隔离带划分成段,每段的端点处就是树木:

```
Median →
    Trees
    extrude(world.y,sidewalkHeight)
    comp(f){ top : offset(-sidewalkHeight) comp(f){border : Curbs |
inside : Pavement1 } | side : Curbs }
    Trees →
```

```
    t(0,0.5,0)
    split(u,unitSpace,0) {~treeDist/2 : NIL | {~treeDist : TreeS-
pot } * }
  TreeSpot →
    case p(treeProb):
      alignScopeToGeometry(yUp, 0)
      s(2,0,0)
      center(z)
      i(fileRandom("assets/01streets/treeHole/treeHole * .obj"))
        PutTree
      else:
        NIL
  PutTree →
      90% :
      s(3,6,3)
    r(0,rand(360),0)
    center(xz)
    i(landTrees1)
    else:
      NIL
```

中央隔离带的路面设置,在 X 轴和 Z 轴方向,每 3 米重复 1 次纹理:

```
Pavement1→
    setupProjection(0,world.xz,3,3)
    projectUV(0)
    texture("assets/02streets/veggieField_1.jpg")
```

十字路口的规则,交叉点和交叉路口入口和十字路口设置相同,直接调用十字路口的规则,并赋予纹理信息,与道路路面区别开来:

```
Crossing →
    Concrete
Junction → Crossing
JunctionEntry → Crossing
    Concrete →
```

```
setupProjection(0,scope.xz,3,3)
projectUV(0)
texture(concrete_tex)
```

路侧行人道的可视化,包括了行人道路面、路沿、路灯的三维显示的实现:

```
Sidewalk →
    SidewalkWithCurbs
    alignScopeToAxes(y) t(0,sidewalkHeight,0)
    SidewalkLamps
SidewalkWithCurbs →
    alignScopeToAxes(y)
```

拉伸路侧行人道使之具有一定的高度:

```
extrude(world.y,sidewalkHeight)
```

将拉伸以后的路侧行人道切分,分为路面和路沿两种类型,路沿只存在于前端部分:

```
comp(f) { top = split(v, unitSpace,0){ sidewalkHeight : Curbs |
~1 : Pavement } | front : Curbs }
```

行人道路面设置,在 X 轴和 Z 轴方向,每 3 米重复 1 次纹理:

```
Pavement→
    setupProjection(0,world.xz,3,3)
    projectUV(0)
    texture(pavement_tex)
```

路边的设置并贴纹理:

```
Curbs →
     setupProjection (0, scope. xy,  scope. sx/ceil ( scope. sx/1. 1),
scope.sy)
    projectUV(0)
    texture(curb_tex)
```

行人道旁边的路灯可视化,首先判断道路长度是否达到 5 m,如果不够 5 m. 就不需要安置路灯,如果满足条件,则按照路灯放置的位置来切分道路:

```
SidewalkLamps →
```

```
case lenAlongU ＜ 5：
    NIL
else ：
    split(u,unitSpace,0){ ～lampDistance : NIL | { 0.1: Lamp |
～lampDistance : NIL } * }
```

设置路灯的偏移量和方向并设置纹理贴图：

```
Lamp →
    t(0,0,scope.sz − sidewalkHeight * 2)
    s(0,5,0)
    r(0,90,0)
    i(lamp_texasset)
```

（3）景观可视化建模规则相对简单，只要有绿地作为纹理基础，上面再配置适当数量的树木即可：

```
Lot→scatter(surface,geometry.area * assetDensity, uniform)
    { ChooseAsset } footprint
ChooseAsset →
    s(3,6,3) r(0,rand(360),0) alignScopeToAxes(y) i(landTrees1)
footprint →
    setupProjection(0, scope.xz, 1, 1)
    projectUV(0)
    texture(courtTex)
```

上述 3 种规划后的结果如图 8-1 所示。

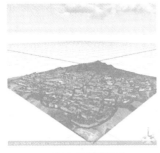  

(a) 整体建模效果图　　　　(b) 道路建模效果图　　　　(c) 村镇区域规划三维展示系统

图 8-1　村镇区域可视化建模和三维系统展示

8.4 村镇区域空间规划三维空间效能评估技术研究

在城市规划与建设中，往往通过二维平面高密度开发和三维空间的高强度开发来提高土地的利用效率。而在村镇地区，由于三维空间的高强度开发和土地利用效能的研究和实践相对较少，缺乏相关规定，村镇要么是低密度和单家独院低层式的开发和建设，土地利用效率极低；要么是任意进行高强度开发，与周围环境和景观不协调，致使村镇区域土地利用规划与开发格局混乱。所以，无论从保护土地资源、村镇区域发展和土地合理配置的角度，还是从经济增长方式最佳化的角度，提高村镇区域土地利用效率显得十分重要。

8.4.1 村镇三维空间的整合研究

村镇三维空间的整合是村镇集约化效能发挥的充分条件，现阶段的村镇三维空间整合还存在一些问题，需要更加强调村镇空间使用上的集约化和空间功能、环境的整合。村镇空间的立体化发展，不仅促进了村镇三维空间的渗透，而且也打破了传统村镇建筑内外空间概念的界限。以往各种村镇、建筑空间的固有界限在村镇交通空间的中介作用下，逐渐被打破，各种空间与功能之间的关联、融合使得它们之间的边界限定越来越趋于模糊化，从而促使村镇、建筑与交通等空间日趋一体化。这种村镇空间的相互渗透、相互融合及整合增强了村镇空间在平面上和垂直面上的连续性和整体性。

村镇三维空间整合中的实体要素，包括村镇地面上的建筑、道路、桥梁、树木、绿地、山体、水域等，这些实体要素，是满足村镇功能的个体，若不加以整合，它们相互分离，缺少必要的联系，在村镇的漫长发展中，必然会引发实体要素组合的混乱，降低村镇功能的运作效率，在村镇的旧城区这种情况尤为突出。村镇空间要素的整合，包括建筑、公共空间的整合，自然环境、村镇绿地与地下空间的整合，地面道路交通、车站与地下空间的整合。

8.4.2 空间效能及评价体系

1. 空间效能研究

通过文献检索，可以发现在不同的领域，效能一词有不同的含义。在行政管理方面，效能主要指办事的效率和工作能力；在医药研究方面，效能是指药物的效应与量之间的关系；在系统研究方面，效能指达到系统目标的程度。从这些概念的定义中可以看出，与效益、效率等概念相比，效能更强调与目的之间的关系，有学者给出了以下效能公式，即：效能＝效率×目标，这一公式充分说明，要达成目的,仅有效率是不够的,只有目标再乘以效率才是达到目的的方法。因此,效能是衡量目的性结果的尺度,它更强调目标性、质量以及动态的效果。

《村镇规划标准》(GB50188-2007)中村镇是指村庄、集镇和县城以外建制镇的合称。村镇建设用地不仅仅包括市域范围内城市建设用地,还包括基层村、中心村、一般镇、中心镇的建设用地。合理控制村镇建设用地三维空间效能,有利于实现村镇三维空间的紧凑、高效、生态,不仅有利于解决建设用地存在土地利用效率低,土地闲置情况严重,生态环境遭到破坏,光线、阳光、空气流动差,景观视觉差等一系列问题,而且有利于优化农村居民点布置,解决传统建筑风格被破坏,丧失原有的环境尺度和文脉等问题。

另外,从功能和用地类型上看,村镇的类型包括商贸型村镇、工业型村镇、历史文化名镇、山地型村镇以及自然村落。由于不同类型的村镇在评价三维空间效能时考虑的因素侧重点不同,构建的指标体系也就有所差异。因此,需要从影响村镇三维空间效能评价指标的诸要素中,结合不同类型和功能的村镇建设用地特点,筛选出重要的、易收集的、易量化的、反映多层面的因素指标,组成指标体系。

2. 评价体系技术路线、指标选取的原则

(1) 建立空间效能评价体系技术路线。与可逐个量化的效益不同,效能直指目标,具有强调目标性、质量及动态等特性,所以效能常常难以完全量化,因此,建立一套系统的效能评价体系是本书的重点及难点。在综合效能评价中,一般采用指标法和层次分析法相结合的形式,通过设置包括生态、经济、社会等在内的一系列评价指标进行综合评价。本书试图结合村镇区域空间的特点,遵循系统性与层次性相结合、定性与定量相结合、可操作性与前瞻性相结合的原则,针对不同空间层次的主要功能偏重,选取适合的权重值,建立涵盖宏观、中观、微观层次的空间效能评价体系。

(2) 指标选取的原则。

① 科学性原则。村镇三维空间效能评价指标体系应建立在充分认识、系统研究村镇用地现状的基础上,立足于土地集约利用的理论框架,科学表达出村镇三维空间效能的内涵、本质、规律、模式和机制的本质性要素。

② 综合性原则。选取的指标应该具有综合性,有利于全面科学地衡量评价对象的三维空间效能状况。评价应从经济、社会、生态等方面选取宏观或微观、抽象或具体的指标进行综合分析。

③ 前瞻性、系统性与代表性原则。从广义上来说,村镇三维空间效能主要涵盖以下内容:容积率控制、调整土地利用结构、土地高效产出和生态环境保护各项功能等方面。因此应设计具有新理念、新思路、新发展趋势的前瞻性的评价

指标体系,使其评价结果在村镇三维空间发展的决策过程中起到指导性作用。同时,村镇三维空间效能是一个系统性的概念,指标体系的构建应统筹考虑系统基本功能。

④ 区域类型分异性原则。针对不同的地理环境与功能类型,控制的侧重点也不同,针对不同的地域环境和区位条件,村镇三维空间效能评价的衡量标准也不同。指标的选取要根据研究对象的独特性,从实际出发,因地制宜的选取。

⑤ 可操作性原则。指标选取应充分考虑数据的可得性、可测性和可比性。可得性要求尽可能收集有关指标的完善的数据资料和图片资料;可测性要求选取的指标便于量化;可比性要求指标能同其他同类模式进行相互比较。在指标处理过程中,要求指标简化处理的同时保持最大信息量。

3. 三维空间效能评价指标体系的构建

本书主要针对商贸型村镇、工业型村镇、历史文化名镇、山地型村镇以及自然村落等不同类型的村镇,构建了包含 3 个层次的评价指标体系,即目标层、准则层和指标层。

(1) 目标层为村镇建设用地三维空间效能,是指标体系的总目标。将目标层分为 3 个方面,用地形态紧凑、经济高效、生态人文保护。

(2) 准则层的建立参考现在已有的研究成果,尽量从社会、经济、环境等多方面考虑,寻求有利于社会、经济、环境等多方利益协调优化的空间尺度平衡点。

(3) 指标层在指标的选取上考虑到有关历史文化名镇的国家相关法律法规对历史文化遗产的保护有强制性的规定,同时为了反映研究对象的现实发展特色,历史文化因素作为首要因子被纳入评价体系之中。

另一方面,针对现有村镇建设,提高土地利用效益,在适宜的范围内提高开发强度,与紧凑发展的思路是一致的,因此,与土地开发强度密切相关的交通容量、土地区位、经济成本等因素直接作用于土地开发的建筑高度,成为评价研究区域建筑高度的关键指标。同时,从"紧凑城市"理念的内涵与特点出发,城市土地开发的建筑高度必然受到自然地理因素和生态环境的深刻影响,因此自然地理因素与生态环境因素是城市建筑高度评价的又一组关键指标。村镇三维空间效能评价的最终目的在于为城市建筑高度控制提供科学依据。考虑到城市建筑高度控制的核心任务之一就是勾勒生动且富有节奏韵律的城市天际线、塑造优美的城市形象,城市形象因素与视线因素也因此被设定为评价指标。

综合以上分析,将建设用地土地利用率、形态紧凑度、用地闲置率等因子整合为用地形态紧凑控制的指标层;将城市形象因素和视线因素、自然地理因素、生态环境因素整合为城市生态人文保护的指标层;将经济成本因素归入土地利用经济高效指标进行评价。初步形成了用地形态紧凑、经济高效、生态人文保护

3 项一级因子及 21 项子因子构建的村镇三维空间效能评价指标体系,如表 8-3
～8-7 所示。

表 8-3　工业型村镇三维空间效能评价指标体系

目标层	准则层	指标层
建筑离散度		
	建设用地闲置率	
	形态紧凑人均建设用地	
	人均工业用地※	
单位建设用地固定投资		
单位建设用地 GDP 产出		
		道路网密度
工业型村镇经济高效城镇用地结构		
综合建筑密度		
综合容积率		
工业用地容积率※		
生态人文保护采光通风满意度		

注:※符号标注的指标为评估工业型村镇三维空间效能的特色指标。

表 8-4　商贸型村镇三维空间效能评价指标体系

目标层	准则层	指标层
建筑离散度		
	建设用地闲置率	
	形态紧凑人均建设用地	
	人均工业用地※	
建筑空间立体开发使用率※		
		单位建设用地固定投资
单位建设用地 GDP 产出		
		道路网密度
商贸型村镇经济高效城镇用地结构		
综合建筑密度		
综合容积率		
商业用地容积率※		
形象可识别度※		
生态人文保护采光通风满意度		
旧改比		

注:※符号标注的指标为评估商贸型村镇三维空间效能的特色指标。

表 8-5　历史文化名镇三维空间效能评价指标体系

目标层	准则层	指标层
建筑离散度		
	建设用地闲置率	
	形态紧凑人均建设用地※	
	人均工业用地	
建筑空间立体开发使用率※		
城镇用地结构		
历史文化名镇经济高效新建建筑密度※		
综合容积率		
新建建筑容积率※		
新建建筑高度/原有建筑※		
生态人文保护采光通风满意度		
旧改比		视线通透率
		整体风貌满意度

注:※符号标注的指标为评估历史文化名镇三维空间效能的特色指标。

表 8-6　山地型村镇三维空间效能评价指标体系

目标层	准则层	指标层
建筑离散度		
	建设用地闲置率	
	形态紧凑人均建设用地	
	居民点紧凑度※	
	人均居民点面积	
建筑空间立体开发使用率※		
		道路网密度
山地型村镇经济高效城镇用地结构		
综合建筑密度		
综合容积率		
宅基地容积率※		
视线通透率		
生态人文保护采光通风满意度		
对地形改造率※		
建筑物对背景山体遮挡程度※		

注:※符号标注的指标为评估山地型村镇三维空间效能的特色指标。

表 8-7　自然村镇三维空间效能评价指标体系

目标层	准则层	指标层
农村居民点紧凑度※		
		建筑离散度
	建设用地闲置率	
	形态紧凑人均建设用地	
	人均居民点面积※	
		道路网密度
高效单位建设用地 GDP 产出		
综合建筑密度		
综合容积率		
宅基地容积率※		
形象可识别度※		
生态人文保护采光通风满意度		
整体风貌满意度※		

注：※符号标注的指标为评估自然村镇三维空间效能的特色指标。

4. 指标标准化

指标标准值的确定是村镇三维空间效能评价的关键之一，根据评价内容和指标特征的差异性，需采用不同的方法来具体确定。根据本书指标选取和相关研究经验，具体采用以下几种方法进行确定：

（1）国家及地方相关标准。国家及地方相关标准反映一定时期内国家对土地利用的期望值，具有前瞻性与合法性。

（2）相似地区指标。以相似地区指标的平均值或最高值作为比较标准是较为普遍而简单的方法。将指标的最高值或平均值进行比较，辅以标准差等指标判别研究区域的集约利用水平。

（3）目标值。结合国家、区域的社会经济、生态环境的主要目标以及土地利用总体规划、城市规划、村镇规划和相关的土地政策法律法规等确定理想值。如新增建设用地占用耕地比重可参考土地利用总体规划中的新增建设用地占用耕地面积与新增建设用地总量指标来确定。

（4）发展趋势值。根据研究区域评价时间点之前不同时期的数据来预测评价其发展趋势，从而确定其合理值，该方法的缺点是预测的精度依赖于数据的充裕程度。

（5）理想值。理想值即在目前的技术条件下某项指标可以达到或无限接近的绝对最优值。如基础设施完善度的理想值为 100。

（6）专家咨询。部分难以量化的定性指标可以通过专家咨询法将其量化，如土地规划与实施等，指标标准值确定以后，还需要对指标进行标准化处理，使所有的指标取值在标准值和标准化值之间。

5. 评价指标权重值确定方法

权重的确定方法主要有特尔菲法、主成分分析法、层次分析法、灰色关联度法等。考虑到缺少统一的评价指标体系，较多学者在研究中采用特尔菲法——具有匿名性、反复性、统计性 3 大特征，能较好地克服主观因素的影响。在《建设用地节约集约利用评价规程》(TD/T 1018—2008)和《开发区土地集约利用评价规程》(TD/T 1029—2010)中，特尔菲法使用也较为普遍。因此，考虑到科学性和普适性，本书也采用特尔菲法进行指标权重的确定，邀请 10～40 人对研究的目的在相互不协商的情况下独立进行，打分 2～3 轮。

评价等级是对评估结果的科学表达，它不仅关系到评估方法的选择，还关系到评估结果实际的应用价值。本书将评价等级划分为高、中、低 3 个等级，根据各项指标的得分以及不同层次的总和得到对象所属评价等级。

6. 构建评价模型

多因素综合评价法是根据一定的目标和原则，定量描述复杂经济现象整体的一种方法，以评价单元为样本，选择影响评价单元的因子作为评价指标，并对指标进行量化、计算和整合，从而实现评价目的的一种方法，该方法对评价对象的分析比较全面。

8.4.3　村镇区域三维空间效能优化

在认识村镇区域空间特征及建立空间效能评价体系的基础上，从城乡结合的市域尺度、村镇区域空间尺度以及特定类型的空间尺度等不同层面结合示范村镇的实证研究，发现现有空间存在的问题，利用三维技术，建立效能比较模型，探寻不同空间层次效能优化的具体途径，最后总结基于效能优化的村镇区域空间布局及营建的普适性策略。

8.5　村镇区域空间规划三维技术的系统开发

8.5.1　建立村镇区域空间规划三维计算机辅助系统的总体框架与规范

基于前三项技术研究工作，建立村镇区域空间规划三维计算机辅助系统的总体框架、标准与规范，并建立村镇区域空间规划三维计算机辅助工具集成与技术平台，包括以下 4 方面内容：① 二维和三维空间信息的统一化管理技术；② 二维和三维空间属性信息快速检索与快速互查技术；③ 村镇区域空间规划各指标的自动计算与汇总；④ 村镇区域空间规划三维分析业务应用技术。

8.5.2　村镇区域空间规划二维和三维空间信息的统一化存储与管理

由于三维信息具有海量性、形式多样性、来源丰富、结构复杂等特点，信息数据的存储与管理需要更加高效的空间数据结构和空间索引机制。根据特定空间查询操作设计不同的管理机制，在系统平台上实现二维和三维数据的同步，在系统中同步存储二维和三维数据，能够方便快捷地进行数据检索，实现二维和三维一体化的进程，提高空间信息的共享性、透明度，促进二维和三维优势互补，能在系统中完成获取信息、分析信息、传输信息、显示信息的过程，为规划编制、研究数据提供便利性。

8.5.3　三维空间信息的快速检索

在空间索引机制的基础上实现三维空间信息的快速检索。空间索引机制是快速、高效的查询、检索和显示三维空间信息的基础，其性能优劣直接影响 GIS 空间数据库的性能，根据空间要素的地理位置、形状或者空间对象之间的空间关系，能够快速识别空间要素。

8.5.4　村镇区域空间三维测算技术研究

三维测算技术是村镇区域空间规划的关键技术之一，所开发的计算机辅助系统能够对村镇区域空间规划中的各指标实现自动计算，如利用叠加分析功能综合多个数据源的属性，统计容积率、建筑密度、城市道路面积率、绿地率等，从而进行有关村镇区域空间规划的各项技术指标分析，在指标计算、规划布局等方面起到辅助决策的作用。

8.5.5　三维空间分析功能研究

基于现有基本三维空间分析功能，研究三维空间分析的业务应用技术，为规划审批和决策提供依据，对现有的基本三维空间分析功能进行拓展，如洪水淹没分析、防灾避险、村镇区域小气候和建筑能效评估。

1. 村镇区域小气候

城市化进程导致了我国大量的城市规模剧增、建筑密度加大且高度提升的现象。城市的物质空间形态完全改变了自然地貌条件，产生了有别于自然气候的城市小气候。近年来随着对大城市小气候问题认识的逐渐深入,城市小气候与建筑之间存在的密不可分的关系已经被确立。

本书假定建筑是影响气候的主要因素。可受两个指标的影响,一是天空可视因子;二是迎风面积密度。根据村镇建筑分布与结构特征对村镇区域小气候进行分析模拟,此项任务已完成。

2. 洪水淹没分析

洪水三维淹没程序包含基本功能、图像处理及渲染(包括高程转换、色彩渲染等功能)、三维淹没模拟、三维淹没分析等4个部分。其中,基本功能包括加载地图、视图浏览和控制以及遥感数据和 TIN 叠加3部分内容。模块能够根据村镇地形特点,结合高程点、山脊线和山谷线等硬断线建立 TIN 格式的数字高程模型,并进行地表纹理处理,充分利用三维分析和虚拟现实技术进行洪水淹没分析,准确定量地反映洪水特性和淹没面积。

程序设计中利用 SceneControl 控件作为主要显示控件,配合其他按钮中的代码调用了 ArcGIS 中三维显示部分 ArcScene 的功能;利用 TocControl 和 ToolBarControl 等控件作为主要的视图浏览及显示控件,调用了 ArcGIS 中视图浏览和控制等功能,程序代码均用 C♯程序设计语言来编写,程序流程如图8-2所示。

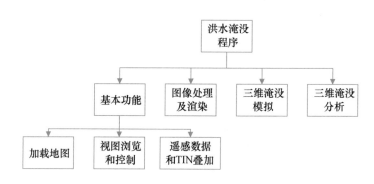

图 8-2　洪水淹没程序功能构成示意图

3. 城市防灾避险规划评估指标

城市防灾避险规划评估模块尚在开发中,程序流程如图8-3所示。以城市防灾避险规划的容纳性和可达性为出发点,从人口密度、基础设施、交通、绿地4个方面建立相应指标体系,促进城市绿化建设与防灾减灾能力的协调发展,满足城市安全保障的需要,最大限度地降低灾害时的损害。

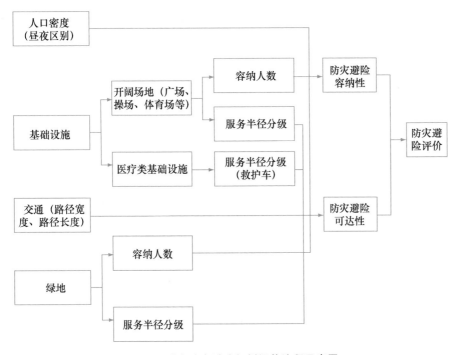

图 8-3　城市防灾避险规划评估流程示意图

8.5.6　村镇区域空间规划三维技术系统开发

在现有空间规划软件系统的基础上,开发村镇区域空间规划三维软件系统,以数据为核心,专业功能为导向,具体模型为基础,将规划设计和三维信息有效结合,为规划业务提供基础地形、市政管线、规划编制方案等各类相关信息,与遥感技术结合,监测村镇区域的空间变化状况,专业素养的规划人员在模型的支持下,利用该系统对原始材料和数据进行分析、处理以及对规划方案的反复对比,得出具体的规划方案。基础数据是系统的根本,也是一切规划方案设计的依据;专业功能的需求是设计整个系统的关键,关系到整个系统的功能设置和布局;具体模型体现该系统价值的重要途径,对规划辅助支持起到决定性的作用。在决策时,系统能够模拟建设的三维场景,用于多方案选择和优化,为村镇区域空间规划提供技术支持。

8.6　关键技术成果

8.6.1　三维基础数据的整合

结合 RS,DEM 和规划数据(规划指标),生成一个三维的模拟区域,以待三维空间分析和展示,如图 8-4 所示。

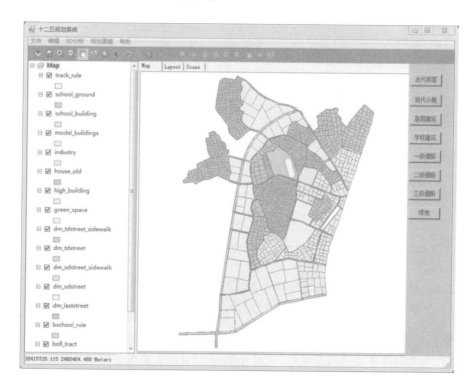

图 8-4　珠海市斗门镇南门村三维基础规划数据的整合及展示

8.6.2　系统内三维的展示和系统外的三维展示

实现二维和三维数据的切换以及不同规划属性的展现,如建筑类型、高度、绿化率等,可以借助 CityEngine 软件实现联动的三维展示模块及渲染,如图 8-5 所示。

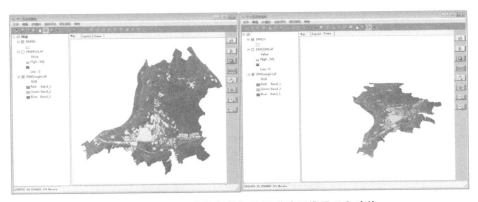

图 8-5 二维和三维数据的切换及联动三维展示和渲染

8.6.3 建立完成三维空间能效评估模型

甄别建筑形态、城市结构两个层面的城市形态要素并建立空间评估标准与规范,确定三维空间能效评估模型,完成三维空间能效评估软件模块的开发,如图 8-6 和 8-7 所示。

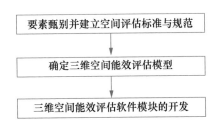

图 8-6 村镇区域空间规划三维空间能效评估流程

图 8-7 村镇区域空间规划三维空间能效评估模型

8.6.4 二维和三维同步

数据的快速检索及各规划指标的计算,如容积率、建筑密度、地块面积和绿化率等,如图 8-8 所示。三维空间分析模块可以实现洪水淹没分析功能,如图 8-9 所示。

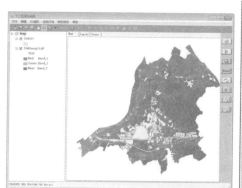
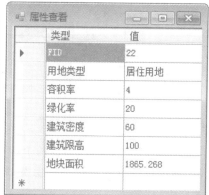

图 8-8　珠海市斗门镇南门村规划指标查询

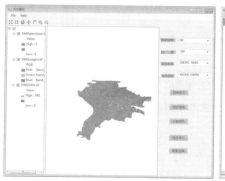

图 8-9　珠海市斗门镇南门村洪水淹没分析

8.6.5 软件系统开发

软件基本功能包括:① 系统基础建设:相关文件的打开、保存、缩放及规划指标查询等;② 二维和三维同步:将导入的 GIS 根据地形等数据,实现二维和三维数据的同步,属性值同步关联;③ 基于 GIS 数据的快速建模及模型数据同步:根据规划要求建立相关 GIS 数据库,同时根据规划指标,容积率、绿化率和建筑限高等要求,通过 CityEngine 快速建模,最后在开发系统中同步建模的信息及相关的修改,可实现的空间分析功能为洪水淹没分析模块。

9

村镇区域宜居基准测试系统开发研究

9.1 村镇区域宜居基准测试指标体系研究

9.1.1 村镇区域宜居基准测试指标体系的评价领域

在建设社会主义新农村战略部署下,传统城镇化引发的乡村地区严峻的社会、经济、环境等问题已经引起了社会的共同关注。村镇区域尺度的人居环境建设成为当前重点关注的内容。基于村镇区域的基本特征和对宜居内涵的解读,借鉴国内外村镇区域的宜居建设实践,参考宜居城市评价指标体系和村镇区域人居环境评价指标体系的研究成果,选择基础设施、公共服务、社会经济和生态环境等作为村镇区域宜居基准测试指标体系的评价领域,如图 9-1 所示。

9.1.2 村镇区域宜居基准测试中领域关系分析

1. 基础设施领域

基础设施是村镇区域宜居的外部支撑。基础设施主要指工程性市政公用基础设施。经过文献研究、示范区访谈和村镇实地踏勘以及顺应社会经济发展形势的需要,对村镇区域来说,宜居的关键性基础设施包括供水设施与饮水安全、信息通信与网络、道路设施、照明设施以及防灾减灾设施与机制等 5 个子领域。

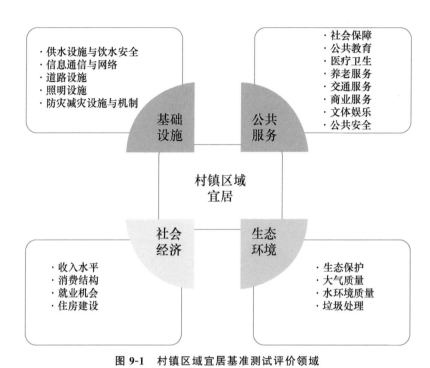

图 9-1　村镇区域宜居基准测试评价领域

（1）供水设施与饮水安全、照明设施保障村镇区域居民基本生活需求。

（2）信息通信与网络是"互联网＋"时代下的主导趋势，和道路设施共同保障村镇区域与外界的沟通联系，促进城乡互动联系和经济发展。

（3）防灾减灾设施与机制主要考虑到农业生产仍是村镇区域社会经济的重要构成，同时村庄布点分散、防灾减灾投入低、灾害防御能力差、各类灾害是造成村镇区域社会经济巨大损失的主要原因，提升防御能力降低灾害损失也是村镇区域宜居的重要方面。

2. 公共服务领域

公共服务是村镇区域宜居的内涵支撑。公共服务是通过国家权力介入或公共资源投入为满足公民社会发展活动的直接需要所提供的服务，是 21 世纪公共行政的核心理念，保证了个人生存权和发展权。公共服务可以根据其内容和形式分为基础公共服务、经济公共服务、公共安全服务、社会公共服务。经过文献研究、示范区访谈和村镇实地踏勘以及顺应村镇区域的实际需要，本书重点对社会公共服务领域进行全面的衡量，全方位地提升村镇区域居民享有的公共服务水平。宜居的公共服务包括社会保障、公共教育、医疗卫生、养老服务、交通服务、商业服务、文体娱乐、公共安全等 8 个子领域。

（1）社会保障指国家通过立法，保证无收入、低收入以及遭受各种意外灾害的公民能够维持生存，对村镇区域居民意义最大的就是养老保障和医疗保障。

（2）公共教育是实现个体发展和社会发展的重要手段，村镇区域公共教育发展是乡村振兴的关键内容。

（3）医疗卫生对于缓解农村原有合作医疗体制瓦解后居民看病难的问题意义重大，提高村镇区域居民享有医疗卫生服务的水平。

（4）养老服务是村镇区域老龄化形势十分严峻的背景下的现实且迫切的需求。当前的农村公共养老服务设施主要面向孤寡老人、五保户等特殊困难群体，市场化服务设施费用高，同时农村养老观念陈旧，解决村镇人口养老问题将是社会不得不面对的重要任务。在家庭、土地养老之外，政府、社会组织也需要为老年人提供帮助。

（5）交通服务主要指公共交通服务向农村地区延伸，提高村镇区域出行便利度。

（6）商业服务是对村镇区域公共服务之外的重要补充，方便居民获得生活、生产资料。

（7）文体娱乐主要考虑建立和完善覆盖城乡，体现公益性、基本性、均等性、便利性的文化体育服务体系，为村镇区域居民提供积极、健康的文体娱乐设施和场所空间。

（8）公共安全，在社会转型期内，体制转型、收入差距扩大、利益冲突、人口流动带来突出的公共安全问题，在村镇区域也不可避免。公共安全的主要目的是为村镇区域发展提供一个稳定安全的外部环境和秩序。

3. 社会经济领域

社会经济是村镇区域宜居的物质基础。其内涵广阔，包括经济规模、发展效益、产业结构、财政收入、固定资产投资、收入水平、就业结构、居住条件、生活质量等方方面面。经过示范区访谈和村镇实地踏勘，本书立足村镇区域居民分享社会经济发展成果的视角，侧重选择与村镇区域居民宜居直接相关的子领域进行衡量，包括收入水平、消费结构、就业机会和住房建设等4个子领域，并认为社会经济领域的其他方面可以通过这4个子领域来反映。

（1）收入水平，反映居民从各种来源所取得的现期收入的总和，受到宏观经济状况、收入分配政策的影响，同时也决定了消费者购买力水平，对村镇居民的生活水平产生最直接的影响。鉴于我国区域经济发展水平的巨大差异，收入水平可以通过区域内城乡收入差距来反映。

（2）消费结构主要衡量家庭支出范畴和内容，反映消费的层次和生活水平。

（3）就业机会主要衡量从事第一产业以外的就业机会。改革开放以来，大规模的农村富余劳动力涌向东部沿海发达地区，实现了异地就业和城镇化，但也带来高成本、高流动性、高风险的问题，例如农村留守问题突出，被形象地称为"993861部队"，产生一系列的社会问题。此轮国家推进新型城镇化立足于区域平衡、城乡一体化的视角，本地城镇化和小尺度空间范围内异地城镇化将承担起重要的角色。创造更多的村镇区域就业机会是关键。

（4）住房建设可以说是村镇区域居民最大的资产投资，直观地反映了宜居中"居"的水平。一般从结构、面积、价值、质量、景观等维度来衡量。

4. 生态环境领域

生态环境是村镇区域宜居的本地条件。建设美丽中国需要美丽乡村打基础。广大村镇区域由于环境基础设施严重滞后和环境保护观念淡薄，环境问题日益严峻，制约社会主义新农村建设。例如，过度使用农药化肥、生活污水随意排放带来土壤、水体的污染，日常生活垃圾随意堆放公路旁、沟渠边、房前屋后，影响村容村貌并产生空气污染，秸秆焚烧产生大气污染等。为彻底改变农村地区"污水靠蒸发，垃圾靠风刮"的现象，环保部和财政部共同推进《全国农村环境连片整治工作指南（试行）》，农村生态文明建设已经成为政府部门的重要工作。经过文献研究、示范区访谈和村镇实地踏勘，结合顺应村镇区域的实际情况，对村镇区域来说，宜居的生态环境包括生态保护、大气质量、水环境质量和垃圾处理等4个子领域。

（1）生态保护，在宏观层面，村镇聚居形式大多是建立在对自然地形地貌条件的适应以及农业经济基础之上的，与城市区域相比，村镇区域在宏观尺度上生态资源丰富，体系格局相对完整。在微观层面的居民点建设上，建设行为分散，缺乏系统规划，公共空间和景观绿化等缺乏投资。村庄普遍缺乏公园等活动空间，未来可与文体娱乐设施等功能相互兼容。

（2）大气质量和水环境质量，虽是生态环境领域评价的常规指标，但生态环境已经逐渐成为城市竞争力的关键要素。尤其是当大范围雾霾天气爆发和大范围水体污染的形势下，大气质量和水环境质量已然成为社会共同关注的焦点。

（3）垃圾处理，在生活垃圾处理方面，斗门区、浏阳市以及重庆的部分乡镇已经建立起"户收集、村集中、镇转运、县处理"的模式，有效地解决垃圾围村的困局,改善村庄风貌,这也是村镇地区一般通行的模式。更进一步,将垃圾进行源头分类,通过发酵制成农家肥回归农田,实现资源再生利用。

9.1.3 构建村镇区域宜居基准测试因子群

根据上文所确定的村镇区域宜居基准测试的评价范畴(包括领域和子领域),结合文献研究、指标体系案例研究以及相关统计资料,提取与评价范畴紧密相关的常用指标,分别形成基础设施、公共服务、社会经济、生态环境等领域的评价指标因子群,为构建多目标的村镇区域宜居基准测试指标体系提供指标筛选的工作基础,如表 9-1～9-4 所示。

表 9-1　基础设施领域评价指标因子群

领域	子领域	指标
基础设施	供水设施与饮水安全	自来水受益村数、自来水普及率、集中式饮用水源水质达标率、村镇饮用水卫生合格率、农村集中式供水受益人口比例、人均用水量
	信息通信与网络	信息化综合指数、通电话村数、广播电视覆盖率、有线电视入户率、村庄数字宽带网覆盖率、百户家庭电话拥有量、百户家庭电脑拥有量、千户互联网用户数、人均邮电业务量、有广播电视站的乡镇比例、有邮电所的乡镇比例、安装有线电视的村比例
	道路设施	农村通公路行政村比例、离一级公路或高速出入口距离小于 50 km 的乡镇比例、有二级公路通过的乡镇比例、通行政村主干公路四级以上的行政村比例、能在 1 小时内到达县政府的乡镇比例、公路网密度、村道硬底化率、人均拥有铺装道路面积村道硬底化率、人均拥有铺装道路面积
	防灾减灾设施与机制	有完善农田水利设施的村的比例、旱涝保收面积比例、水土流失(治理)面积占比、小流域治理面积、旱涝灾害受灾面积、易涝耕地面积、除涝面积、盐碱耕地(改良)面积、农业生产系统抗灾能力、防害抗灾投入力度、编制防灾减灾预案的行政村比例、灾害引发直接经济损失
	照明设施	村供电普及率、居民人均生活用电量、村内主干道和公共场所照明情况

表 9-2 公共服务领域评价因子群

领域	子领域	指标
公共服务	社会保障	社会保障覆盖率、新型农村社会养老保险参保率、新型农村合作医疗参保率、低保和住房困难家庭住房保障率、家庭人均纯收入低于当地最低生活保障标准的家庭享受最低生活保障的比例、农村社会救济费、自然灾害救济费
	公共教育	中小学教师数、在校学生与专任教师的比例、学校数量、有幼儿园或托儿所的村比例、就近入学率、义务教育学校达到规范化学校标准比例、九年制义务教育普及率、幼儿学前教育普及率、高中教育普及率、适龄儿童入学率、初中生在校巩固率、公共教育经费占 GDP 的比例、人均财政教育支出、平均受教育程度
	医疗卫生	乡村医生与卫生人员数、每万人中卫生技术人员数、万人医生数、医疗卫生指数、万人拥有病床数、村卫生站数量、医疗保健消费支出比例
	养老服务	百名老人拥有社会福利床位数、敬老院和福利院数量
	交通服务	公共交通线路数、行政村通公交比例、行政村客运班车通达率、万人拥有公共汽车数
	商业服务	农村万人拥有商业餐饮服务网点、商业服务网点覆盖率、人均商业设施面积、有银行网点或储蓄所的乡镇比例、市场数量、50 m² 以上的超市数量
	文体娱乐	文化娱乐设施数量、每十万人影剧院数量、乡村图书馆(图书室和文体活动中心)覆盖率、有图书馆(文化站)村所占比例、有农民业余文化组织的村比例、全民健身设施覆盖率、人均公共体育设施场地面积、有体育场馆的村所占比例
	公共安全	生命线工程完好率、每年万人刑事案件立案数、犯罪率、交通事故死亡率、社会安全指数

表 9-3 社会经济领域评价因子群

领域	子领域	指标
社会经济	收入水平	基尼系数、城镇居民人均可支配收入、农村居民人均纯收入、在岗职工平均工资、城乡收入比、居民人均储蓄额、贫困发生率、贫困人口比例、收入来源结构
	消费能力	乡村居民家庭恩格尔系数、农村居民人均生活消费支出、人均社会消费品零售额、农村物价指数、消费结构(食品消费、衣着消费、居住消费、家庭设备用品及服务、交通通信消费、文体娱乐支出、教育支出结构)
	就业机会	农村从业人员数、从业人员比例、非农人口比例、非农就业率、就业结构、劳动力外出比例

（续表）

领域	子领域	指标
社会经济	住房建设	钢筋混凝土和砖木结构住房比例、楼房比例、人均住房建筑面积、人均钢筋混凝土和砖木结构住房面积、年末房屋价值、危房和茅草房等改造比例、卫生厕所普及率、人均宅基地面积、一二类居住用地比例、建筑密度、居住质量指数（包括住房面积、住房结构、饮用水状况、清洁能源、卫生厕所、室外道路状况）

表 9-4　生态环境领域评价因子群

领域	子领域	指标
生态环境	生态保护	当年造林面积、植被保护、自然保护区面积占比、森林覆盖率、自然景观类型和数量、农田保护面积、水体面积比率、生物多样性、公园个数、人均公园绿地面积、中心村建成区绿化覆盖率、村庄绿地率、有一个以上供居民乘凉休憩的小公园或小绿荫地的行政村比例
	大气质量	空气质量好于或等于二级标准的天数、空气污染指数、SO_2 排放量、废气排放量
	水环境质量	地表水综合评价指数、地面水水质达标率、工业废水排放达标率、农村生活污水处理率、污水排放强度
	垃圾处理	农村生活垃圾处理率、生活垃圾无害化处理率、环卫工人配置、沼气池建设情况、规模化畜禽养殖场粪便综合利用率

9.1.4　构建多目标村镇区域宜居基准测试指标体系

1. 指标体系构建和指标筛选的基本原则

基于村镇区域建设密度低、人口密度低、体系开放、非标准化的特征，评价村镇区域宜居的重点在于居民是否以合理时间成本、合理经济成本，在适当空间范围内，享有适当质量的服务。因此，指标体系构建需要遵循客观指标与主观评价相互校核的准则。客观指标能有效反映"建设水平"，体现出宜居的供给情况；主观指标所反映的"满意度"则反映宜居的需求是否得到满足。研究表明，主客观指标体系各有利弊，两者之间存在偏离，不能直接等同。本书在构建多目标村镇区域宜居基准测试指标体系中，兼顾主客观评价体系的利弊，首先出于指导规划和设施建设的目的筛选出能够表征子领域"建设水平"的指标，形成客观指标体系，同时针对子领域构建主观满意度评价指标体系，以期实现客观建设水平与主观满意度相互印证纠偏，准确真实地反映村镇区域宜居水平。

客观指标筛选遵循一定的准则：

（1）客观指标以评价设施为重点。其选取立足呈现村镇区域的属性特征、生活需求和发展导向,全面覆盖与村镇区域宜居紧密相关的设施建设情况和空间分布状况,通过现状的评价明确各个子领域在设施建设规模和空间布局方面的问题,并结合主观评价,为后续建设投资提供决策支持。

(2)指标要素兼顾统计的尺度与范围。作为县域或小流域尺度层面的村镇地区的宜居评价,本书将县域范围排除县城等完全城市化地区后的村镇区域整体视为宜居基准测试评价对象。部分指标直接采用符合这一范围的统计指标,部分客观指标和主观指标可以通过乡镇层级的统计数据或问卷调查数据经过人口比例或辖区面积比例加权计算而来。除此之外,还有部分指标,如公共服务设施按照县(市)—乡镇—村(社区)3级进行资源配置,仅考虑村镇区域不能反映居民实际享有服务的情况,生态保护、空气质量和水环境质量等领域本身具有尺度特征和连通性,更适宜县域尺度的整体衡量。

(3)指标数据可获得,允许恰当的数据替代。指标选择尽可能参照现有的指标体系和通行的考核要求,在相同或相近的方向上选择具有共识的通用性指标,避免选择过于偏僻或者过于地方化的指标;其他确实需要衡量但没有通用性指标的,可以结合示范区调研提出新的指标。数据的可获得性主要针对客观指标,具体体现为3个层次:一是,已经纳入先行的统计体系中,地方层面已经开展相关数据的收集调查;二是,需要基于现有数据进行加工测算;三是,尚未纳入到统计工作中,却是村镇宜居评价的重要指标,建议由统计部门开展相应的收集统计工作。

(4)指标体现时代色彩和发展需求。随着村镇自身发展水平的提升,宜居的需求也在发生演进,从满足人们温饱基本需求,到满足人对自然环境舒适性的需求,再到满足人的社会人文需求,最后到满足人们发展机会等需求,宜居的内涵也蕴含时代的色彩。因此,指标也需要适应社会发展步伐,选择符合时代色彩和发展需求。如,行政村通公路比例、广播电视覆盖率、通电话村比例等指标,虽然公路、广播电视、电话等是村镇区域生产生活必不可少的要素,但在全国都已经达到很高的水平,因此不再具有表征意义。但是,对于广大村镇区域,尤其是服务于农业生产和产品流通,快速获取信息仍是重要的影响因子,因此选择每千户互联网用户数作为衡量指标更具有现实意义。这是村镇区域宜居基准评价和建设中需要予以考虑的。

2. 村镇区域宜居基准测试指标体系

基于我国村镇区域的发展特征和村镇区域宜居的基本内涵,以面向指导村镇区域规划和建设的目的,重点衡量基层设施的客观建设水平,从指标库中筛选出各子领域的表征指标,最终形成4个领域、21个子领域、32个指标的村镇区域宜居基准测试客观指标体系,如表9-5所示。对应于客观指标体系中的子领域范

表 9-5　村镇区域宜居基准测试指标体系(客观)

系统	领域	子领域	指标
村镇区域宜居基准测试指标体系	基础设施	供水设施与饮水安全	农村自来水普及率/(%)
			村镇饮用水卫生合格率/(%)
		信息通信与网络	每千户互联网用户数
		道路设施	村内道路硬底化率/(%)
			公路网密度/(km/km²)
		照明设施	村内主干道和公共场所路灯安装率/(%)
		防灾设施与机制	旱涝保收面积占比/(%)
			已编制综合防灾减灾预案的社区和行政村所占比例/(%)
	公共服务	社会保障	基本社会保险覆盖率/(%)
		公共教育	义务教育阶段每个教师负担学生数/人
			有幼儿园或托儿所的社区和行政村所占比例/(%)
			小学就近入学率(以服务半径 2.5 km 计算)/(%)
		医疗卫生	每万人拥有执业医生数/人
			有卫生室或卫生站的社区和行政村所占比例/(%)
		养老服务	每千名老人拥有养老床位数/床
			配备养老服务站的社区和行政村所占比例/(%)
		交通服务	行政村客运班车通达率/(%)
		商业服务	拥有一个以上营业面积在 50 m² 以上商业服务设施的社区和行政村所占比例/(%)
		文体娱乐	有公共体育活动场地或休闲绿地的社区和行政村所占比例/(%)
			有图书室或文化室的社区和行政村所占比例/(%)
		公共安全	万人刑事案件立案数/件
			配置警务室的社区和行政村所占比例/(%)
	社会经济	收入水平	农村居民人均纯收入/元
		消费结构	农村居民恩格尔系数/(%)
		就业机会	非农产业就业比例/(%)
		住房建设	农村人均钢筋混凝土和砖木结构住房面积/(m²)
			农村危房改造比例/(%)
			农村卫生厕所普及率/(%)
	生态环境	生态保护	受保护地区占国土面积比例/(%)
		大气质量	空气质量好于或等于二级标准的天数所占比例/(%)
		水环境质量	生活污水纳入处理的户数占总户数的比例/(%)
		垃圾处理	纳入垃圾集中收运处理系统的社区和行政村所占比例/(%)

畴,进行主观满意度评价,形成村镇区域宜居基准测试主观指标体系,如表 9-6
所示。最终,通过客观建设水平评价结果与主观满意度评价结果对比,规避单一
视角评价片面性的弊端,发现村镇区域基础设施、公共服务、社会经济、生态环境
等领域的客观供给与主观需求的差异,寻找村镇区域宜居建设的短板,为优化策
略选择和提高投资效益提供基础支持。

表 9-6　村镇区域宜居基准测试指标体系(主观)

系统	领域	子领域	指标
村镇区域宜居基准测试指标体系	基础设施	供水设施与饮水安全	对日常生活用水供应的满意度(1)
		信息通信与网络	对信息通信与网络服务的满意度(2)
		道路设施	对道路设施的满意度(3)
		照明设施	对电力供应与服务的满意度(4)
		防灾设施与机制	对灾害防御能力的满意度(5)
	公共服务	社会保障	对社会保障水平的满意度(6)
		公共教育	对公共教育设施与服务的满意度(7)
		医疗卫生	对医疗设施与服务的满意度(8)
		养老服务	对养老设施与服务的满意度(9)
		交通服务	对公共交通服务的满意度(10)
		商业服务	对日常生活消费便利性和农业生产服务便利性的满意度(11)
		文体娱乐	对文体娱乐设施的满意度(12)
		公共安全	对公共安全的满意度(13)
	社会经济	收入水平	对家庭收入的满意度(14)
		消费结构	包含于 11,14 两个指标中
		就业机会	包含于指标 14
		住房建设	对居住条件和村庄风貌的满意度(15)
	生态环境	生态保护	对生态环境的满意度(16)
		大气质量	对空气质量的满意度(17)
		水环境质量	对水环境质量的满意度(18)
		垃圾处理	对环境卫生的满意度(19)
	村镇区域宜居基准测试总体满意度		村镇区域宜居水平总体满意度(20)

9.1.5　确定目标值的主要方法

在评价指标体系中,指标标准值是衡量宜居建设水平的基准,也是进行数据
无量纲化处理的基准,如何设置该值视评价目的而定。如果指标体系用于评价
对象的横向比较研究,可以将最小值、最大值、平均值等作为标准值,其结果能反
映出评价对象之间孰优孰劣,但得分高并不意味着宜居水平的绝对高(李健娜,

2006;李伯华等,2010;朱彬等,2011 等)。如果指标体系用于宜居建设成效评价、达标考核、查找差距时,则需要设置基准值或目标值作为衡量基准。本书以目标值作为衡量基准。

1. 参照政府制定的目标或相关考核指标

考核评选要求:出于示范带动、考核激励,政府会出台相应的考核体系,可以转换成相应的目标值。例如,国家环境保护局出台《生态县、生态市、生态省建设指标(修订稿)》提出了 16 项生态环境保护方面的具体目标。广东省出台《广东省宜居城镇、宜居村庄、宜居社区考核指导指标(2010—2012)(试行)》,从舒适性、健康性、方便性、安全性等 4 方面提出了考核要求,可作为设置目标值的参考。

政府工作目标:国家和地方层面制定一系列的工作目标、具体政策措施和实施抓手,可以转换为村镇区域宜居基准测试阶段性的目标。例如,国家制定全面建设小康社会指标体系,涉及经济、社会、环境和制度 4 个方面 16 项指标,并给出具体指标的目标值。国家和地方每五年编制国民经济和社会发展规划,在分析各方面的基础条件、机遇挑战后,确定经济、科技教育、资源环境(生态环境)、人民生活(公共服务)等方面的具体目标。

城乡规划标准:国家层面出台村镇规划标准,提出了与人口发展规划相适宜的配置要求。省、市层面制定适合本地的实施标准,比如重庆市出台了《重庆市城乡公共服务设施规划标准》(DB 50/T 543—2014)作为地方要求,长沙市制定了《长沙市小城镇公共设施配置规划导则(试行)》。其中,《重庆市城乡公共服务设施规划标准》(DB 50/T 543—2014)立足城乡公共服务均等化的目标,对行政村级的村庄管理设施、基础教育设施、医疗卫生设施、文化体育设施、商业服务设施、社会福利设施等做出具体空间布点和配置规模的要求。这些要求立足于现实基础并面向未来发展,可以转换为发展目标。

2. 案例类比法

采用国际社会公认的共识性指标值。例如,基尼系数是反映收入差距的重要指标,国际上通常把 0.4 作为贫富差距的警戒线。

通过案例类比设置恰当的指标。① 类比发展阶段选择合适的指标,全面建设小康社会指标体系指标值的确定,就是现实基础条件与国际经验的结合,例如,1890 年,美国的人均 GDP 为 3 396 美元,非农就业比例达到 62.7%。1870年,英国的人均 GDP 为 3 263 美元,非农就业比例达到 67.2%。国际经验表明在人均 GDP 达到 3 000 美元左右时,非农就业比例可以达到 60% 左右。② 以先进地区为目标,将先进地区当前的水平作为发展的目标,例如选择全国百强县作为目标。

3. 趋势外推法

趋势外推法是根据过去和现在连续渐近发展趋势推断未来结果的方法。一般是根据过去、现在参数的分布特征,选择恰当的函数(线性模型、指数曲线、生长曲线、包络曲线等)进行拟合,总结出变化规律,以此类推。例如在人口规模预测中,综合增长率法就是基于过去和现在的人口增长率进行趋势外推的一种常规预测方法,在地区生产总值、居民收入的预测中也广泛使用。

在主观满意度目标值设定方面,同样使用趋势外推法,按照主观问卷的设计,通常将满意程度从非常满意到非常不满意之间分为若干层次;定量分析时,分别对满意程度进行梯度赋值,计算满意程度;目标值可以在以往调查结果的基础上趋势外推,可以是优秀案例的同期参考值,也可以设定为最理想的状态即所有人都非常满意。前两者适用于已经开展主观调查的地区,后者适用于无调查基础的地区。

9.2　村镇区域宜居基准测试指标体系数据获取与融合技术

9.2.1　指标解释及选择依据

1. 基础设施领域的指标

(1)农村自来水普及率。指农村饮用自来水人口数占农村人口总数的百分比。指标来源于《重庆市区县全面建设小康社会统计监测方案》,用以衡量村镇区域供水设施的建设水平。

(2)村镇饮用水卫生合格率。指以自来水厂或手压井形式取得饮用水的农村人口占农村总人口的百分比。指标来源于《全国生态县、生态市创建工作考核方案》(试行),用以评估村镇区域饮水安全水平。《湖南省各市(州)、县(市、区)全面建成小康社会监测统计组织实施办法》使用"农村居民安全饮水比率",体现同样的评价内涵。

(3)每千户互联网用户数。指街道之外每千户家庭中接入互联网宽带的用户数。指标来源于《全国百强县(市)综合评价指标体系》中"每百户的电话拥有量"的适应性调整,考虑到互联网的快速发展,广大农村地区也已经实现网络的覆盖,网络已成为越来越重要的信息获取渠道,该指标用以评估村镇区域信息获取的便利程度,并排除城镇化地区的影响。

(4)村内道路硬底化率。指村内道路路面中已硬化面积与总面积的百分比或者已硬化里程占总里程的百分率。指标来源于《广东省宜居城镇、宜居村庄、宜居社区考核指导指标(2010—2012)(试行)》中宜居村庄考核指标,用以评估村镇区域交通设施建设水平和出行便利性。

(5) 公路密度。指县域范围内每平方千米或每万人所拥有的公路总里程数。指标来源于国家统计局农村社会经济调查总队《全国百强县(市)综合评价指标体系》,用以评估村镇区域对外交通联系便利程度。

(6) 村内主干道和公共场所路灯安装率。指街道范围以外,村内主干道和公共场所安装路灯的比例。在村镇区域居民生活用电普遍解决的基础上,随着生活方式的转变,夜间休闲娱乐活动和机动车保有量不断增长,增加公共照明是确保出行安全的重要保障。指标来源于《广东省宜居城镇、宜居村庄、宜居社区考核指导指标(2010—2012)(试行)》中宜居村庄考核指标的调整。

(7) 旱涝保收面积占比。指按一定设计标准建造水利设施以保证遇到旱涝灾害仍能高产稳产的农田的面积占所有农田总面积的百分比,基于农业仍是村镇区域的主要产业,也是基层社会稳定的保障,完善农田水利设施建设是应对自然灾害的主要内容。指标来源于《江苏省农村水利现代化评价指标体系》,用以评估农业生产应对自然灾害的能力。

(8) 已编制综合防灾减灾预案的社区和行政村所占比例。指全市、县、区已经编制综合防灾减灾预案的社区和行政村占所有社区和行政村的百分比。根据报道显示,2012 年山东省已有超过 3.9 万个乡村、社区编制了防灾减灾应急预案,并建立起覆盖全省所有村(社区)的 7.7 万名灾害信息员队伍,在应对村镇区域突发性灾害方面发挥着重要的预防救助作用。北京市也大力推进社区、行政村的综合防灾减灾预案编制工作。因此,将该指标纳入作为防灾减灾的重要衡量,同时考虑到防灾减灾是一个全系统的统筹工作,统计范围包含全市、县、区。

2. 公共服务领域指标

(1) 基本社会保险覆盖率。指已参加基本养老保险和基本医疗保险人口占政策规定应参加人口的比例。基本社会保险主要包括基本养老保险、基本医疗保险、失业保险、工伤保险和生育保险等 5 项,其中基本养老保险、基本医疗保险最为重要,所以在计算基本社会保险覆盖率时只计算基本养老保险和基本医疗保险的覆盖率。指标来源于《全面建成小康社会统计监测指标体系》,反映了农村地区居民养老和医疗负担的保障水平。

(2) 义务教育阶段每个教师负担学生数。指义务教育在校学生数与专任教师数之比。斗门、浏阳、潼南基本实现全区县内教育资源的统筹配置,划分学区,同时存在不少农村家长为让子女得到更好的教育去县城居住陪读,因此本指标以全县为统计单元。指标来源于《全国百强县(市)综合评价指标体系》,反映村镇区域义务教育阶段的师资力量配置水平。

(3) 有幼儿园或托儿所的社区和行政村所占比例。指街道范围以外，有幼儿园或托儿所设施的社区和行政村占所有社区和行政村的百分比。选择该指标主要是针对《重庆市城乡规划公共服务设施规划导则(试行)》《长沙市小城镇公共设施配置规划导则》中关于幼儿园、托儿所等设施配置要求的落实情况，指标反映了村镇地区幼儿接受学前教育的便利程度，并排除城市化地区的影响。

(4) 小学就近入学率(以服务半径 2.5 km 计算)。指以小学为圆心 2.5 km 为半径的覆盖面积占县(市)域面积之比。小学就近入学是实现义务教育公平共享的基本原则，也是学校布局的基本原则。调研结果显示，小学已经实施区县的整体统筹。该指标来源于《长沙市小城镇公共设施配置规划导则》。指标主要反映村镇区域学校撤并后小学生上学便利程度。

(5) 每万人拥有执业医生数。指全县域每万人常住人口拥有在岗执业(助理)医师数，执业医师是指具有医师执业证及其"级别"为"执业医师"且从事医疗、预防保健工作的人员，不包括从事管理工作的执照医师。指标来源于《重庆市区县全面建成小康社会统计监测指标体系》《全国百强县(市)综合评价指标体系》，考虑到医疗卫生资源在县域范围内按照县—乡—村配置的实际情况，反映医疗服务资源的水平。

(6) 有卫生室或卫生站的社区和行政村所占比例。指街道范围以外，卫生室达到标准化要求的社区和行政村占所有社区和行政村的百分比。在公共服务均等化的理念下，全国都大力推进基层医疗卫生服务机构的建设，并出台了适合地方的建设标准。指标主要是针对《重庆市城乡规划公共服务设施规划导则(试行)》《长沙市小城镇公共设施配置规划导则》中关于社区、行政村层级医疗卫生设施配置要求的落实情况，指标反映了村镇居民就近享有基本医疗卫生保健服务的水平，并排除城市化地区的影响。

(7) 每千名老人拥有养老床位数。指街道范围以外，每千名 60 周岁以上常住人口拥有的养老床位数。指标来源于《全国百强县(市)综合评价指标体系》中，并进行适应性调整，《江苏全面建成小康社会指标体系(2013 年修订　试行)》。指标反映基层养老设施的建设水平，并排除城市化地区的影响。

(8) 配备养老服务站的社区和行政村所占比例。指街道范围以外，配备养老服务站的社区和行政村占所有社区和行政村的百分比。就广大农村地区而言，随着青壮年人口流失，老龄化程度加剧，传统家庭养老模式面临严峻挑战，在基层配置适当的养老服务站，引入社会组织提供服务是未来的重点探索方向。指标主要是针对《重庆市城乡规划公共服务设施规划导则(试行)》《长沙市小城镇公共设施配置规划导则》中关于社区、行政村养老服务设施配置要求的落实情况，也兼顾未来村镇区域养老的现实需求，指标反映村镇居民就近享有养老服务的水平,并排除城市化地区的影响。

(9) 行政村客运班车通达率。指农村通客运班车线的行政村个数占行政村总数的比例。指标来源于《湖南省县市区全面建成小康社会考评指标体系》《江苏全面建成小康社会指标体系(2013 年修订　试行)》,用以衡量村镇区域公共交通服务水平和出行便利性。

(10) 拥有 1 个以上营业面积在 50 m² 以上的商业服务设施的社区和行政村所占比例。指街道范围以外,拥有 1 个以上(包含 1 个)营业面积在 50 m² 以上商业服务设施的社区和行政村占所有社区和行政村的百分比。一般而言,乡镇一级会统计 50 m² 以上商业服务设施的数量,能够反映出基层总体的生活消费便利性,但难以反映空间均衡性的问题。因此,本书提出"拥有 1 个以上营业面积在 50 m² 以上商业服务设施的社区和行政村所占比例",用以衡量村镇居民日常生活消费的便利程度。

(11) 有公共体育活动场地或休闲绿地的社区和行政村所占比例。指街道范围以外,有公共体育活动场地或休闲绿地的社区和行政村占所有社区和行政村的百分比。就示范区调研结果显示,各级政府在村级公共体育活动设施的投资建设力度不断加大,覆盖率较高,但存在设施更新、后期维护等问题。各省市按照自身的条件出台了设施配置的具体要求。湖南省、江苏省使用"人均拥有公共文化体育设施面积"来衡量公共文化体育发展水平,但难以体现体育设施空间分布的均衡性。同时,重庆等地的公共配套设施建设导则中对村镇区域体育活动设施等配置提出要求。因此,本书突出空间分布均衡性和标准的落实情况,提出"有公共体育活动场地或休闲绿地的社区和行政村所占比例",指标用以衡量村镇居民享有公共体育活动的水平。

(12) 有图书室或文化室的社区和行政村所占比例。指街道范围以外,有图书室或文化室的社区和行政村占所有社区和行政村的百分比。就示范区调研结果显示,各级政府在村级文化活动设施的投资建设力度不断加大,斗门、潼南都已经实现村级文化室 100% 的全覆盖,但也存在设施、图书陈旧等问题影响居民使用意愿。湖南省、江苏省使用"人均拥有公共文化体育设施面积"来衡量公共文化体育发展水平,但难以体现文化体育设施空间分布的均衡性。同时,重庆等地的公共配套设施建设导则中对村镇区域的图书室、文化室等设施配置提出要求。因此,本书突出空间分布均衡性和标准的落实情况,提出"有图书室或文化室的社区和行政村所占比例",指标用以衡量村镇居民享有公共文化活动的水平。

(13) 万人刑事案件立案数。指县域范围内每万人常住人口刑事案件立案数。"万人刑事案件立案数"和"万人刑事犯罪率"是社会安全方面的重用指标,指标来源于《广东省宜居城镇、宜居村庄、宜居社区考核指导指标(2010—2012)(试行)》,反映县域社会安全及社会秩序,两者可以相互替代。

(14)配置警务室的社区和行政村所占比例。指街道范围以外,配置警务室的社区和行政村占所有社区和行政村的百分比。指标主要衡量警卫设施的空间布局情况,反映村镇居民安全保障水平,并排除城市化地区的影响。

3. 社会经济领域指标

(1)农民年人均纯收入。指乡镇辖区内农村常住居民家庭总收入中,扣除从事生产和非生产经营费用支出、缴纳税款、上交承包集体任务金额以后剩余的,可直接用于生产性、非生产性建设投资和生活消费。指标来源于《全国生态县、生态市创建工作考核方案(试行)》《全面建成小康社会统计监测指标体系》,用以衡量村镇区域家庭经济状况。

(2)农村居民恩格尔系数。指农村居民用于食品消费的支出占生活消费支出的比例。食品支出是指居民用于主食、副食、其他食品以及在外饮食的支出总和。指标来源于《全面建成小康社会统计监测指标体系》,用以衡量村镇居民消费结构和生活水平。

(3)非农产业就业比例。指从事非农产业的就业人数占总社会就业人数的百分比。指标来源于《全面建成小康社会统计监测指标体系》,用以衡量村镇区域经济发展水平、工业化、城镇化水平。

(4)农村人均钢筋混凝土、砖木结构住房面积。指农村居民按人平均的钢筋混凝土和砖木结构住房的室内面积。钢筋混凝土结构是指房屋的梁、柱、承重墙等主要部分是用钢筋混凝土建造的。砖木结构是指梁、柱、承重墙等主要部分是用砖、石和木料建造的。房屋面积从内墙线算起,不包括房屋结构(如墙、柱)占用的面积,多层建筑按各层面积总和计算。指标来源于《重庆市区县全面建成小康社会统计监测指标体系》《湖南省县市区全面建成小康社会考评指标体系》用以衡量村镇居民居住条件。

(5)农村危房改造比例。指农村已竣工和已开工的户数占农村危房户数的百分比。农村危房指依据《农村危险房屋鉴定技术导则(试行)》鉴定属于整栋危房(D级)或局部危险(C级)的住房。选择该指标是因为当前国家将推进棚户区改造和危旧房改造作为改善居民居住条件的工作重点,指标来源于《广东省宜居城镇、宜居村庄、宜居社区考核指导指标(2010—2012)(试行)》,指标用以衡量村镇居民住房保障情况。

(6)农村卫生厕所普及率。指使用卫生厕所的农户数占总农户数的比例。卫生厕所标准执行《农村户厕卫生规范》GB 19379—2012。指标来源于《全国生态县、生态市创建工作考核方案》(试行),《重庆市区县全面建成小康社会统计监测指标体系》,用以衡量村镇居民居住生活环境和卫生状况。

4. 生态环境领域指标

（1）受保护地区占国土面积比例。指辖区内各类（级）自然保护区、风景名胜区、森林公园、地质公园、生态功能保护区、水源保护区、封山育林地等面积占全部陆地（湿地）面积的百分比,上述区域面积不得重复计算。指标来源于《全国生态县、生态市创建工作考核方案》(试行),用以衡量生态环境保护的状况。

（2）空气质量达到二级标准的天数比例。指按环保部新颁布的空气质量标准（空气质量指数 AQI）要求,空气质量达到二级标准的天数占全年天数的比例。指标来源于《江苏全面建成小康社会指标体系（2013 年修订　试行）》《湖南省县市全面建成小康社会考评指标体系》。

（3）生活污水纳入处理的户数占总户数的比例。指街道以外,生活污水纳入处理的户数占总户数的比例。指标用以衡量村镇区域生活污水处理情况,一般情况下,针对水环境质量的评价使用"城镇污水处理率"和"地表水水质达标率"两个指标相互补充,例如《湖南省县市全面建成小康社会考评指标体系》《江苏全面建成小康社会指标体系（2013 年修订　试行）》《全国生态县、生态市创建工作考核方案（试行）》。经调查,村镇区域在推进新农村建设过程中,十分注重生活污水的处理,适应性地选择集中化（镇区周边纳入污水收集管网进入污水处理厂）或分散化（小型生态化处理）的处理模式。因此,本书提出"生活污水纳入处理的户数占总户数的比例"能够更为准确地反映生活污水处理情况,但可结合地方实际情况进行替换。

（4）纳入垃圾集中收运处理系统的社区和行政村所占比例。指街道范围之外,所有纳入垃圾集中收运处理系统的社区和行政村占所有社区和行政村的百分率。指标用以衡量村镇区域环境卫生状况。《重庆市区县全面建成小康社会统计监测指标体系》中使用"生活垃圾无害化处理率"、《湖南省县市区全面建成小康社会考评指标体系》中使用"农村垃圾集中处理率"、《江苏全面建成小康社会指标体系（2013 年修订　试行）》中使用"村庄环境整治达标率"。因此,各个省份在衡量农村区域生活垃圾收集处理时使用不同的统计指标,本书进行适应性调整,基于纳入垃圾集中收运处理系统就意味着生活垃圾得到无害化处理的认识,提出该"纳入垃圾集中收运处理系统的社区和行政村所占比例"指标,但可结合地方实际情况进行替换。

9.2.2　数据快速获取技术

1. 数据融合与替代技术

（1）客观数据快速获取与合成技术。根据村镇区域宜居基准测试指标体系,明确各个客观指标的统计范畴、所需数据、客观指标现状值合成和数据来源,如表 9-7 所示。

表 9-7　村镇区域宜居基准测试指标体系客观数据快速获取

指标	统计范畴	所需数据	客观指标现状值合成	数据来源
农村自来水普及率	县城、市区之外地区	饮用自来水人口数、农村常住人口总数	农村饮用自来水人口数/农村常住人口总数×100%	卫生、供水统计部门
村镇饮用水卫生合格率	县城、市区之外地区	以自来水厂和手压井形式取得饮用水的农村人口数、农村常住人口总数	以自来水厂和手压井形式取得饮用水的农村人口数/农村常住人口总数×100%	卫生、防疫部门
每千户互联网用户数	县城、市区之外地区	街道之外接入宽带互联网的户数和总户数	街道之外接入宽带互联网的户数/总户数×100%	邮政部门、电信运营商等
村内道路硬底化率	县城、市区之外地区	村内道路已硬化面积、村内道路总面积	村内道路已硬化面积/村内道路总面积×100%	交通、市政、建设部门
公路密度	全县(市、区)	全县(市、区)公路里程数、辖区总面积	全县(市、区)公路里程数/总面积	交通、市政、建设部门
村内主干道和公共场所路灯安装率	县城、市区之外地区	街道范围外安装路灯的村内主干道和公共场所数量、总数量	街道之外安装路灯的村内主干道和公共场所数量/总数量×100%	建设、乡镇调查统计
旱涝保收面积占比	全县(市、区)	全县(市、区)旱涝保收面积、农田总面积	全县(市、区)旱涝保收面积/农田总面积×100%	农业、水利部门
已编制综合防灾减灾预案的社区和行政村所占比例	全县(市、区)	全县(市、区)已编制综合防灾减灾预案的社区和行政村数量、社区和行政村总数	全县(市、区)已编制综合防灾减灾预案的社区和行政村数量/社区和行政村总数×100%	应急、防灾减灾部门
基本社会保险覆盖率	全县(市、区)	已参加基本养老保险人数、已参加基本医疗保险人数、按政策规定应参加的人数	已参加基本养老保险的人数/应参加基本养老保险的人数×50%＋已参加基本医疗保险的人数/应参加基本医疗保险的人数×50%。	社保、统计部门
义务教育阶段每个教师负担学生数	全县(市、区)	义务教育阶段全县(市、区)专任教师数、在校学生数	在校学生数/全县(市、区)专任教师数	教育部门
有幼儿园或托儿所的社区和行政村所占比例	城镇化以外地区	街道范围外,有幼儿园或托儿所设施的社区和行政村数量、街道范围外社区和行政村总数	街道范围外有幼儿园或托儿所设施的社区和行政村数量/街道范围外社区和行政村总数×100%	教育部门
小学就近入学率(以服务半径2.5 km计算)	全县(市、区)	小学空间分布、辖区总面积	在土地利用现状图上以小学为圆心2.5 km为半径做缓冲区分析,计算缓冲区面积。缓冲区面积/辖区总面积×100%	教育部门、国土部门

（续表）

指标	统计范畴	所需数据	客观指标现状值合成	数据来源
每万人拥有执业医生数	全县（市、区）	年末在岗执业（助理）医师数量，年末辖区常住人口总数	年末在岗执业（助理）医师数量/年末辖区常住人口总数（万人）	卫生、统计部门
有卫生室或卫生站的社区和行政村所占比例	县城、市区之外地区	街道范围外有卫生室（站、所、中心）的社区和行政村数量，街道范围外社区和行政村总数	道范围外有卫生室（站、所、中心）的社区和行政村数量/街道范围外社区和行政村总数×100%	卫生、统计部门
每千名老人拥有养老床位数（张）	县城、市区之外地区	街道范围外公办、民办以及社会各类养老服务机构拥有床位数（含社区服务中心、居家养老服务中心等养老床位数）总和，60周岁以上常住人口数	街道范围外公办、民办以及社会各类养老服务机构拥有床位数（含社区服务中心、居家养老服务中心等养老床位数）总和/60周岁以上常住人口数（千人）	民政部门、乡镇调查统计
配备养老服务站的社区和行政村所占比例	县城、市区之外地区	街道范围外配备养老服务站（设施）的社区和行政村数量，街道范围外社区和行政村总数	街道范围外配备养老服务站（设施）的社区和行政村数量/街道范围外社区和行政村总数×100%	民政部门、乡镇调查统计
行政村客运班车通达率	所有行政村	通客运班线的行政村数量，行政村总数	通客运班线的行政村数量/行政村总数×100%	交通运输部门
拥有1个以上营业面积在50 m²以上商业服务设施的社区和行政村所占比例	县城、市区之外地区	街道范围外拥有1个以上营业面积在50 m²以上的商业服务设施的社区和行政村数量，街道范围外社区和行政村总数	街道范围外拥有1个以上营业面积在50 m²以上的商业服务设施的社区和行政村数量/街道范围外社区和行政村总数×100%	工商、市场管理部门
有公共体育活动场地或休闲绿地的社区和行政村所占比例	县城、市区之外地区	街道范围外有公共体育活动场地或休闲绿地的社区和行政村数量，街道范围外社区和行政村数量	街道范围外有公共体育活动场地或休闲绿地的社区和行政村数量/街道范围外社区和行政村数量×100%	文体部门
有图书室或文化室的社区和行政村所占比例	县城、市区之外地区	街道范围外有图书室或文化室的社区和行政村数量，街道范围外社区和行政村数量	街道范围外有图书室或文化室的社区和行政村数量/街道范围外社区和行政村数量×100%	文体部门
万人刑事案件立案数	全县（市、区）	全年刑事案件立案数	刑事案件立案数/年末常住人口（万人）	公安部门
配置警务室的社区和行政村所占比例	县城、市区之外地区	街道范围以外配置警务室的社区和行政村数量，街道范围外社区和行政村总数	街道范围以外配置警务室的社区和行政村数量/街道范围外社区和行政村总数×100%	公安部门

（续表）

指标	统计范畴	所需数据	客观指标现状值合成	数据来源
农村居民人均纯收入	农村居民	农村居民家庭总收入、家庭经营费用支出、生产性固定资产折旧、税金和上交承包费用、调查补贴，农村居民家庭常住人口	（农村居民家庭总收入－家庭经营费用支出－生产性固定资产折旧－税金和上交承包费用－调查补贴）/农村居民家庭常住人口	调查大队、统计部门
农村居民恩格尔系数	农村居民	农村居民食品消费支出，生活消费总支出	农村居民食品消费的支出/生活消费总支出×100%	调查大队、统计部门
非农产业就业比例	全县（市、区）	非农产业就业人数，社会就业人数	非农产业就业人数/社会就业人数×100%	劳动保障、就业、统计
农村人均钢筋混凝土和砖木结构住房面积	农村居民	农村钢筋混凝土结构和砖木结构住房总面积，农村人口	农村钢筋混凝土结构和砖木结构住房总面积/农村人口×100%	调查大队、统计部门
农村危房改造比例	农村居民	已竣工和已开工的户数，依据标准鉴定为 D 级或 C 级的户数	已竣工和已开工的户数/依据标准鉴定为 D 级或 C 级的户数	住房、建设部门
农村卫生厕所普及率	农村居民	使用卫生厕所农户数，总户数	使用卫生厕所农户数/总户数 ×100%	卫生、统计部门
受保护地区占国土面积比例	全县（市、区）	各级自然保护区、风景名胜区、森林公园、地质公园、生态功能保护区、水源保护区、封山育林受保护地区的面积，辖区总面积	受保护地区的面积/辖区总面积×100%	统计、环保、建设、林业、国土资源、农业
每年空气质量好于或等于二级标准的天数	全县（市、区）	空气质量达到二级标准的天数	空气质量达到二级标准的天数/全年天数×100%	环保部门
生活污水纳入处理的户数占总户数的比例	县城、市区之外地区	街道范围之外生活污水已纳入处理的户数，农户总数	街道范围之外生活污水已纳入处理的户数/农户总数×100%	环保部门
纳入垃圾集中收运处理系统的社区和行政村所占比例	县城、市区之外地区	街道范围之外纳入垃圾集中收运处理系统的社区和行政村数量，街道范围之外社区和行政村总量	街道范围之外纳入垃圾集中收运处理系统的社区和行政村数量/社区和行政村总量×100%	环保部门

　　（2）客观指标数据替换技术。客观指标数据的替换体现在两个方面：

　　① 各个省市的发展水平和推进村镇建设方面存在重点差异，同一子领域下统计指标有所差异。因此，考虑到指标体系的适应性和数据的可获得性，在客观指标数据中，提出部分可替代指标，但必须用以衡量同样的领域。比如说，重庆潼南在污水处理、垃圾处理等数据的统计范围还仅限于镇区，广大乡村地区尚未纳入统计范围，只是在农业现代化产业园区、新农村示范点等具有特殊示范意义的片区实施了"大分散，小集中"的生活污水处理项目。村内道路亮化工作也仅在上述带有项目支持、专项资金扶持的片区得以开展。江苏省在全面建设小康

社会指标体系监测中,将农村地区纳入一并考虑。因此,同一子领域可以使用不同的指标,如表9-8所示,但不仅限于表9-8所列出的可替代指标,各地在实际应用中,可以根据情况进行调整。

表 9-8　客观指标数据替换技术

指标	可替代指标
农村自来水普及率	集中饮用水水质达标率; 农村集中式供水受益人口比例
村镇饮用水卫生合格率	饮用水卫生合格率:村内合格用水户/村内总户数×100%; 农村安全饮用水人口比例
每千户互联网用户数	全县每千户互联网用户数(户/千户): 全县(市、区)接入宽带互联网的户数/总户数×100%
小学就近入学率(以服务半径2.5 km计算)	小学密度(个/村): 小学数量/社区和行政村数量
每千名老人拥有养老床位数(张)	每万名常住人口拥有社会福利院床位数
拥有1个以上营业面积在50 m²以上商业服务设施的社区和行政村所占比例	营业面积在50 m²以上的商业服务设施的密度:街道以外营业面积在50 m²以上的商业服务设施数量/社区和行政村总数
农村人均钢筋混凝土和砖木结构住房面积	农村人均住房使用面积
农村危房改造比例	农村危房比例: 依据标准鉴定为D级或C级的户数/总户数×100%
生活污水纳入处理的户数占总户数的比例	街道范围外已纳入污水处理的社区和村的比例; 水域功能区水质达标率:所有水域功能区断面全年监测结果均值按相应水域功能目标评价达标的断面数占总断面数的比例
纳入垃圾集中收运处理系统的社区和行政村所占比例	城乡生活垃圾无害化处理率

② 村镇区域宜居基准测试指标体系的最终目的在于衡量城镇化以外地区的宜居水平,因此在指标统计范围上,除了部分无法分割的指标或者更适宜于县(市、区)全域统计的指标外,基准测试指标体系将指标的统计范畴界定为"县城、市区之外地区",具体空间上体现为"街道范围外"。但在实际数据获取过程中,在无法获得"县城、市区之外地区"的情况下,允许用全域数据替代。

2. 主观满意度数据快速获取

(1)问卷设计。围绕村镇区域宜居主题和指标体系的统计需求设计调查问卷,严格遵循概率与统计原理,通过封闭式问题与开放式问题相结合,同步进行主观满意度和改进建议调查。问卷宜通俗易懂、逻辑合理、独立客观,问卷填写时间控制在 15 分钟左右。

问卷包括 3 个部分:① 调查背景,主要阐述问卷调查的由来、主题、目的以及填写、回收说明,从而消除被调查对象的疑虑,争取合作;② 属性特征,包括样本编号、性别、年龄、受教育程度、职业、家庭收入,可作为后期分类统计分析的依据;③ 主体内容,将指标体系中的主观指标转换成满意度调查的问题和答案。

(2)样本容量。本书采用简单随机抽样的测算方法,基本公式为

$$n = \frac{Z^2 S^2}{d^2}$$

其中,n 为所需样本量;Z 表示某置信水平下的统计量;S 表示样本总体的标准差;d 代表置信区间的 1/2,实际应用时即为允许误差。但在实际调查中引入变异系数的概念:变异系数 $V = $ 标准差 S/平均值 $X \leqslant 1$,则上述公式变形为

$$n = \frac{Z^2 (S^2/X^2)}{d^2/X^2} = \frac{Z^2 V^2}{P^2} \leqslant \frac{Z^2}{P^2}$$

其中,P 表示相对误差。根据一般经验,变异系数多在 50% 以下。对于比例型变量,可以采用最保守的估算方法,即 $V = 0.5$。可以在 95% 的置信水平的前提下,估算 P 在不同程度误差所需的最大样本量,如表 9-9 所示。

表 9-9　置信水平为 95% 的前提下不同程度误差所需最大样本量

P 绝对误差	0.01	0.02	0.03	0.04	0.05	0.10
最大样本量	9 604	2 104	1 067	601	385	96

本次调查将衡量常住居民对所处村镇区域宜居的满意程度。以斗门区为例,调查的所有目标母体均为 18 岁及以上的斗门村镇区域的居民,具体调查范围指城市化特征显著地区(区政府所在地井岸镇、白藤街道办)以外的乾务镇、斗门镇、莲洲镇、白蕉镇 4 个镇的居民。根据人口数据显示,斗门村镇地区总人口 30.44 万人,有效样本总量设定为 800 人,即指完成调查访谈且问卷有效的总数。800 人的样本量将确保在 95% 的置信水平,整体样本的抽样误差保持在 3%~4% 左右。实际调查中,按照 3 倍进行抽样,共计 2 400 个样本,以确保最终能够获得足够的有效样本。

(3)抽取样本。本书采用分层抽样、随机抽样相结合的抽样方法。以斗门区调查为例,将斗门区下辖的乾务镇、斗门镇、莲洲镇、白蕉镇纳入问卷调查范围,共计 30.44 万人。按照各镇在总人口中的比例分配 2 400 份样本到各个镇。如表 9-10 所示。样本分配后,各个乡镇有效样本数量都满足 95% 的置信水平,抽样误差在 10% 以内。

表 9-10　在各镇抽样样本分配表

镇	人口数/万人	比例/(%)	样本数量	有效样本
总人数	30.44	100	2 400	800
乾务镇	7.30	23.98	576	192
斗门镇	5.80	19.05	456	152
莲洲镇	4.14	13.60	336	112
白蕉镇	13.20	43.36	1 032	344

为反映各个社区、村的情况,采用算术平均法将抽样数量平均分配到各个社区和村,以保证每个居委会和村都能平等地反映村镇宜居情况,如表 9-11 所示。

表 9-11　算术平均法分配抽样数量

镇	行政村	居委会	每个社区、村样本分配量	筛选有效样本量
乾务镇	16	2	32	11
斗门镇	10	1	41	14
莲洲镇	27	3	11	4
白蕉镇	33	3	29	10

(4) 样本管理。一旦抽样数量确定后,应为其分配一个样本编号。此编号是各乡镇样本中每条记录的唯一识别符。为了顺利达成此目标,应向各乡镇分配一个独特的编号;然后,向各乡镇下辖的社区或行政村分配一个独特的编号;再者,具体样本条目应从 01,02,03 开始编号,并依此类推。乡镇编号、社区(行政村)编号与具体样本条目共同构成样本编号,此样本编号将出现在问卷上,并被输入调查数据库,它将是关联问卷和特定样本的唯一信息纽带,发挥追踪还原的作用。

以斗门区为例,样本编号如表 9-12 所示。例如,乾务镇乾南社区第 1 个样本编号为 10101,斗门镇斗门村第 3 个样本标号为 20703,以此类推。

表 9-12　斗门区问卷调查样本编号

乡镇编号	村或社区编号	样本条目
乾务镇(1)	乾南社区(01)、沙龙社区(02)、乾东(03)、乾西(04)、乾北(05)、东澳(06)、狮群(07)、湾口(08)、石狗(09)、大海环(10)、虎山(11)、荔山(12)、马山(13)、网山(14)、夏村(15)、南山(16)、新村(17)、三里(18)	01～32

（续表）

乡镇编号	村或社区编号	样本条目
斗门镇(2)	斗门社区(01)、赤坎(02)、小赤坎(03)、上洲(04)、下洲(05)、新乡(06)、斗门(07)、南门(08)、八甲(09)、小濠涌(10)、大濠涌(11)	01～41
莲洲镇(3)	横山社区(01)、莲溪社区(02)、大沙社区(03)、耕管(04)、广丰(05)、福安(06)、三角(07)、三隆(08)、二龙(09)、獭山(10)、三冲(11)、大胜(12)、三家(13)、横山(14)、新益(15)、粉洲(16)、南青(17)、新洲(18)、西滘(19)、东滘(20)、红星(21)、文锋(22)、新丰(23)、东安(24)、上栏(25)、下栏(26)、石龙(27)、莲江(28)、光明(29)、东湾(30)	01～11
白蕉镇(4)	白蕉社区(01)、六乡社区(02)、城东社区(03)、榕益(04)、黄家(05)、新沙(06)、新二(07)、新环(08)、南环(09)、泗喜(10)、东围(11)、白石(12)、大托(13)、灯一(14)、灯笼(15)、灯三(16)、桅夹(17)、昭信(18)、东湖(19)、成裕(20)、赖家(21)、白蕉(22)、东岸(23)、沙石(24)、小托(25)、冲口(26)、八顷(27)、办冲(28)、月坑(29)、盖山(30)、鳖鱼沙(31)、虾山(32)、南澳(33)、孖湾(34)、丰洲(35)、新马墩(36)	01～29

（5）调查方法。在开展每个镇的问卷调查之前，通知各个居委会、行政村派代表参加问卷调查动员会。动员会上，由课题组明确样本遴选要求、问卷填写要求、问卷回收时间以及现场解答疑问。

① 请居委会、村委会在符合样本条件的群体中随机发放调查问卷，并按时回收。覆盖18岁以上不同年龄层次；覆盖户籍人口与非户籍人口；尽量覆盖不同的职业类型；性别比例尽量符合现状。

② 各镇选取5个典型社区或行政村，由课题组进行一对一问卷调查，每个社区或行政村完成6份左右，以便课题组更直观地了解现状以及被调查对象的诉求，为评定问卷是否有效、提出村镇宜居建设改进建议提供依据。典型社区或者行政村可由乡镇推荐，或者基于基础资料由课题组自行判断。以珠海市斗门区为例，必须包括1个社区和4个行政村；行政村中必须包括1个已开展幸福居规划或实施的村庄，例如斗门镇南门村、乾务镇夏村村、白蕉镇月坑村、莲洲镇莲江村；行政村中必须包括1个偏远村；受访者覆盖不同的年龄层、性别；一对一访谈的问卷作为有效问卷，纳入该社区或行政村的有效问卷。

③ 斗门区作为第一个示范区，一对一的问卷调查等同于试点调查，需关注问卷问题设置、选项设置的科学性、合理性，收集反馈意见对问卷进行优化调整。

（6）主观指标合成与问卷的对应关系。

对主观问卷的满意度等级按照百分制赋值，具体赋值如下：

满意度等级选项	非常满意	满意	一般	不满意	非常不满意
分值	100	80	60	40	20

选择"非常满意、满意、一般、不满意、非常不满意"为有效答案，即有效样本，其他选项为无效答案。

主观指标现状值合成：

$$\frac{（非常满意人数 * 100＋满意人数 * 80＋一般人数 * 60＋不满意人数 * 40＋非常不满意人数 * 20）}{有效样本总量}$$

9.2.3　空间与非空间数据的匹配

在本书中，空间与非空间数据匹配主要体现在设施空间布局、行政边界范围、居民点空间分布等空间属性数据与指标体系中的客观指标数据、主观满意度调查数据等的匹配。数据匹配主要体现在 4 个层面：

（1）体现位置关系：主要反映各类公共服务设施建设规模、空间布点与主要居民点、道路交通等的位置关系，反映设施使用的便利性和可达性。

（2）体现发展现状：将空间边界与非空间的数据通过行政范围相关联，体现评估对象宜居各项指标的发展现状。

（3）体现验证关系：在统一的行政空间范围内，将客观建设水平数据与主观问卷调查数据进行对比验证。

（4）实现成果表达：即评价结果的图示化表达。将评价结果与相应的空间边界数据关联匹配，实现测试结果的图示化表达，以使得基准测试结果更直观地展现到公众面前，更有助于研究成果的推广与公众参与。

9.3　村镇区域宜居基准测试模型

9.3.1　指标权重规范

1. 确定指标权重的一般方法

权重是各级指标对评价系统的影响度、贡献度的体现，是指标体系科学性的保证。就权重设置的方法而言，可以分为主观赋权法和客观赋权法两类。

（1）主观赋权法。常用的主观赋权法包括德尔菲法和层次分析法。德尔菲法，通过问卷调查表向多名相互匿名的专家就指标的权重开展征询，由调查人员及时反馈每一轮的意见，经过多轮次反馈逐步形成集中统一的判断结果。层次分析法，其实是定性与定量相结合的方法，通过主观判断同层次指标两两之间相对重要性形成判断矩阵，计算每一层判断矩阵最大特征根对应的特征向量，经过层次单排序、总排序、一致性检验，得到各指标权重；此外，模糊层次分析法，进一步引入隶属度概念做出总体评价。也有研究将各类方法组合使用，李伯华在石首市久合垸乡实证研究中，采用模糊层次分析法与德尔菲法相结合的方式确定权重组合。总体来说，采用主观赋权法在研究中比较普遍，但不可避免地受到主观认知、偏好等因素的影响。

（2）客观赋权法。常用的客观赋权法包括熵值—变异系数法、主成分分析法。熵值—变异系数法，基于指标变异系数（提供信息量）与熵值之间的相互关系，以指标变异系数占同层次所有指标变异系数之和的比例作为权重，充分反映指标对于人居环境的效用。主成分分析法与因子分析法在算法上相似，最终以较少数量的公因子（主成分）替代较多的原变量，同时尽可能较多地保留原变量所反映的信息，各公因子（主成分）方差贡献率即为权重。客观赋权法需要足够的样本数据量作为支撑。

权重可以体现对村镇区域的差异性。在学术探讨中，多是通过上述方法设置一套权重，但在具体实践层面往往面临评价单元发展阶段、区位条件、自然属性、功能定位等的巨大差异，一套权重的设置模式难以应对复杂的村镇区域类型和差异化的发展诉求，需要进行优化调整。广东省已经意识到村镇区域的差异对宜居的影响，在《广东省宜居城镇、宜居村庄、宜居社区考核指导指标（2010—2012）（试行）》中通过权重调整充分体现了珠江三角洲地区和粤东西北地区在"宜居城镇"建设考核以及农业型、城郊型村庄在"宜居村庄"建设考核方面的不同要求。

2. 权重指标确定规范

本书中村镇区域宜居基准测试系统指标体系的指标权重采用专家打分法，对专家意见进行统计、处理、分析和归纳，客观地综合多数专家经验与主观判断，经过多轮意见征询、反馈和调整后，对大量难以采用技术方法进行定量分析的因素做出合理估算。具体程序如下：

（1）选择专家。考虑到村镇区域多元化的特点，本书侧重征询两个方面的专家，一方面是长期从事村镇区域研究和规划领域的专家；另一方面是长期从事村镇建设管理一线的专家(当地规划部门、乡镇主要领导)。

(2) 根据《村镇区域宜居基准测试指标体系》编制《村镇区域宜居基准测试指标体系权重调查问卷》。

(3) 向专家提供广东省珠海市斗门区(东部)、湖南省浏阳市(中部)、重庆市潼南区(西部)三个示范区背景资料,请专家给指标体系的各个层次赋权重,每个层次按照总和为 1 计。

(4) 对权重问卷进行分析汇总,分别计算两组专家赋予各级指标的平均值,再按照每组 0.5 的权重,进行权重加权计算形成初步权重结果,将统计结果反馈给专家。

(5) 专家根据反馈结果修正自己的意见。

(6) 经过多轮匿名征询和意见反馈,形成指标体系各个层级的权重。

针对广东省珠海市斗门区(东部)、湖南省浏阳市(中部)、重庆市潼南区(西部)三个示范区,权重结果如表 9-13 所示。

9.3.2　单要素宜居基准测试定量模型

1. 客观指标单要素宜居基准测试定量模型

一般而言,指标标准化处理的方法有极差变化法、线性比例法、向量归一化法(列模=1)、标准样本变换法、归一化法(列和=1)、取倒数等方法。本书中指标值不涉及负数,因此采用线性比例法,如表 9-14 所示。单要素定量方法根据指标的性质决定,正向指标是越大越好,越小越不好;逆向指标是越小越好,越大越不好。

正向指标定量计算,归一化值大于 100 的,赋值为 100。

$$正向指标无量纲化值 = \frac{现状值}{目标值} \times 100$$

负向指标定量计算,归一化值大于 100 的,赋值为 100。

$$负向指标无量纲化值 = \frac{目标值}{现状值} \times 100$$

2. 主观指标单要素宜居基准测试定量模型

主观指标均为正向指标如表 9-15 所示。计算如下

$$主观指标无量纲化值 = \frac{现状值}{目标值} \times 100$$

表9-13 基于指标体系确定规范的各层级权重

领域	权重 斗门	权重 浏阳	权重 潼南	子领域	权重 斗门	权重 浏阳	权重 潼南	指标	权重 斗门	权重 浏阳	权重 潼南
基础设施	0.22	0.25	0.27	供水设施与饮水安全	0.23	0.22	0.23	农村自来水普及率	0.32	0.44	0.62
								村镇饮用水卫生合格率	0.68	0.56	0.38
				信息通信与网络	0.21	0.19	0.17	每千户互联网用户数	1	1	1
				道路设施	0.20	0.22	0.24	村内道路硬化率	0.48	0.45	0.47
								公路密度	0.52	0.55	0.53
				照明设施	0.17	0.17	0.19	村内主干道和公共场所路灯安装率	1	1	1
				防灾设施与机制	0.19	0.20	0.17	旱涝保收面积占比	0.41	0.53	0.58
								已编制综合防灾减灾预案的社区和行政村所占比例	0.59	0.47	0.42
公共服务	0.26	0.27	0.27	社会保障	0.12	0.15	0.14	基本社会保险覆盖率	1	1	1
				公共教育	0.15	0.15	0.15	义务教育阶段每个教师负担学生数	0.34	0.32	0.34
								有幼儿园或托儿所的社区和行政村所占比例	0.31	0.3	0.26
								小学就近入学率（以服务半径2.5 km计算）	0.35	0.38	0.40
				医疗卫生	0.14	0.14	0.13	每万人拥有执业医生数	0.44	0.48	0.49
								有卫生室或卫生站的社区和行政村所占比例	0.56	0.52	0.51
				养老服务	0.12	0.11	0.13	每千名老人拥有养老床位数	0.53	0.49	0.54
								配备养老服务站的社区和行政村所占比例	0.47	0.51	0.46

（续表）

领域	权重			子领域	权重			指标	权重		
	斗门	浏阳	潼南		斗门	浏阳	潼南		斗门	浏阳	潼南
公共服务	0.26	0.27	0.27	交通服务	0.12	0.12	0.13	行政村客运班车通达率	1	1	1
				商业服务	0.11	0.11	0.1	拥有1个以上营业面积在50 m² 以上商业服务设施的社区的社区和行政村所占比例	1	1	1
				文体娱乐	0.13	0.11	0.1	有公共体育活动场地或休闲绿地的社区和行政村所占比例	0.51	0.53	0.50
								有图书室或文化室和行政村所占比例	0.49	0.47	0.50
				公共安全	0.11	0.11	0.12	万人刑事案件立案数	0.63	0.61	0.58
								配置警务室的社区和行政村所占比例	0.37	0.39	0.42
社会经济	0.22	0.24	0.25	收入水平	0.24	0.28	0.29	农村居民人均纯收入	1	1	1
				消费结构	0.22	0.22	0.20	农村居民恩格尔系数	1	1	1
				就业机会	0.30	0.28	0.28	非农产业就业比例	1	1	1
				住房建设	0.24	0.22	0.23	农村人均钢筋混凝土和砖木结构住房面积	0.38	0.29	0.3
								农村危房改造比例	0.27	0.35	0.39
								农村卫生厕所普及率	0.35	0.36	0.31
生态环境	0.30	0.24	0.21	生态保护	0.21	0.21	0.23	受保护地区占国土面积比例	1	1	1
				大气质量	0.24	0.25	0.21	空气质量达到二级标准的天数比例	1	1	1
				水环境质量	0.30	0.28	0.29	生活污水处理的户数占总户数的比例	1	1	1
				垃圾处理	0.25	0.26	0.27	纳入垃圾集中收运处理系统的社区和行政村所占比例	1	1	1

表 9-14　村镇区域宜居基准测试客观指标性质

指标	指标性质
农村自来水普及率	正向指标
村镇饮用水卫生合格率	正向指标
每千户互联网用户数	正向指标
村内道路硬底化率	正向指标
公路密度	正向指标
村内主干道和公共场所路灯安装率	正向指标
旱涝保收面积占比	正向指标
已编制综合防灾减灾预案的社区和行政村所占比例	正向指标
基本社会保险覆盖率	正向指标
义务教育阶段每个教师负担学生数	负向指标
有幼儿园或托儿所的社区和行政村所占比例	正向指标
小学就近入学率(以服务半径 2.5 km 计算)	正向指标
每万人拥有执业医生数	正向指标
卫生室或卫生站达到标准化要求的社区和行政村所占比例	正向指标
每千名老人拥有养老床位数(张)	正向指标
配备养老服务站的社区和行政村所占比例	正向指标
行政村客运班车通达率	正向指标
拥有 1 个以上营业面积在 50 m² 以上商业服务设施的社区和行政村所占比例	正向指标
有达到标准要求的公共体育活动场地或休闲绿地的社区和行政村所占比例	正向指标
有达到标准要求的图书室或文化室的社区和行政村所占比例	正向指标
万人刑事案件立案数	负向指标
配置警务室的社区和行政村所占比例	正向指标
农村居民人均纯收入	正向指标
农村居民恩格尔系数	负向指标
非农产业就业比例	正向指标
农村人均钢筋混凝土和砖木结构住房面积	正向指标
农村危房改造比例	正向指标
农村卫生厕所普及率	正向指标

（续表）

指标	指标性质
受保护地区占国土面积比例	正向指标
每年空气质量好于或等于二级标准的天数	正向指标
生活污水纳入处理的户数占总户数的比例	正向指标
纳入垃圾集中收运处理系统的社区和行政村所占比例	正向指标

表 9-15　村镇区域宜居基准测试主观指标性质

指标	指标性质
对日常生活用水供应的满意度	正向指标
对信息通信与网络服务的满意度	正向指标
对道路设施的满意度	正向指标
对电力供应与服务的满意度	正向指标
对灾害防御能力的满意度	正向指标
对社会保障水平的满意度	正向指标
对公共教育设施与服务的满意度	正向指标
对医疗设施与服务的满意度	正向指标
对养老设施与服务的满意度	正向指标
对公共交通服务的满意度	正向指标
对日常生活消费便利性和农业生产服务便利性的满意度	正向指标
对文体娱乐设施的满意度	正向指标
对公共安全的满意度	正向指标
对家庭收入的满意度	正向指标
对居住条件和村庄风貌的满意度	正向指标
对村庄绿化环境的满意度	正向指标
对空气质量的满意度	正向指标
对水环境质量的满意度	正向指标
对环境卫生的满意度	正向指标
村镇区域宜居水平总体满意度	正向指标

9.3.3 多要素宜居基准测试定量模型

在多层次综合评价时,每一层次的综合评价由低一层次的综合评价所得,如表 9-16 所示,现要对各领域综合评价得出 P_{B1},P_{B2},P_{B3},P_{B4},然后建立系统层的综合评价矩阵,最后得出系统层的综合评价得分为 F_A。领域层和系统层的综合评价计算公式

$$P_B = \sum_{i}^{m} W_i \times \sum_{j}^{n} W_j \times C'_{ij}$$

$$F_A = \sum_{B=1}^{4} W_B P_B$$

其中,P_B 为领域层指标得分,W_i 为子领域权重,W_j 为各指标层权重,C'_{ij} 为原始数据无量纲化值,W_B 为领域层权重。

表 9-16　多层次多要素宜居基准测试定量模型

领域	子领域	指标	指标得分	子领域得分	领域得分
基础设施	供水设施与饮水安全	农村自来水普及率	原始数据无量纲化值	指标得分×权重	各子领域指标得分×权重之和
		村镇饮用水卫生合格率	原始数据无量纲化值		
	信息通信与网络	每千户互联网用户数	原始数据无量纲化值	指标得分×权重	
	道路设施	村内道路硬底化率	原始数据无量纲化值	各指标得分×权重之和	
		公路密度	原始数据无量纲化值		
	照明设施	村内主干道和公共场所路灯安装率	原始数据无量纲化值	指标得分×权重	
	防灾减灾设施与机制	旱涝保收面积占比	原始数据无量纲化值	各指标得分×权重之和	
		已编制综合防灾减灾预案的社区和行政村所占比例	原始数据无量纲化值		

（续表）

领域	子领域	指标	指标得分	子领域得分	领域得分
公共服务	社会保障	基本社会保险覆盖率	原始数据无量纲化值	指标得分×权重	各子领域指标得分×权重之和
	公共教育	义务教育阶段每个教师负担学生数	原始数据无量纲化值	各指标得分×权重之和	
		有幼儿园或托儿所的社区和行政村所占比例	原始数据无量纲化值		
		小学就近入学率（以服务半径 2.5 km 计算）	原始数据无量纲化值		
	医疗卫生	每万人拥有执业医生数	原始数据无量纲化值	各指标得分×权重之和	
		有卫生室或卫生站的社区和行政村所占比例	原始数据无量纲化值		
	养老服务	每千名老人拥有养老床位数	原始数据无量纲化值	各指标得分×权重之和	
		配备养老服务站的社区和行政村所占比例	原始数据无量纲化值		
	交通服务	行政村客运班车通达率	原始数据无量纲化值	指标得分×权重	
	商业服务	拥有 1 个以上营业面积在 50 m² 以上商业服务设施的社区和行政村所占比例	原始数据无量纲化值	指标得分×权重	
	文体娱乐	有公共体育活动场地或休闲绿地的社区和行政村所占比例	原始数据无量纲化值	各指标得分×权重之和	
		有图书室或文化室的社区和行政村所占比例	原始数据无量纲化值		
	公共安全	万人刑事案件立案数	原始数据无量纲化值	各指标得分×权重之和	
		配置警务室的社区和行政村所占比例	原始数据无量纲化值		

（续表）

领域	子领域	指标	指标得分	子领域得分	领域得分
社会经济	收入水平	农村居民人均纯收入	原始数据无量纲化值	指标得分×权重	各子领域指标得分×权重之和
	消费结构	农村居民恩格尔系数	原始数据无量纲化值	指标得分×权重	
	就业机会	非农产业就业比例	原始数据无量纲化值	指标得分×权重	
	住房建设	农村人均钢筋、砖木结构住房面积	原始数据无量纲化值	各指标得分×权重之和	
		农村危房改造比例	原始数据无量纲化值		
		农村卫生厕所普及率	原始数据无量纲化值		
生态环境	生态保护	受保护地区占国土面积比例	原始数据无量纲化值	指标得分×权重	各子领域指标得分×权重之和
	大气质量	空气质量达到二级标准的天数比例	原始数据无量纲化值	指标得分×权重	
	水环境质量	生活污水纳入处理的户数占总户数的比例	原始数据无量纲化值	指标得分×权重	
	垃圾处理	纳入垃圾集中收运处理系统的社区和行政村所占比例	原始数据无量纲化值	指标得分×权重	

9.4 村镇区域宜居基准测试软件

9.4.1 软件系统的基本架构

1. 软件概述

宜居性是村镇区域规划技术效果的重要评估指标,当前我国对宜居性的评估与测试,主要集中在城市地区,所采用的指标体系、数据以及方法等适合于高度发达的大中城市,而对村镇区域宜居性的评估与测试还是空白。从技术方法上看,目前对于宜居性的评估多半集中在指标体系的建立方面,各个研究机构或地方政府针对具体的案例目前提出了很多宜居性或者与宜居相关的指标体系,但在评估的模型,特别是实现宜居测试工作流程、工具集和软件方面,也仍然是空白。

村镇区域宜居基准测试软件(以下简称"软件")是一款面向村镇区域宜居测

试评价工作的流程化模型软件,支持从数据录入、处理、评价、导出的标准化的工作流程;内嵌标准化调查问卷,支持问卷数据分析结果的图形化表现形式;内嵌村镇和县域两个层级的宜居性评价模型算法,包含 4 项 2 级指标、21 项 3 级指标和 32 项 4 级指标;支持模型目标值和权重的自定义设置。

2. 软件创新点

(1) 全面支持标准化的村镇区域宜居基准测试评价工作流程;

(2) 基于.NET 平台开发,完美支持 Windows 操作系统;

(3) 数据录入模块化,与桌面客户端程序分离,支持多用户的网页化便捷操作;

(4) 客户端轻便,数据托管于服务器,数据访问基于 Windows 自兼容的 Web 服务器。

3. 客户端运行环境

(1) 硬件环境 CPU:2 核主频 2.4 GHz 以上 内存:2 GB 以上 硬盘:可用硬盘容量 50 G 以上	(2) 软件环境 操作系统:Windows XP/Windows 7/Windows 8 位数:32/64 浏览器:IE 浏览器 6.0 以上

4. 服务器端运行环境

(1) 硬件环境 CPU:8 核主频 2.4 GHz 以上 内存:8 GB 以上 硬盘:可用硬盘容量 500 GB 以上	(2) 软件环境 操作系统:Windows Server 2003 以上 位数:32/64 数据库:Oracle 11 以上 IIS:6.0 以上

5. 基本设计概念和处理流程

该软件系统采用 3 层分布式结构,数据集中存储于专用的 Oracle 服务器中,客户端对数据的访问通过中间层 Web 应用服务器实现,Web 应用服务器包含了统一的业务规则和数据处理逻辑。采用 3 层分布式结构,保护了数据安全,并可使客户端更为轻便。

6. 总体结构

如图 9-2 所示,软件包含 4 个主要模块,分别是数据录入模块、数据分析模块、宜居评价模块、帮助模块,每个模块包含若干功能。其中,主观问卷录入、客观指标录入和问卷统计 3 个功能通过浏览器内核直接调用网址在本地窗口上显示;样本容量与分配、网络测试和退出软件 3 个功能为纯本地化应用,无须网络交互;其余功能通过通信中间件 Web Service 实现与 Oracle 数据库之间的交互。

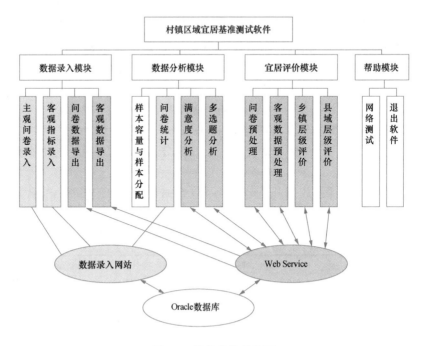

图 9-2　软件总体结构图

7. 接口设计

客户端与数据库之间的交互通过自建的 Web Service 实现,可以认为每一个 Web 方法就是一个数据接口,如表 9-17 所示。

表 9-17　数据接口

接口	用途	传递参数
getSatisfy	根据设定条件获取满意度结果数据	Col:满意度对应的数据库字段名 Year:年份 City:城市 District:区 Town:镇 Sex:性别 Age:年龄段 Education:文化程度 Work:工作 Salary:家庭年总收入

（续表）

接口	用途	传递参数
getMultiOption	根据设定条件获取多选题结果数据	Col:多选题对应的数据库字段名 Year:年份 City:城市 District:区 Town:镇 Sex:性别 Age:年龄段 Education:文化程度 Work:工作 Salary:家庭年总收入
getSubData	根据设定条件获取问卷数据	Year:年份 City:城市 District:区 Town:镇
getObjData	根据设定条件获取客观数据	Year:年份 City:城市 District:区 Town:镇
updateDistrictObjData	计算并更新县域的客观指标数据	Year:年份 City:城市 District:区
updateTownMidData	计算并更新村镇和县域的问卷满意度中间数据	Year:年份 City:城市 District:区 Town:镇

9.4.2 软件系统的基本功能模块

1. 软件功能

软件功能位于顶部的菜单工具栏中，每个一级菜单包含若干个主体功能，主要功能如表 9-18 所示。

表 9-18　软件主要功能列表

一级菜单	功能
数据录入	主观问卷录入
	客观指标录入
	问卷数据导出
	客观数据导出

(续表)

一级菜单	功能
数据分析	样本容量与样本分配
	问卷统计
	满意度分析
	多选题分析
宜居评价	问卷预处理
	客观数据预处理
	县域层级评价（乡镇层级评价）
帮助	网络测试
	退出软件

2. 软件的安装

软件的客户端为绿色免安装版，双击.exe文件即可运行软件，config文件夹存储了模型指标目标值和权重的配置文件，文件格式为CSV。

3. 软件使用流程

核心主线流程为"数据录入—数据统计分析—数据预处理—层级评价—评价结果导出"。在数据录入完毕后，可同步进行原始数据导出与样本量校核；在数据统计分析和数据预处理后，可同步进行中间数据导出；在层级评价中，需进行数据载入与权重设定，如图9-3所示。

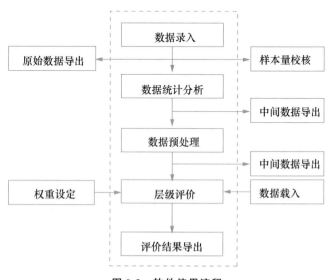

图9-3 软件使用流程

9.5　村镇宜居基准测试系统示范区应用示范

斗门区处于珠海市西部,东连中山市,北倚江门市,位于发达的珠江三角洲核心区的边缘位置,保留着珠海市70%的基本农田,同时也深受区域快速城镇化进程的影响,常住人口多于户籍人口约20%。斗门区是国家"都市型现代农业示范区",保留着大量岭南传统村镇特色风貌。斗门区是大都市区城乡一体化发展的一个典型代表。

9.5.1　宜居发展存在的问题

1. 历史文化缺乏有效保护,乡村建设风貌混杂,人居环境不理想

斗门区有一千多年的悠久历史,其现存的历史建筑群保存较为良好,传统村落分布众多,能较为真实地反映岭南地区的生活状态及风俗习惯。各村的传统村落布局既具有独特性,又相互融合,共同形成斗门区的特色村落风貌,具有较高的人文景观价值。但由于缺乏足够的重视和保护,历史文化和特色风貌都没有得到有效的利用和维护。

斗门区各村住房建设普遍超过一户一栋,住房空置率较高,加之建设模式比较粗放,带来农村用地扩张与布局的无序混杂。农村住宅老旧现象较为突出,虽然村民改善住房的意愿比较强烈,但多半持有"建新不拆旧"的观念,农村住宅呈现无序扩张的势头,村居建筑新旧混杂,缺乏特色,导致人居环境不理想。

2. 生态环境面临城镇化扩张的压力

斗门区生态环境本底优良,具有典型的岭南自然景观特征。珠海市的基本农田也主要分布在斗门区。对大珠三角地区而言,斗门区代表了为数不多的未被快速工业化和城镇化所覆盖的区域,其丰富的山、河、田、湖、林等生态资源具有重要的区域性生态系统服务价值,对于大珠三角地区下一步打造优质生活圈和建设世界级城镇群具有重要的意义。

近年来快速工业化和城镇化发展对良好的生态环境带来一定程度的冲击。建设用地的快速扩张对自然生态系统造成一定程度的人为干扰,若延续不适当的建设用地扩张可能造成较严重的生态系统结构失衡和功能衰退,进而威胁到区域生态安全格局。另一方面,水环境与大气环境由于区域性污染问题,潜在的负面生态环境影响不容小觑。珠海市已明确将建设国际宜居城市作为实施新型城镇化的核心战略,对斗门区的生态保护也提出了较高的要求。在此背景下,传统的工业化和城镇化模式对生态的潜在冲击与高标准的生态保护要求之间存在较为突出的矛盾,单纯的被动性保护已难以满足生态文明建设要求。

3. 村镇基础设施欠账较多,与居民需求差距较大

中心城区作为斗门区经济社会发展水平最为成熟的地区,是斗门区基础设施建设和公共服务功能的高地。长期以来,斗门区重要的公共服务设施大都集中布置于此,造成城市中心功能过于集聚,外围村镇地区无论从公共服务设施、基础设施建设水平和人居环境均与中心城区存在显著差距。公共服务设施分配的不均衡造成发展动力的差异,将对外围村镇地区的未来发展形成阻碍。

据统计,斗门区早在 2005 年就迈入了老龄化,至 2015 年,全区有 4 万多名60 岁以上的老人,70 岁以上的老人则有 1 万多名。老龄人口比例已超国际上10%的老龄人口结构标准,老龄化和空巢化现象十分突出。但各村现有的老年人服务中心(老年人活动中心)普遍存在设施老旧、空间狭小、服务不足的现象,难以满足需求。虽然各村已开展实施"村收集—镇转运—区处理"的垃圾处理模式,但部分村的垃圾设施仍需完善,同时后续运营资金仍然存在一定困难。村庄沟渠、水塘等污染较为严重,对环境影响较大。相当部分村庄供水管网、灌溉渠、排水沟等设施老化,亟须更新完善。此外,按统一标准建设的公园存在利用率低,闲置的现象,村民反映位置偏,设施缺乏维护。另一方面,村级公共服务设施维护资金由村集体负责,普遍存在维护资金短缺的问题。因此,农村公共服务设施配套必须与农村居民的实际需求相吻合,同时辅以持续的维护与管理措施,才能有效实现城乡基本公共服务均等化的目标。

4. 用地指标倾向于城镇和工业,导致村镇建设用地不足

土地的"五统一"管理,补偿不彻底,虽然给每个村都留足了生产、生活用地指标(生产用地 60 m²/人,生活用地 150 m²/户),但除了在城镇周边、工业区周边的农村真正落地之外,其他指标都没有落地。珠海市土地总体利用规划修编,为保证工业区,把很多应该是村的用地指标,划给工业区,村里只剩下基本农田,导致农村建设用地不足。每年的用地指标由市里统筹分配,不确定给每个区多少用地指标,也不确定城镇和农村建设用地,存在偏向城镇的现象。村里建房拆旧建新,工业园区周边村庄的违法建设严重。

斗门区目前正处在城镇化快速发展的上升期,是从农业型向多元化发展转化的阶段,城乡关系正在发生深刻的转变。未来发展的关键在于能否充分挖掘自身资源优势,注重资源的可持续利用,激发乡村自主发展动力,改善农村低收入人群的生活状况,从而推动村镇地区人居环境提升,助力珠海宜居城市建设。

9.5.2　斗门区村镇区域宜居基准测试体系与系统开发

1. 斗门示范区建设过程

2013 年 8 月,组织斗门区首次现场调研,与斗门镇、白蕉镇、乾务镇、井岸镇

（县城）、莲洲镇负责村镇建设的部门、人员进行座谈，并分别选择南门村、月坑村、夏村村、新堂村、莲江村等几个幸福村居示范村分别进行实地调研，对村镇区域形成初步感知，并对斗门村镇地区的建设情况形成基本认识。

2014年3月，课题组选取斗门区斗门镇进行了预调研，预调研采用问卷调查和访谈相结合的方式，共发放问卷300份，有效问卷285份，并对18人（组）访谈，对村镇居民的意愿和诉求有基本的了解。

2014年11月，基于内业研究，提出村镇区域宜居基准测试系统指标体系（第一轮方案）。结合预调研、东部沿海地区村镇区域特点以及文献材料整理，形成涵盖社会经济、环境生态、基础设施、公共服务、建成环境5个方面，17个领域，33个指标（包括15个客观指标、18个主观指标）的村镇区域宜居基准测试系统指标体系（第一轮方案）。按照指标体系编制主观调查问卷和基于层次分析法的权重问卷。

2015年1月，开展村镇区域主客观数据收集和系统开发。将调研人员分为4组，分别负责斗门镇、白蕉镇、乾务镇、莲洲镇主观问卷调查和客观数据收集。除了要求调研人员必须选择典型村进行问卷访谈外，组织召开问卷调查动员和培训会议，委托村委会、社区居委会开展其他村的调查和收集工作。

2. 斗门区村镇区域宜居基准测试指标体系

斗门区是此次调研的第一个示范区，研究团队基于内、外业研究形成第一轮村镇宜居基准测试指标体系。指标体系的设计理念倾向于评价居民是否以合理时间成本、合理经济成本享有适当质量的公共服务，而非设施的均衡布局和规模，最终形成了主观指标为主的主、客观指标相互融合的体系。具体指标选取上，有公认的合适的客观指标时选用客观指标；如果没有合适的客观指标，但与村镇区域宜居水平有紧密关系，采用主观指标；或者阐述某一领域的客观指标很多，选用客观指标可能以偏概全时，采用主观指标。第一轮村镇区域宜居基准测试指标体系如表9-19所示。

表9-19　村镇区域宜居基准测试指标体系

领域	子领域	指　标	指标性质
社会经济	收入分配	基尼系数（县域）	客观
	家庭经济	农村居民人均纯收入（村镇）	客观
	社会和谐	社会安全满意度（村镇）	主观
		公共管理满意度（村镇）	主观
		邻里关系满意度（村镇）	主观
		食品安全满意度（村镇）	主观

（续表）

领域	子领域	指　　标	指标性质
环境生态	环境质量	空气质量达标率（县城）	客观
		地表水质量达标率（县域）	客观
	绿化环境	绿化环境满意度（村镇）	主观
基础设施	交通设施	村内道路硬底化率（村镇，指村级道路）	客观
		道路设施满意度（村镇）	主观
		乡村公交/客运覆盖率（村镇，以自然村计算）	客观
		交通服务满意度（村镇）	主观
	饮水设施	居民家庭自来水普及率（村镇）	客观
		供水服务满意度（村镇）	主观
	电力设施	居民区道路照明覆盖率（村镇）	客观
		供电服务满意度（村镇）	主观
	环卫设施	生活污水处理率（村镇）	客观
		生活垃圾无害化处理率（村镇）	客观
		环境卫生满意度（村镇）	主观
公共服务	社会保障	医疗保险实际参保率（村镇）	客观
		养老保险实际参保率（村镇）	客观
		社会保障满意度（村镇）	主观
	文化教育	公共文化服务满意度（村镇）	主观
		师生比（村镇）	客观
		公共教育服务满意度（村镇）	主观
	医疗卫生	千人医生数量（县域）	客观
		医疗卫生服务满意度（村镇）	主观
	养老服务	公共养老服务满意度（村镇）	主观
	商业服务	购物便利满意度（村镇）	主观
建成环境	住房水平	人均钢筋混凝土和砖木结构住房面积（村镇）	客观
	村镇风貌	村镇风貌满意度（村镇）	主观
	公共活动空间	公共活动空间满意度（村镇）	主观

3. 斗门区村镇区域宜居基准测试结果

基于村镇区域宜居基准测试系统的运算，斗门区村镇区域宜居基准测试结果如表9-20所示。就县域层面而言，斗门区（县城井岸镇除外）村镇区域宜居总体得分为 69.64 分，其中建成环境领域的得分最高为 86.74 分，社会经济领域和公共服务领域得分较低，分别为 67.99 分和 67.59 分。

具体到乡镇层面来看，总体宜居水平的差异并不大，白蕉镇总体得分相对较高为 70.18 分，斗门镇总体得分为 69.44 分，乾务镇和莲洲镇总体得分为 68.33 分和 68.36 分。具体到各个领域，4 个镇因功能定位、发展路径、主导产业等差异,带来家庭经济收入的差距;同时,各个乡镇对社会和谐子领域的社会安全、公共管理、邻里关系和食品安全的满意度存在差异,因此社会经济领域得分差异性最明显,其中,白蕉镇因在权重最大的家庭经济上有最佳表现,从而获得最高分,莲州镇得分最低。4个镇在生态环境、基础设施、公共服务和建成环境4个领域的得分较为接近,但建成环境得分均较高,其次是生态环境,再次是基础设施,最后是公共服务。村镇区域发展的短板十分显著。

表 9-20　村镇区域宜居基准测试——斗门区测试结果

领域	斗门区	斗门镇	白蕉镇	乾务镇	莲洲镇
社会经济	67.997 1	64.639 8	75.187 3	60.792 8	59.842 8
生态环境	77.093	77.515 9	76.581 4	77.469 3	77.448 2
基础设施	73.461 8	73.470 9	71.229 2	74.847 2	76.263 3
公共服务	67.594 1	68.579 4	66.007 1	69.260 3	68.233 4
建成环境	86.740 8	88.007 3	86.083 1	85.938 9	86.364 3
总得分	69.637 2	69.439 9	70.183 5	68.326 9	68.355 6

　　为进一步分析影响村镇区域宜居的具体因素或成因,研究除了就主观满意度的评价外,还设置了多选题,期望从调查中获取当地居民的宜居诉求,从而为制定政策和公共投资提供参考,如图 9-4 所示。例如,基于当地居民的主观认知,收入水平、社会保障是影响宜居最重要的因素,选择的频次分别占样本数的66.6%、58.9%。住房条件、子女教育和就业机会排在其后,分别占样本数的30.9%,21.9%和20.9%。由此可见,采取措施提升家庭收入和社会保障应当作为最优先的关注点,如图 9-5 所示。

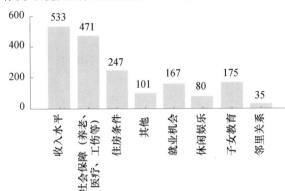

选项	人数	比例
收入水平	533	66.6%
社会保障(养老、医疗、工伤等)	471	58.9%
住房条件	247	30.9%
其他	101	12.6%
就业机会	167	20.9%
休闲娱乐	80	10.0%
子女教育	175	21.9%
邻里关系	35	4.4%

斗门区:样本数800

图 9-4　基于当地居民主观认知的村镇区域宜居影响因素分析

　　就具体的问题,以公共交通服务为例,等候时间长、站点覆盖率低、公交线路少是居民反映最强烈的问题,分别占样本数的 54.2%、48.2% 和 33.6%。因此,在改善公共交通服务方面,需以出行调查为基础,通过优化线路设置、加密公交班次、干支线设置和方便交通换乘等方式进行改善,如表 9-21 所示。

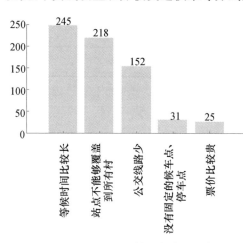

斗门区:样本数452

选项	人数	比例
等候时间比较长	245	54.2%
站点不能够覆盖到所有村	218	48.2%
公交线路少	152	33.6%
没有固定的候车点、停车点	31	6.9%
票价比较贵	25	5.5%

图 9-5　基于当地居民主观认知的公共交通服务问题分析

表 9-21　问卷调查多选题分析汇总表

具体问题	第一选项		第二选项		第三选项	
	选项内容	选择比例	选项内容	选择比例	选项内容	选择比例
社会保障存在的问题	保障金额太少	39.2%	保障不公平	36.3%	保障水平不高	32.9%
公共安全存在的问题	社会治安不好	56.8%	环境污染事件多	40.6%	交通事故	30.5%
村务公开的问题	公开渠道太少	38.5%	决策事项不民主	38.2%	村镇财务不透明	34.3%
改善邻里关系的措施	提供培训教育	38.3%	加强互帮互助等文明行为的宣传	36.5%	多举办村镇娱乐活动	36.4%
食品安全存在的问题	农药使用过多	55.8%	过多使用食品添加剂	54%	激素喂养家禽牲畜	32.4%
环境绿化存在的问题	绿化少	42.1%	维护不好	33.6%	绿化不美观	30.8%
改善环境卫生的措施	限制污水排放,处理臭水沟	55.9%	禁止垃圾就地焚烧和填埋	54.5%	增加并清洁公共厕所	21.3%

（续表）

具体问题	第一选项		第二选项		第三选项	
	选项内容	选择比例	选项内容	选择比例	选项内容	选择比例
公共文化服务的问题	举办的文化交流活动太少	49.3%	文化站的项目不贴近实际生活	27.9%	设施简陋陈旧	25.2%
公共教育的问题	农村学校设施配套落后	36%	离家远，上学不方便	33.1%	缺少对农民的职业技能培训	25.3%
医疗卫生服务的问题	医疗人员服务水平不高	47.1%	收费太贵	36%	设施陈旧	26.1%
公共养老服务存在的问题	设施陈旧	52.4%	面积小	52.4%	太远不方便	31.5%
自来水供应的问题	水质不好	66.6%	水价高	57%	经常停水，且没有通知	12.1%
电力供应的问题	电价高	55%	维修不方便	53.7%	经常出现断电、限电	8.7%
美化村镇风貌的措施	保护自然景观	54.4%	重视历史文化建筑保护	28.9%	统一建筑风格	28.3%
改善公共活动空间的措施	建设绿地、公园	57.5%	建设更多具有简单健身器材的健身点	44.9%	建设广场、球场	38.9%
村镇道路存在的问题	路面坑洼不平	60.9%	路太窄，私家车通行不便	46.2%	无路灯	25.9%
公共交通服务存在的问题	等候时间比较长	54.2%	站点不能覆盖所有村	48.2%	公交线路少	33.6%

　　从"群众获得感"的视角出发，各个领域暴露的具体问题是群众的直观感受和切身体会，为基层政府有的放矢地开展"调结构、补短板"等行动提供了较为清晰的策略优先方向，并应纳入村镇区域建设投资的优先重点，如表9-22所示。

表 9-22　基于主观调查的村镇区域宜居建设策略导向

具体问题	主观调查反映的问题	策略导向或工作重点
社会保障存在的问题	保障金额太少;保障不公平;保障水平不高	完善与经济发展水平相协调的社会保障机制;基于地方能力逐步提升保障水平;加强对弱势群体的社会保障;做好社会保障和社会救助等政策宣讲
公共安全存在的问题	社会治安不好;环境污染事件多;交通事故	开展公共安全的联防联控;针对外来人口不断增加的现实,加强治安队伍和社会组织建设;严肃查处环境污染事件;完善道路安全设施
村务公开的问题	公开渠道太少;决策事项不民主;村镇财务不透明	依托农村宽带和移动互联网的逐步普及,创新村务公开和公共参与的途径;扩大村务公开的范围
改善邻里关系的措施	提供培训教育;加强互帮互助等文明行为的宣传;多举办村镇娱乐活动	加大对邻里守望互助典型事例的褒奖;培育农村社区经济合作社之外的文体活动、社会公益等多种类型的社会组织,组织各类活动
食品安全存在的问题	农药使用过多;过多使用食品添加剂;激素喂养家禽牲畜	加强对于农药化肥、饲料、兽药等使用的指导和监管;加强对农村集贸市场的检测
环境绿化存在的问题	绿化少;维护不好;绿化不美观	落实绿化维护经费和人员;采取适当的激励措施鼓励居民开展庭院绿化,院落美化;整合利用空地营造建设户外小型公共场所空间
改善环境卫生的措施	限制污水排放,处理臭水沟;禁止垃圾就地焚烧和填埋;增加并清洁公共厕所	开展河道、渠道整治;加大对于违法排污、焚烧填埋等查处;结合社区公共场所建立水冲式公共厕所,并落实保洁维护工作;根据经济可行、成本可负担的原则,合理确定村镇区域垃圾"收集—转运—处理"的模式,提倡源头减量,就地资源化利用;增加垃圾箱、垃圾池等环卫设施;落实村镇环卫经费,建立保洁队伍、保洁制度
公共文化服务的问题	举办的文化交流活动太少;文化站的项目不贴近实际生活;设施简陋陈旧	建立文化服务的专项经费,每年对文体娱乐设施进行评估,及时维修、置换、更新;培育农村社区经济合作社之外的文体活动、老幼扶助等社会组织,开展相关活动
公共教育的问题	农村学校设施配套落后;离家远,上学不方便;缺少对农民的职业技能培训	结合村庄布点规划的要求,明确村镇区域幼儿园、中小学、普通高中/成人教育、职业教育等教育设施的布局、建设数量及配置标准;基于需求调查,规划校车路线和接送点,开展校车服务;加强农村学校标准化建设,完善学校软硬件设施;依托职业学校,就业促进机构开展农民职业技能培训工作

（续表）

具体问题	主观调查反映的问题	策略导向或工作重点
医疗卫生服务的问题	医疗人员服务水平不高；收费太贵；设施陈旧	优先加大对中心村社区卫生服务中心标准化建设的投入，按照服务人口规模配置医护人员，逐步推进基层社区服务中心标准化建设；完善村镇基层医保用药管理，控制自费药占比，扩大新农合保障范围；通过收入调节鼓励基层工作人员参加职业培训，建立考核淘汰制度；定期开展专家坐诊
公共养老服务存在的问题	设施陈旧；面积小；太远不方便	加大对农村公办养老设施建设投入，合理布局敬老院、康复疗养等设施；结合社区服务中心（行政村尺度）设置养老服务中心；鼓励民营资本进入养老服务事业
自来水供应的问题	水质不好；水价高；经常停水，且没有通知	合理确定村镇的水源地，划定水源保护区，制定保护措施，加强对饮用水源的保护和水质监控；确定村镇重大供水设施布局；加强对自来水厂出水水质的监控，确保符合水质要求；及时对自来水管网检修和更新；执行听证等制度
电力供应的问题	电价高；维修不方便	执行听证等制度；开展预约维修服务
美化村镇风貌的措施	保护自然景观；重视历史文化建筑保护；统一建筑风格	明确县域重点生态保护区域，提出生态保护与建设管制要求，实施分类分级管理，维护具有地方特色的自然景观和乡村景观；严格保护村镇区域内已纳入相关保护区范畴的生态空间；开展生态环境治理，申报将历史文化建筑等纳入各类保护范畴；对历史文化区进行适度的活化利用；对村镇建筑色调、立面等进行规定，引导村镇建设统一风格，并与周边自然环境相融合
改善公共活动空间的措施	建设绿地、公园；建设更多具有简单健身器材的健身点；建设广场、球场	整合利用空地营造建设户外小型公共场所空间；结合空地布局社区文体设施、公共活动场所
村镇道路存在的问题	路面坑洼不平；路太窄，私家车通行不便；无路灯	提升建设标准，乡道参照三级公路标准，并通达所有中心村；村庄对外联系通道参照四级公路标准，各自然村对外道路基本实现硬化，及时进行路面维修；评估事故多发路段，在重要路口、路段增加公共照明设施；增设道路交通安全设施；结合需求规划布局停车场、加油站等设施

（续表）

具体问题	主观调查反映的问题	策略导向或工作重点
公共交通服务存在的问题	等候时间比较长；站点不能覆盖所有村；公交线路少	以区域公路网、县域村庄布点为依托，开展乡村出行调查，合理规划村镇区域公共交通服务系统，统筹安排长途汽车站、乡村客运站及招呼站、公交车站、客运码头等交通服务设施，预留相应设施用地；通过优化线路设置、加密公交班次、干支线设置和方便交通换乘等方式进行改善

9.6   村镇区域宜居规划调控方法与技术

9.6.1   村镇区域宜居影响因子甄别

基于东部珠江三角洲外围村镇区域——斗门区，中部长株潭城镇群核心区外围村镇区域——浏阳市，西部重庆、成都经济走廊上山区村镇区域——潼南区3个示范区建设以及主客观数据调查分析，影响村镇宜居的因子在东、中、西部地区不同发展阶段下有所差异。

从4个领域层面看，斗门区基础设施建设和社会经济发展基础较好，公共服务和生态环境的重要性更显突出，尤其是生态环境；浏阳市公共服务的重要性最为显著，其他3个领域相对均衡；潼南区处于西部山区，工业化发展起步相对较晚，人口外出务工的特征显著，生态环境底子较好，基础设施、公共服务、社会经济发展更为优先。

就子领域而言，斗门区也充分体现了生态环境的重要性，其次是就业机会和收入水平以及住房建设；浏阳市收入水平、就业机会、消费、住房建设等社会经济因子，水环境质量、垃圾处理和空气质量等生态环境因子，供水、道路、防灾减灾等基础设施因子重要性较大；潼南区收入水平、就业机会、住房建设等社会经济因子，道路、供水、照明设施等基础设施因子，水环境质量、垃圾处理等生态环境因子重要性较大。另外，公共服务领域涉及的子领域众多，导致各个子领域的权重相对较低。村镇区域公共服务水平与距离城市的远近、居民空间分布等密切相关，且决定了村镇区域公共服务供给的模式。具体权重如表9-23所示。

表 9-23　各个领域和子领域权重表

斗门区		浏阳市		潼南区	
领域	权重	领域	权重	领域	权重
生态环境	0.3	公共服务	0.27	公共服务	0.27
公共服务	0.26	基础设施	0.25	基础设施	0.27
基础设施	0.22	社会经济	0.24	社会经济	0.25
社会经济	0.22	生态环境	0.24	生态环境	0.21
子领域	权重	子领域	权重	子领域	权重
水环境质量	0.09	收入水平	0.06	收入水平	0.07
垃圾处理	0.07	就业机会	0.06	就业机会	0.07
大气质量	0.07	水环境质量	0.06	道路设施	0.06
就业机会	0.06	垃圾处理	0.06	供水设施与饮水安全	0.06
生态保护	0.06	大气质量	0.06	水环境质量	0.06
收入水平	0.05	供水设施与饮水安全	0.05	住房建设	0.05
住房建设	0.05	道路设施	0.05	垃圾处理	0.05
供水设施与饮水安全	0.05	消费结构	0.05	照明设施	0.05
消费结构	0.04	住房建设	0.05	消费结构	0.05
信息通信与网络	0.04	生态保护	0.05	生态保护	0.04
道路设施	0.04	防灾设施与机制	0.05	信息通信与网络	0.04
防灾设施与机制	0.04	信息通信与网络	0.04	防灾设施与机制	0.04
公共教育	0.03	照明设施	0.04	大气质量	0.04
照明设施	0.03	社会保障	0.04	公共教育	0.04
医疗卫生	0.03	公共教育	0.04	社会保障	0.03
文体娱乐	0.03	医疗卫生	0.03	医疗卫生	0.03
社会保障	0.03	交通服务	0.03	养老服务	0.03
养老服务	0.03	养老服务	0.02	交通服务	0.03
交通服务	0.03	商业服务	0.02	公共安全	0.03
商业服务	0.02	文体娱乐	0.02	商业服务	0.02
公共安全	0.02	公共安全	0.02	文体娱乐	0.02

9.6.2　影响宜居的驱动力及驱动机制分析

当代中国处于社会经济全面转型的关键时期,已经进入了新常态发展阶段,村镇区域赖以依存的社会、经济和自然环境等发生了较大的变化。村镇区域宜居环境是动态演进的过程,受到来自外部与内部的多种因素的影响,如自然环境、历史文化传承、产业结构、政府行为等,不断塑造着村镇区域宜居环境的演变格局。来自村镇区域外部的驱动力,如周边村镇的人居环境改善、城市生活的吸引等,都可能引起村镇居民的响应,从而间接对村镇区域宜居环境起到推动作用。来自村镇区域内部的驱动力,如社会经济发展、政府治理能力、生态环境保护以及居民自身行为等多种因素是推动村镇区域宜居建设的内在驱动力。

1. 社会经济发展水平

"经济基础决定上层建筑""仓廪实而知荣辱",物质经济发展是开展宜居建设的支撑条件。村镇区域物质经济的发展水平决定了村镇区域宜居建设的水平。村镇区域是农村人口聚居的场所,以人为主体的社会经济活动就成为村镇区域人居环境演变的基础驱动力。社会经济发展直接影响村镇区域居民的收入和消费水平,具体表现为经济转型、人口结构、基础设施等对村镇区域宜居的多元化和趋势响应如图 9-6 所示。

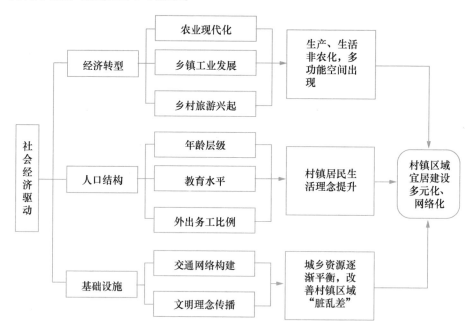

图 9-6   社会经济发展水平对于村镇区域宜居建设的驱动机制

随着市场经济的发展,伴随着城市产业调整,村镇区域经济发展呈现出非农化、产业化、多元化的转型发展趋势,突出表现为农业现代化与产业化、乡镇工业发展、乡村旅游的兴起等。村镇居民获得更多临近就业机会,提升经济收入。村镇区域经济转型,导致了村镇区域宜居环境建设的复杂化与多元化。农村生产模式的转变将使得以自给自足、家庭小规模生产为主的农业生产活动产生根本性的变化,促进农村商业空间、工业空间、休闲娱乐等多功能空间的出现,并有助于村镇区域居民获取更多的经济收益。村镇居民经济收入水平和生活质量的提高,将会使得村镇居民的价值观、生活观、消费观等开始转变,并对自身居住生活环境提出更高的要求,从而促进村镇区域人居环境不断改善。

随着经济模式转型,村镇区域逐渐成为一个自由流动开放的系统,人口是村镇区域宜居建设的主导者。人通过技术、活动等改善村镇区域环境,提升村镇区域宜居水平。在这一过程中人口结构,如年龄结构、知识层级、外出务工人员比重等对村镇区域宜居建设有着重要的影响。在城乡相互作用中,城乡联系越来越紧密,村镇区域不再是单一的均质区,村镇区域所承担的角色和功能区域复杂化、多元化。农村剩余劳动力向城市方向流动,使得村镇区域人口趋向老龄化、幼年化,村镇区域的居民对基础教育、养老福利、生活安全等将会有更高的需求。农村居民进城打工,返乡后将亲身体验与村内居民分享交流,然后在村内广泛传播,将推动村镇区域建成环境逐渐趋近于城市效果。高文化素质的村镇居民将会更快的适应社会经济变化的影响,对于村镇区域环境建设将起到推动作用。

基础设施建设对于村镇区域宜居环境建设具有显著的空间引导和诱发作用,其中主要是城乡交通系统的改善与农村设施建设的影响最为明显。城乡交通系统的构建将改变村镇区域的对外联系条件,将村镇区域纳入城乡共同发展网络中,实现城乡的有效连接,从而加速城乡间的物质、资源要素流动,并最终作用于村镇区域空间特征的改变。农村设施的逐步配备和完善,将会为村镇区域居民提供更好的供水、供电、供气、污染物处理等服务,将有助改善村镇区域"脏乱差"的现状,提升村镇居民生活的便利度。

2. 政府治理能力

政府治理是政府运用经济、法律、行政、制度等调控手段,通过传导机制作用于调控对象,达到预期的调控目标的运行机制。在村镇区域宜居建设中,政府要妥善处理发展中的多重矛盾,平衡多个方面的关系,发挥平衡经济建设与民生建设、平衡物质文明与精神文明、平衡资源开发与生态保护的功能,并有效发挥公共投资的乘数效应,如图9-7所示。

村镇区域宜居建设不能是无源之水、无本之木,必须要有相应的财政能力为支撑,村镇区域环境改善需要大量的基础设施和公共设施投资,在长期的"重城抑乡",城市偏向政策的导向下,我国大量公共资源投放于城市,农村地区的基础建设依赖于农民投工投劳,随着农村青壮年外流,这种建设机制也逐渐失去作用,政府缺位和资金短缺是造成村镇区域公共设施滞后的根源。而从发达国家的经验来看,农村建设主要以政府投入为主并取得了显著的经济、社会效益。政府的财政支持是村镇地区各项公共设施投资的直接来源,政府资金的支出结构也直接影响着村镇投资建设的方向和进度。

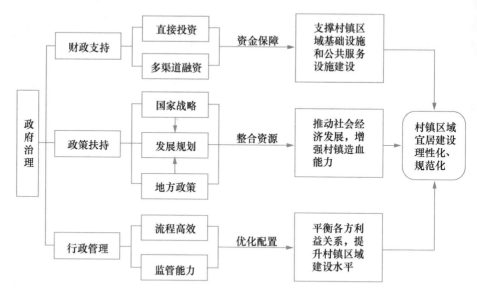

图9-7　政府治理能力对于村镇区域宜居建设的驱动机制

好的政策可以使得宜居建设活动更好地推进,可以起到事半功倍的效果。因此,村镇区域宜居建设的政策将有助于社会资源向村镇区域倾斜,为村镇区域建设提供多种保障,并调动村镇居民和社会投资主体的积极参与。国家战略与地方政策将会对村镇区域宜居建设起到积极作用,如国家积极为了推进社会主义新农村建设出台的一系列政策,浙江省为了推进特色小镇建设出台的政策等。村镇区域建设规划基于相关的政策,将政策内容在空间上进行落实,使得村镇区域宜居建设更加规范。

政府机构的重要职能就是维持良好秩序的运行,该职能的发挥主要通过政府的行政管理手段。在村镇区域宜居建设中,政府将是主要引导和监督者,因此政府的治理能力和管理水平将对村镇区域宜居环境产生明显的影响。在现代化发展背景下,政府需要转变职能、建立现代社会管理体制,推动村镇区域宜居建设。

3. 生态环境保护

随着环境问题的日益凸显以及我国新型城镇化工作的全面推进,生态环境保护将在村镇区域宜居建设中占据重要的地位。在这一过程中,需要加强生态空间的保育与生态环境修复工作,开展村镇绿化、水体保护等环境整治,落实村镇垃圾疏运系统、污水处理系统等基础设施建设,同时激活生态保育与社会经济发展的传导链条,激发对生态保护的积极性和自主性,如图9-8所示。

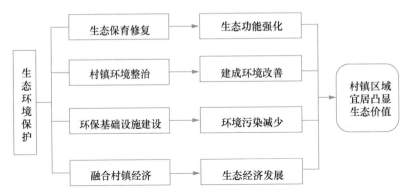

图 9-8 生态环境对于村镇区域宜居建设的驱动机制

4. 居民行为

村镇区域人居环境变化是村镇居民行为作用的外在表现,居民行为主要包括交往、生产、居住、交易和治理等 5 种类型①。理论上,由于村镇区域系统复杂性,每一种居民行为都可能对村镇区域宜居建设产生多方面的影响;而在实践中不同居民行为具有不同的发生机制和作用机理,对村镇区域宜居建设常常具有不同的影响。一般的,基于空间和谐的居民行为多引起村镇区域系统的积极变化,使得村镇人居环境趋向改善。村镇区域具有一定的环境容量和较大的空间惯性,基于单体的居民行为不会对村镇区域宜居建设产生重要影响,基于居民群体行为的改善才可能引发村镇区域人居环境的重大变化。因此,通过政府政策引导,使村镇居民群体的行为趋于理性化,是村镇区域宜居环境调控与优化的逻辑起点,如图 9-9 所示。

村镇居民聚居直接形成了村镇系统的基础构件——村镇住区单元,将会直接引起村镇区域人居环境的变化。村镇居民的行为将完全改变所在区位的自然环境性质,还会与周边环境进行大量的物质和能量交换,从而对村镇区域的自然环境产生直接影响,通过交易、交往和治理行为间接影响村镇区域的社会环境。

村镇区域居民的生产活动是村镇区域自然环境状态变化的主要驱动力,并奠定了村镇交易与治理行为的经济基础。居民交易行为是村镇区域居民生活需求发展的结果,也是影响村镇区域空间特性变化的主导性因素,对村镇区域宜居建设具有综合性的影响。相对而言,作为村镇区域社会环境的构成要素,交往和治理行为主要表现为"人—人"关系,并通过与其他行为之间的相互作用而间接影响村镇区域宜居环境的其他方面。

---

① 余斌. 城市化进程中的乡村住区系统演变与人居环境优化研究[D]. 华中师范大学,2007.

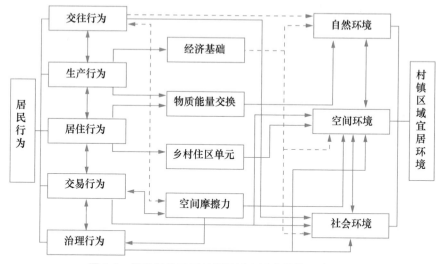

图 9-9　居民行为对于村镇区域宜居建设的驱动机制

9.6.3　村镇区域宜居规划调控研究

1. 深化产业发展联动——以斗门镇为例

产业发展是保障村镇经济发展和居民就业的重要基础,是村镇宜居必须考虑的重要前提。侧重个别片区的项目式开发忽视产业之间的联动和辐射带动,重镇轻村,是斗门镇的弊病。

立足于探索更加适合乡村资源特色的产业发展模式,从大都市区城郊镇的定位出发,充分利用斗门镇的区位优势和旅游发展潜力,发掘和拓展农村的田、山、河、林资源价值,构建城乡之间相互联系、三产相互联动的发展格局。重点包括3个方面:

(1) 立足资源优势,构建城乡一体的特色旅游网络。斗门镇现有旅游项目主要集中在镇区,各村的特色资源尚有较大的开发空间。应充分挖掘乡村特色景观和文化,形成"点—线—面"联动、城乡一体的旅游网络,最终形成"一村一景、一村一特色"。

点——丰富旅游景点。发掘古村落旅游资源,将历史文化旅游从镇区延伸到乡村。

线——构建旅游网络。依托绿道建设,创新旅游交通方式,完善旅游线路组织,构建覆盖全镇的旅游网络。

面——拓展旅游空间。充分结合生态、农田、水塘等乡村资源特色,发展休闲农庄、乡村旅游、家庭农场、农家乐等旅游产品,丰富斗门镇的旅游体系。

（2）发展特色生态农业，探索"以游促农"发展模式。在农业优势并不突出的条件下，深化农业与旅游的融合，推动"以游促农"是激活产业价值链条的最佳选择。立足于城郊型农业定位，发展景观化、精品化、园艺化农业，加快形成"一村一品"，并以旅游服务业的发展提高农业附加值。

（3）加快形成三产联动发展格局。在工业园区的基础上，以旅游产业发展为龙头，通过旅游产业节点与线路的串联，合理布局农业产业功能单元，形成三产联动发展格局，如图9-10所示。

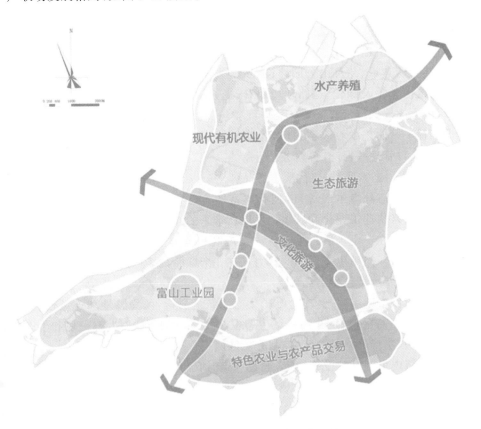

图9-10　斗门镇城乡一体化产业布局图

一核心：富山工业园——加强产业集聚与用地集约，控制用地扩张。

多单元：多个特色农业及生态旅游功能单元——充分利用农业基础与生态资源，发展现代水产、有机农场、精品果蔬、休闲观光、生态旅游等产业功能单元。

双轴线：串联各产业功能单元，形成以旅游线路与交通联系为依托的三产发展轴线，实现城乡产业联动。

多节点:依托交通节点与特色旅游景点,打造多个综合服务功能中心,完善产业功能网络的配套服务。

2. 落实村镇区域公共服务和基础设施——以斗门区井岸镇新堂村为例

基于村庄发展的现状基础条件和宜居建设的诉求,斗门区井岸镇新堂村规划重点从社会经济、土地利用、公共设施、道路交通、村容村貌进行研究,确立了"融生活、现代服务、都市休闲旅游于一体的现代新型社区示范村"的发展定位,建设成为特色产业明显、社会经济发达、环境优美宜人、配套设施完善的宜居宜业的幸福宜居示范村,提出道路交通、用地、公共服务设施、景观系统、环卫设施、市政规程的规划方案,并制定行动计划。宜居建设内容:特色产业发展工程——岭南特色风情街建筑改造、大栋山公园建设;环境宜居提升工程——垃圾房建设、公共厕所建设、葫芦山公园建设、新建住宅、岭南特色风情街道路改造、正冲排洪渠覆盖整治及绿化、道路环境提升、老人活动广场改造、整村雨污分流系统建设;民生改善保障工程——低压电线整治、住区道路及场地硬底化;特色文化建设工程——曲艺中心改造;社会治理建设工程——信访工作站、治安防控体系、外来人口管理、村务党务财务公开等。

3. 优化生态本底,树立优质生态品牌——以珠海市斗门区斗门镇为例

斗门镇生态环境本底优良,拥有丰富的自然景观,山、河、田、湖、林相互交织。但近年来快速工业化和城镇化发展所带来的冲击与珠海市国际宜居城市建设要求之间存在一定矛盾。生态优先发展既是全市性的重要主题,也是斗门镇的使命所在。斗门镇生态保护的着力点在3个方面:保障优质生态本底、促进城乡生态融合、展示特色生态品牌。

为保障城市基本生态安全,维护生态系统的科学性、完整性和连续性,防止城市建设无序蔓延,划定斗门镇域生态控制线,将基本农田、生态斑块和生态廊道纳入保护,实行严格保护区、控制开发区两级管理。

开展域内生态基础设施建设,通过绿道、河流等生态廊道串联各类公园、水库、观光节点的建设,构建有地域特色的绿色生态网络,营造有浓郁岭南风格的青山、碧水、田园、绿城,促进特色经济发展。

出于与区域旅游线路相连接,串联城镇、乡村、生态3大区域的主要功能节点,引导景观风貌的综合考虑,规划建设全长38.3 km的城乡绿道。按照景观特征,分为凸显生态田园特质的田园风情绿道,串接山脉、水库、寺庙的山林风光绿道,串联寺庙、历史文化村落、老街等文化景点的文化休闲绿道等3种类型,并规划建设绿道服务中心。

参考文献

[1] 陈奕凌,王云才,彭震伟.新型城镇化下的村镇宜居社区规划初探——以江苏省海门市海永乡为例[J].住宅科技,2015,06:30—33.

[2] 刘彦随,周扬.中国美丽乡村建设的挑战与对策[J].农业资源与环境学报,2015,32(02):97—105.

[3] 李建华,袁超.空间正义:我国城乡一体化价值取向[J].马克思主义与现实,2014,(04):155—160.

[4] 杨桓.空间融合:城乡一体化的新视角[J].社会主义研究,2014,(01):120—125.

[5] 胡子京.城乡一体化进程中二元经济结构难题及其基本对策[J].农业经济,2015,(05):92—94.

[6] 陈俊峰.城乡一体化进程中农民主体性的认知与建构[J].城市问题,2015,(05):15—19.

[7] 魏亚儒,张波.基于城乡统筹的中心镇与新农村协调发展研究[J].北方民族大学学报(哲学社会科学版),2014,(02):85—89.

[8] 陈俊峰.近年来我国中心镇研究述评[J].城市问题,2010,(08):31—36.

[9] 王士兰,游宏滔,徐国良.培育中心镇是中国城镇化的必然规律[J].城市规划,2009,33(05):69—73.

[10] 葛诗峰等.村镇规划[M].北京:中国大地出版社.1999.

[11] 胡贤辉,杨钢桥,张霞,等.农村居民点用地数量变化及驱动机制研究——基于湖北仙桃市的实证[J].资源科学,2007(3):191—197.

[12] 胡贤辉.农村居民点用地变化驱动机制[D].武汉:华中农业大学,2007

[13] 刘仙桃.农村居民点空间布局优化与集约用地模式研究[D].北京:中国地质大学(北京),2009.

[14] 刘庆.北京市城乡结合部农村居民点用地趋势及对策研究[D].北京:中国农业大学,2004.

[15] 赵群毅.城乡关系的战略转型与新时期城乡一体化规划探讨[J].城市规划学刊,2009,

(06):47—52.

[16] 杨新海,洪亘伟,赵剑锋.城乡一体化背景下苏州村镇公共服务设施配置研究[J].城市规划学刊,2013,(03):22—27.

[17] 赵之枫,范霄鹏,张建.城乡一体化进程中村庄体系规划研究[J].规划师,2011,27(S1):211—215.

[18] 石忆邵.城乡一体化理论与实践:回眸与评析[J].城市规划汇刊,2003,(01):49—54.

[19] 张沛,张中华,孙海军.城乡一体化研究的国际进展及典型国家发展经验[J].国际城市规划,2014,29(01):42—49.

[20] 景普秋,张复明.城乡一体化研究的进展与动态[J].城市规划,2003,(06):30—35.

[21] 贾兴梅,刘俊杰,贾伟.城乡一体化与区域经济增长的空间计量分析[J].城市规划,2015,39(12):47—53.

[22] 袁奇峰,易晓峰,王雪,等.从"城乡一体化"到"真正城市化"——南海东部地区发展的反思和对策[J].城市规划学刊,2005,(01):63—67.

[23] 赵燕菁.理论与实践:城乡一体化规划若干问题[J].城市规划,2001,(01):23—29.

[24] 杨德智,张卫国.山东省城乡一体化规划的探索与实践[J].城市规划,2010,34(04):69—73.

[25] 朱凯,朱秋诗,张一凡.县域城乡一体化规划:空间与功能组织优化路径探讨[J].规划师,2014,30(05):83—88.

[26] 刘勇,吴次芳,杨志荣.中国农村居民点整理研究进展与展望[J].中国土地科学,2008(3):68—73.

[27] 吴良镛.关于人居环境科学[J].城市发展研究,1996,(01):1—5+62.

[28] Lennard HL. Principles for the Livable City[C]//International Making Cities Livable Conferences. California, USA: Gondolier Press, 1997.

[29] Hahlweg D. The City as a Family[C]//International Making Cities Livable Conferences. California, USA: Gondolier Press, 1997.

[30] Casellati A. The Nature of Livability[C]//International Making Cities Livable Conferences. California, USA: Gondolier Press, 1997.

[31] Salzano E. Seven aims for the livable city. Making Cities Livable. Gondolier, Carmel 1997.

[32] 周直,朱未易.人居环境研究综述[J].南京社会科学,2002(2):84—88.

[33] 严钧,许建和.湘南地区传统村落人居环境调查研究——以湖南省江永县上甘棠村为例.华中建筑.2006,24(11):168—172.

[34] 李昌浩,朱晓东,李杨帆,王向华,潘涛.快速城市化地区农村集中住宅区和生态人居环境建设研究[J].重庆建筑大学学报,2007,29(5):1—5.

[35] 胡伟,冯长春,陈春.农村人居环境优化系统研究[J].城市发展研究,2006,13(6):11—17

[36] 李伯华,曾菊新,胡娟.乡村人居环境研究进展与展望[J].地理与地理信息科学,2008,24(5):70—74.

[37] 彭震伟,陆嘉.基于城乡统筹的农村人居环境发展[J].城市规划,2009,33(5):66—68.

[38] Grieve J，Ulrike Weinspach. Capturing impacts of Leader and of measures to improve Quality of Life in rural areas[R]. http://ec. europa. eu/agriculture/rurdev/eval/wp-leader_en. pdf：European Communities，2010.

[39] Cagliero，R，Cristiano，S，Pierangeli，F，Tarangioli，S. Evaluating the Improvement of Quality of Life in Rural Area[R]. Roma，Italy：1 Istituto Nazionale di Economia Agraria (INEA)，2011.

[40] Countryside Agency. Indicators of Rural Disadvantage：Guidance Note[R]. Wetherby，2003.

[41] Steven，C，Deller，et，al. The Role of Amenities and Quality of Life in Rural Economic Growth[J]. American Journal of Agricultural Economics，2001,83(2)：352—365.

[42] 王德辉,匡耀求,黄宁生,许连忠,马娅,张杰,邹毅,李超,宋金芳. 广东省县域人居环境适宜性初步评价[J]. 中国人口. 资源与环境,2008,18：440—443.

[43] 王竹,范理杨,陈宗炎. 新乡村"生态人居"模式研究——以中国江南地区乡村为例[J]. 建筑学报,2011,(04)：22—26.

[44] 周围. 农村人居环境支撑系统评价指标体系的构建[J]. 大庆社会科学,2007(6)：67—69.

[45] 李伯华,杨森,刘沛林,田亚平. 乡村人居环境动态评估及其优化对策研究——以湖南省为例[J]. 衡阳师范学院学报,2010,31(6)：71—76.

[46] 高延军. 中国山区聚落宜居性地域分异规律评价—基于省份山区背景的分析[J]. 郑州航空工业管理学院学报,2010,28(4)：71—78.

[47] 朱彬,马晓冬. 基于熵值法的江苏省农村人居环境质量评价研究[J]. 云南地理环境研究,2011,23(2)：44—52.

[48] 杨兴柱,王群. 皖南旅游区乡村人居环境质量评价及影响分析[J]. 地理学报,2013,68(6)：851—867.

[49] 刘立涛,沈镭,高天明,薛静静. 基于人地关系的澜沧江流域人居环境评价[J]. 资源科学,2012,34(7)：1192—1199

[50] 宁越敏,项鼎,魏兰. 小城镇人居环境的研究——以上海市郊区三个小城镇为例[J]. 城市规划,2002,26(10)：31—35.

[51] 胡伟,冯长春,陈春. 农村人居环境优化系统研究[J]. 城市发展研究,2006,(06)：11—17.

[52] 李健娜,黄云,严力蛟. 乡村人居环境评价研究[J]. 中国生态农业学报,2006,(03)：192—195.

[53] 程立诺,王宝刚. 小城镇人居环境质量评价指标体系总体设计研究[J]. 山东科技大学学报自然科学版,2007,26(4)：104—108.

[54] 李军红. 农村宜居指标体系设计研究[J]. 调研世界,2013(4)：55—58.

[55] 李伯华,刘传明,曾菊新. 乡村人居环境的居民满意度评价及其优化策略研究———以石首市久合垸乡为例[J]. 人文地理,2009(1)：28—32.

[56] 谭子粉. 华北平原地区农村社区宜居性评价研究—以山东临沂市新桥镇为例[D]. 湖南

师范大学,2011

[57] 周侃,蔺雪芹,申玉铭,等.京郊新农村建设人居环境质量综合评价[J].地理科学进展,2011,30(3):361—368.

[58] 周晓芳,周永章,欧阳军.基于 BP 神经网络的贵州 3 个喀斯特农村地区人居环境评价[J].华南师范大学学报(自然科学版),2012,44(3):132—138.

[59] 有田博之,王宝刚.日本的村镇建设[J].小城镇建设,2002,(6):86—89.

[60] 郝延群.日本"美丽的乡村景观竞赛"及"舒适农村建设活动"介绍与思考[J].村镇建设.1996(8):40—42.

[61] 王岱,张文忠,余建辉.环境整治与农业经营矛盾中的农户行为和行政调控—基于日本佐渡岛农户调查[J].地理研究.2011.30(9):1725—1735.

[62] 统筹城乡建设读本编委会.统筹城乡建设读本[M].江苏人民出版社,2013.

[63] 孟广文与 H. Gebhardt,二战以来联邦德国乡村地区的发展与演变.地理学报,2011.66(12):1644—1656.

[64] 常江、朱冬冬、冯姗姗.德国村庄更新及其对我国新农村建设的借鉴意义[J].建筑学报.2006(11):71—73.

[65] 黄一如,陆娴颖.德国农村更新中的村落风貌保护策略—以巴伐利亚州农村为例[J].建筑学报.2011(4):42—46.

[66] 陈家刚.德国地方治理中的公共品供给——以德国莱茵—法尔茨州 A 县为例的分析[J].社会经济体制比较,2006(1):100—106.

[67] 于立,那鲲鹏.英国农村发展政策及乡村规划与管理[J].中国土地科学.2011,(12):75—81.

[68] 龙花楼,胡智超,邹健.英国乡村发展政策演变及启示[J].地理研究.2010,29(8):1369—1378.

[69] 闫琳.英国乡村发展历程分析及启示[J].北京规划建设.2010(01):24—29.

[70] 姜广辉,张凤荣,陈军伟,等.基于 Logistic 回归模型的北京山区农村居民点变化的驱动力分析[J].农业工程学报,2007,23(5):81—87.

[71] 杜娟.城市用地扩展极限规模及边界确定研究[D].济南:山东师范大学,2006.

[72] 葛诗峰等.村镇规划[M].北京:中国大地出版社.1999.

[73] 胡贤辉,杨钢桥,张霞,等.农村居民点用地数量变化及驱动机制研究——基于湖北仙桃市的实证[J].资源科学,2007(3):191—197.

[74] 胡贤辉.农村居民点用地变化驱动机制[D].武汉:华中农业大学,2007.

[75] 刘仙桃.农村居民点空间布局优化与集约用地模式研究[D].北京:中国地质大学(北京),2009.

[76] 金其铭.中国农村聚落地理[M].南京:江苏科学技术出版社,1989.

[77] 龙花楼,李婷婷,邹健.我国乡村转型发展动力机制与优化对策的典型分析.经济地理2011;31(12):2080—2085.

[78] 朱凤凯.北京市郊区农村居民点用地转型与功能演变研究[D].北京:中国农业大学,2014.

[79] 浦善新. 新农村建设导读[M]. 北京:中国社会出版社,2006.

[80] 王万茂,韩桐魁. 土地利用规划学[M]. 北京:中国农业出版社,2002:25—34.

[81] 王筱明,郑新奇. 基于效益分析的济南市城市合理用地规模研究[J]. 中国人口. 资源与环境,2010(6):160—165.

[82] 李元. 城市化后期城市用地规模扩展研究[D]. 北京:首都经济贸易大学,2010.

[83] 张居峰,雷国平,张小虎. 城市合理用地规模的确定——以哈尔滨市为例[J]. 国土资源科技管理,2007(4):93—95.

[84] 王蓉,张仁陟,陈英. 基于多元回归分析和灰色模型的康乐县城乡建设用地预测[J]. 甘肃农业大学学报,2012(1):134—139.

[85] 李欣怡,宋丹丹,翟文秋. 不同发展模式下的建设用地需求量预测模型研究——以和龙市为例[J]. 河南科学,2011(11):1374—1379.

[86] 刘云刚,王丰龙. 快速城市化过程中的城市建设用地规模预测方法[J]. 地理研究,2011(7):1187—1197.

[87] 杨玲莉,郑新奇,郭珍洁. 我国农村居民点极限规模的测算研究[A]. 中国山区土地资源开发利用与人地协调发展研究[C]. 中国科学技术出版社,2010:548—554.

[88] 渠霓. 农村居民点规模及布局研究[D]. 武汉:中国地质大学,2008.

[89] 张德礼. 大城市郊区农村居民点用地规模变化规律及其驱动力研究[D]. 武汉:华中农业大学,2008.

[90] 孙玲. 协同学理论方法及应用研究[D]. 哈尔滨工程大学,2009.

[91] 〔德国〕哈肯. 协同学:引论:物理学、化学和生物学中的非平衡相交和自组织[M]. 徐锡申,等译. 北京:原子能出版社,1984.

[92] 陈池波,韩占兵. 农村空心化、农民荒与职业农民培育[J]. 中国地质大学学报(社会科学版),2013(1):74—80.

[93] 崔卫国,李裕瑞,刘彦随. 中国重点农区农村空心化的特征、机制与调控——以河南省郸城县为例[J]. 资源科学,2011(11):2014—2021.

[94] 张慧,朱道才. 中国农村人口空心化影响因素分析:1990—2010[J]. 安徽广播电视大学学报,2013(2):52—56.

[95] 杨忍,刘彦随,陈秧分. 中国农村空心化综合测度与分区[J]. 地理研究,2012(9):1697—1706.

[96] 鲁莎莎,刘彦随. 106国道沿线样带区农村空心化土地整治潜力研究[J]. 自然资源学报,2013(4):537—549.

[97] 龙花楼,李裕瑞,刘彦随. 中国空心化村庄演化特征及其动力机制[J]. 地理学报,2009(10):1203—1213.

[98] 王介勇,刘彦随,陈秧分. 农村空心化程度影响因素的实证研究——基于山东省村庄调查数据[J]. 自然资源学报,2013(1):10—18.

[99] 杜娟. 城市用地扩展极限规模及边界确定研究[D]. 济南:山东师范大学,2006.

[100] Theobald DM. Landscape Patterns of Exurban Growth in the USA from 1980 to 2020 [J]. Ecology and Society, 2005, 10(1):32.

[101] Wei Luo，Wang Fahui. Measures of Spatial Accessibility to Health Care in a GIS Environment：Synthesis and a Case Study in the Chicago Region[J]. Environment and Planning B：Planning and Design，2003，30(6)：865—884.

[102] Wei Luo，Qi Yi. An Enhanced Two-Step Floating Catchment Area (E2SFCA) Method for Measuring Spatial Accessibility to Primary Care Physicians[J]. Health & place，2009，15(4)：1100—1107.

[103] Dajun Dai. Racial/Ethnic and Socioeconomic Disparities in Urban Green Space Accessibility：Where to Intervene? [J]. Landscape and Urban Planning，2011，102(4)：234—244.

[104] Dajun Dai，Wang Fahui. Geographic Disparities in Accessibility to Food Stores in Southwest Mississippi[J]. Environment and Planning B：Planning and Design，2011，38(4)：659—677.

[105] Wei Luo，Whippo Tara. Variable Catchment Sizes for the Two-Step Floating Catchment Area (2SFCA) method[J]. Health & place，2012，18(4)：789—795.

[106] McGrail ML，Humphreys JS. Measuring Spatial Accessibility to Primary Health Care Services：Utilising Dynamic Catchment Sizes[J]. Applied Geography，2014，(54)：182—188.

[107] Huff DL. Defining and Estimating a Trading Area[J]. Journal of marketing，1964，28(3)：34—38.

[108] Guagliardo MF. Spatial Accessibility of Primary Care：Concepts，Methods and Challenges[J]. International Journal Of Health Geographics，2004，3(1)：3.

[109] Fahui Wang. Measurement，Optimization，and Impact of Health Care Accessibility：a Methodological Review[J]. Annals of the Association of American Geographers，2012，102(5)：1104—1112.

[110] 彭文英,张强,赵秀池,尹晓婷.北京市新农村建设中的基础设施现状评价[J].建筑经济,2009(07):19—22.

[111] 王俊岭,赵辉,单彦名.北京农村基础设施配置标准研究[J].北京规划建设,2006,(03):25—27.

[112] 李志军.中国农村基础设施配置调控研究[D].东北师范大学,2011.

[113] Bronislaw Górz，Kurek Wlodzimierz. The population of the Polish countryside：Demography and living conditions[J]. GeoJournal，2000，50(2—3)：101—104.

[114] Diego Puga. European regional policies in light of recent location theories[J]. Journal of economic geography，2002，2(4)：373—406.

[115] Jong-Wun Ahn. Rice farming and strategy to rural development[J]. Paddy and Water Environment，2005，3(2)：73—77.

[116] 余斌.城市化进程中的乡村住区系统演变与人居环境优化研究[D].华中师范大学,2007.